3分

Done
In
Three
Minutes

钟搞定

Excel公式与函数
高效办公秘技

黄治国 刘颖 刘术 编著

U0244621

中国青年出版社
CHINA YOUTH PRESS

中青雄狮

图书在版编目（CIP）数据

3 分钟搞定：Excel 公式与函数高效办公秘技 / 黄治国，刘颖，刘术编著 .
— 北京：中国青年出版社，2018.10
ISBN 978-7-5153-5213-8
I. ① 3… II. ①黄 … ②刘 … ③刘 … III. ①表处理软件 IV. ① TP391.13
中国版本图书馆 CIP 数据核字（2018）第 151951 号

3分钟搞定：Excel公式与函数高效办公秘技

黄治国 刘颖 刘术 **编著**

出版发行：中国青年出版社
地　　址：北京市东四十二条 21 号
邮政编码：100708
电　　话：（010）50856188 / 50856199
传　　真：（010）50856111
企　　划：北京中青雄狮数码传媒科技有限公司

策划编辑：张　鹏
责任编辑：张　军
封面设计：乌　兰

印　　刷：湖南天闻新华印务有限公司
开　　本：880 × 1230　1/32
印　　张：10
版　　次：2018 年 10 月北京第 1 版
印　　次：2018 年 10 月第 1 次印刷
书　　号：ISBN 978-7-5153-5213-8
定　　价：59.90 元
（附赠超值资源，含语音视频教学 + 同步实例文件 + PDF 电子书 + 海量实用精美办公模版）

本书如有印装质量等问题，请与本社联系　电话：（010）50856188 / 50856199
读者来信：reader@cypmedia.com　投稿邮箱：author@cypmedia.com
如有其他问题请访问我们的网站：http://www.cypmedia.com

PREFACE 前言

首先，感谢您选择并阅读本书！本书遵循"实用、够用"的写作原则，以"图解＋技巧"的写作方式对读者所需的知识进行了全面讲述。书中不仅详解了数百个知识点，列举了大量实际应用案例，还附赠了语音视频教学和海量模板文件及书中案例所涉及的所有源文件，让您即使从零起步，也能逐步精通，让学习变得更加轻松和得心应手。

本书内容

现代商务办公，离不开电脑办公软件的应用，它为我们的工作带来了极大的便利，也让我们的工作效率得到了极大的提高。不过，在面对大量文件编辑处理和数据统计分析的工作时，难免会遇到诸多疑问和棘手的问题不知该如何入手，本书正是本着解决这一问题的目的编写而成的。本书详细讲解了 Excel 中的各种公式与函数，结合实际案例，分类介绍了它们的不同用途和应用方法，贴合实际办公场景，真正做到实用、好用，帮助您迅速提高办公效率。

本书特色

（1）全彩、图解、便携、信息量大，让读者阅读起来更加轻松自在，领悟起来更加清晰明了。所选案例极具实战性和代表性，更加符合电脑办公读者的切实需求。

（2）数百个案例以省时、高效为目的，引导读者用最有效的学习方法学到最有用的应用技术，可使读者快速上手。

（3）附赠超值资料，含语音视频教学，让读者体验足不出户家中上课的感觉；赠送海量办公模板和书中所有实例的源文件，方便读者随时调用。

读者对象

（1）电脑办公初学者。书中每个案例都是从零起步，初学者只需按照书中的步骤和图注说明进行操作，便可轻松达到学习效果。

（2）相关从业人员。数百个实用案例和经验技巧均来自一线办公从业人员的精挑细选和提炼，对于需要用到办公软件的从业人员来说是非常好的案例速查手册。

（3）社会培训班学员。本书从读者的切实需要出发，对日常办公中经常使用的大量案例进行了分析和讲解，特别适合社会培训班作为教材使用。

CONTENTS
目录

Chapter 03　逻辑函数的应用技巧

Chapter 04　文本函数的应用技巧

Chapter 05 统计函数的应用技巧

Chapter 08 财务函数的应用技巧

Chapter 09 信息函数的应用技巧

Chapter 10 数据库函数的应用技巧

Chapter

01

公式与函数的
基础操作技巧

函数是Excel中的重头戏，大部分的数据自动化处理都需要使用函数。Excel函数是一些已经定义好的公式，大多数情况下函数返回的是计算结果，除此之外，也可以返回文本、引用、逻辑值、数组或工作表等信息。本章采用以实例为引导的方式来讲解公式与函数的基础操作技巧，如输入公式、编辑公式、输入函数等。

● Level ★★☆☆　2013 2010 2007

如何输入公式？

● 实例：使用公式快速计算学生成绩

公式须以等号开始，以提示Excel单元格中应输入公式而不是文本。在单元格中输入公式的方法包括手动输入、单击输入和粘贴输入等。下面以计算学生成绩为例来介绍如何快速输入公式。

● 手动输入公式

在选中的单元格中输入等号"="，在其后输入公式。输入时，字符会同时出现在单元格和编辑栏中。

| SUM ▼ : × ✓ fx =B3+C3+D3 |

	A	B	C	D	E
1			成绩表		
2	姓名	语文	数学	英语	总成绩
3	张艳	85	98	90	=B3+C3+D3
4	李永	95	78	68	
5	王晓敏	100	88	71	手动输入公式
6	李达	75	94	77	
7	杨三	68	88	88	
8	王军	85	78	66	
9	周芳	72	87	88	
10					

② 单击单元格B4，此时单元格B4周围会显示一个活动虚框，同时单元格引用出现在单元格E4和编辑栏中。

| 剪贴板 ⌐ | 字体 | ⌐ | 对齐方式 | ⌐ |

| B4 ▼ : × ✓ fx =B4 |

	A	B	C	D	E
1			成绩表		
2	姓名	语文	数学	英语	总成绩
3	张艳	85	98	90	273
4	李永	95	78	68	=B4
5	王晓敏	100	88	71	
6	李达	活动虚框	94	77	
7	杨三	68	88	88	
8	王军	85	78	66	

● 单击输入公式

① 单击输入更加简单、快捷，不易出现问题。选择单元格E4，输入等号"="，此时状态栏中会显示"输入"字样。

	A	B	C	D	E
1			成绩表		
2	姓名	语文	数学	英语	总成绩
3	张艳	85	98	90	273
4	李永	95	78	68	=
5	王晓敏	100	88	71	
6	李达	75	94	77	
7	杨三	68	88	88	
8	王军	85	78	66	
9	周芳	72	87	88	

Sheet1 ⊕

输入 ─ 输入状态

③ 输入加号"+"，虚线边框会更改为实线边框，状态栏中再次显示"输入"字样。

| SUM ▼ : × ✓ fx =B4+C4+ |

	A	B	C	D	E
1			成绩表		
2	姓名	语文	数学	英语	总成绩
3	张艳	85	98	90	273
4	李永	95	78	68	=B4+C4+
5	王晓敏	100	88	71	
6	李达	75	实线边框	77	
7	杨三	68	88	88	
8	王军	85	78	66	
9	周芳	72	87	88	

Sheet1 ⊕

输入 ─ 输入状态

4 单击单元格C4，输入加号"+"，然后单击单元格D4，将单元格C4和D4添加到公式中。

| SUM | ▼ | : | × | ✓ | f_x | =B4+C4+D4 |

	A	B	C	D	E
1			成绩表		
2	姓名	语文	数学	英语	总成绩
3	张艳	85	98	90	273
4	李永	95	78	68	=B4+C4+D4
5	王晓敏	100	88	71	
6	李达	75	94	77	
7	杨三	68	88	88	
8	王军	85	78	66	
9	周芳	72	87	88	
10					

5 单击编辑栏中的"输入"按钮✓，或按下Enter键结束公式的输入，在单元格E4中即可计算出学生的总成绩。

| E4 | ▼ | : | × | ✓ | f_x | =B4+C4+D4 |

	A	B	C	D	E
1			成绩表		
2	姓名	语文	数学	英语	总成绩
3	张艳	85	98	90	273
4	李永	95	78	68	241
5	王晓敏	100	88	71	
6	李达	75	94	77	
7	杨三	68	88	88	
8	王军	85	78	66	
9	周芳	72	87	88	
10					

粘贴输入公式

1 在工作表中选定单元格，按下Ctrl+C组合键复制单元格中的公式。

| E4 | ▼ | : | × | ✓ | f_x | =B4+C4+D4 |

	A	B	C	D	E
1			成绩表		
2	姓名	语文	数学	英语	总成绩
3	张艳	85	98	90	273
4	李永	95	78	68	241
5	王晓敏	100	88	71	
6	李达	75	94	77	复制公式
7	杨三	68	88	88	
8	王军	85	78	66	
9	周芳	72	87	88	
10					

2 在目标单元格中按下Ctrl+V组合键，可以快速粘贴复制的公式。

| E5 | ▼ | : | × | ✓ | f_x | =B5+C5+D5 |

	A	B	C	D	E
1			成绩表		
2	姓名	语文	数学	英语	总成绩
3	张艳	85	98	90	273
4	李永	95	78	68	241
5	王晓敏	100	88	71	259
6	李达	75	94	77	
7	杨三	68	88	88	粘贴公式
8	王军	85	78	66	
9	周芳	72	87	88	
10					

填充输入公式

1 将光标移至包含公式的单元格的右下方，当其变为+形状时，向下拖动选择单元格。

| E5 | ▼ | : | × | ✓ | f_x | =B5+C5+D5 |

	A	B	C	D	E
1			成绩表		
2	姓名	语文	数学	英语	总成绩
3	张艳	85	98	90	273
4	李永	95	78	68	241
5	王晓敏	100	88	71	259
6	李达	75	94	77	
7	杨三	68	选择单元格 88		
8	王军	85	78	66	
9	周芳	72	87	88	

2 释放鼠标后，Excel会自动将该单元格中的公式填充到选定的单元格中。

| E5 | ▼ | : | × | ✓ | f_x | =B5+C5+D5 |

	A	B	C	D	E
1			成绩表		
2	姓名	语文	数学	英语	总成绩
3	张艳	85	98	90	273
4	李永	95	78	68	241
5	王晓敏	100	88	71	259
6	李达	75	94	77	246
7	杨三	68	填充输入公式 88		244
8	王军	85	78	66	229
9	周芳	72	87	88	247

● Level ★★★☆　　2013　2010　2007

如何编辑公式?

● 实例: 修改公式

单元格中的公式和其他数据一样可以进行编辑。要编辑公式中的
内容，需要先转换到公式编辑状态下。下面介绍如何修改公式。

选择单元格

1 选择要编辑的公式所在的单元格G3。

| G3 | ▾ | : | × | ✓ | f_x | =C3+D3+E3+F3 |

	C	D	E	F	G
1			工资表		
2	基本工资	住房补贴	交通补助	应扣费用	实发工资
3	¥2,500.00	¥300.00	¥100.00	¥250.00	¥3,150.00
4	¥1,800.00	¥200.00	¥100.00	¥200.00	¥2,300.00
5	¥1,800.00	¥200.00	¥50.00	¥180.00	¥2,230.00
6	¥2,000.00	¥150.00	¥80.00	¥50.00	选择单元格
7	¥1,500.00	¥200.00	¥50.00	¥50.00	¥1,800.00
8	¥1,800.00	¥200.00	¥150.00	¥40.00	¥2,190.00
9	¥3,600.00	¥300.00	¥150.00	¥100.00	¥4,150.00
10	¥3,000.00	¥200.00	¥200.00	¥250.00	¥3,650.00
11					
12					
13					
14					
15					

2 单击编辑栏，然后修改公式，完成后按下
Enter键。

| G3 | ▾ | : | × | ✓ | f_x | =C3+D3+E3-F3 |

	C	D	E	F	G
1			工资表	修改公式	
2	基本工资	住房补贴	交通补助	应扣费用	实发工资
3	¥2,500.00	¥300.00	¥100.00	¥250.00	¥2,650.00
4	¥1,800.00	¥200.00	¥100.00	¥200.00	¥2,300.00
5	¥1,800.00	¥200.00	¥50.00	¥180.00	¥2,230.00
6	¥2,000.00	¥150.00	¥80.00	¥50.00	¥2,280.00
7	¥1,500.00	¥200.00	¥50.00	¥50.00	¥1,800.00
8	¥1,800.00	¥200.00	¥150.00	¥40.00	¥2,190.00
9	¥3,600.00	¥300.00	¥150.00	¥100.00	¥4,150.00
10	¥3,000.00	¥200.00	¥200.00	¥250.00	¥3,650.00
11					
12					
13					
14					
15					

双击单元格

1 双击要编辑公式的单元格，或先选择单元
格，再按F2键，此时公式处于编辑状态。

| SUM | ▾ | : | × | ✓ | f_x | =C4+D4+E4+F4 |

	C	D	E	F	G
1			工资表		
2	基本工资	住房补贴	交通补助	应扣费用	实发工资
3	¥2,500.00	¥300.00	¥100.00	¥250.00	¥2,650.00
4	¥1,800.00	¥200.00	¥100.00	¥200.00	=C4+D4+E4+F4
5	¥1,800.00	¥200.00	¥50.00	¥180.00	¥2,230.00
6	¥2,000.00	¥150.00	¥80.00	¥50.00	¥2,280.00
7	¥1,500.00	¥200.00	¥50.00	¥50.00	选择单元格
8	¥1,800.00	¥200.00	¥150.00	¥40.00	¥2,190.00
9	¥3,600.00	¥300.00	¥150.00	¥100.00	¥4,150.00
10	¥3,000.00	¥200.00	¥200.00	¥250.00	¥3,650.00
11					
12					
13					
14					
15					

2 按键盘上的→键或←键，将光标移至所需
位置进行修改，完成后按Enter键。

| G4 | ▾ | : | × | ✓ | f_x | =C4+D4+E4-F4 |

	C	D	E	F	G
1			工资表	修改公式	
2	基本工资	住房补贴	交通补助	应扣费用	实发工资
3	¥2,500.00	¥300.00	¥100.00	¥250.00	¥2,650.00
4	¥1,800.00	¥200.00	¥100.00	¥200.00	¥1,900.00
5	¥1,800.00	¥200.00	¥50.00	¥180.00	¥2,230.00
6	¥2,000.00	¥150.00	¥80.00	¥50.00	¥2,280.00
7	¥1,500.00	¥200.00	¥50.00	¥50.00	¥1,800.00
8	¥1,800.00	¥200.00	¥150.00	¥40.00	¥2,190.00
9	¥3,600.00	¥300.00	¥150.00	¥100.00	¥4,150.00
10	¥3,000.00	¥200.00	¥200.00	¥250.00	¥3,650.00
11					
12					
13					
14					
15					

● Level ★★☆☆   2013 2010 2007

如何删除公式？

● 实例：将不需要的公式删除

在日常工作中，如果不小心输入了错误的公式，用户可以将错误的一个或多个公式删除。下面介绍如何删除公式。

删除单个公式

打开工作簿，选择要删除的公式所在的单元格 E3，按Delete键即可将公式删除。

删除多个公式

要同时删除单元格区域内的多个公式时，选择公式所在的单元格区域，再按Delete键。

使用"编辑"功能区中的"清除内容"选项

1 在Excel工作簿中，选择公式所在的单元格区域，在"开始"选项卡中，单击"编辑"功能区中的"清除"按钮。

2 在弹出的"清除"下拉列表中，选择"清除内容"选项，即可将单元格或单元格区域中的公式删除。

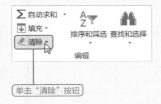

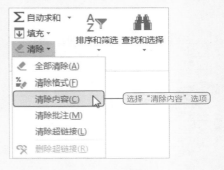

● Level ★★★☆　　　2013　2010　2007

如何移动公式?

● 实例：移动公式

创建公式后，有时需要将其移动到工作表中的其他位置。下面介绍一下如何移动公式。

拖动单元格移动

1 选择单元格，在该单元格边框上按住鼠标左键拖动。

E2			×	✓	f_x	=SUM(B2:D2)

	A	B	C	D	E
1	姓名	数学	语文	英语	总成绩
2	赵云	78	98	64	240
3	李四	88	89	68	
4	王飞	67	78	72	
5	周敏	87	87	79	
6	李小林	99	86	98	
7	成军	100	89	98	
8	陆洋	64	92	87	
9	江华	68	97	78	
10	李阳	88	99	100	

选择单元格

2 将单元格拖至其他单元格后释放鼠标左键即可移动公式，移动后，值不发生变化。

E5			×	✓	f_x	=SUM(B2:D2)

	A	B	C	D	E
1	姓名	数学	语文	英语	总成绩
2	赵云	78	98	64	
3	李四	88	89	68	
4	王飞	67	78	72	
5	周敏	87	87	79	240
6	李小林	99	86	98	
7	成军	100	89	98	
8	陆洋	64	92	87	
9	江华	68	97	78	
10	李阳	88	99	100	

移动公式

使用快捷键移动

1 选择要移动的公式的单元格，按下Ctrl+X快捷键执行"剪切"操作。

E2			×	✓	f_x	=SUM(B2:D2)

	A	B	C	D	E
1	姓名	数学	语文	英语	总成绩
2	赵云	78	98	64	240
3	李四	88	89	68	
4	王飞	67	78	72	
5	周敏	87	87	79	
6	李小林	99	86	98	
7	成军	100	89	98	
8	陆洋	64	92	87	
9	江华	68	97	78	
10	李阳	88	99	100	

剪切公式

2 在目标单元格中按下Ctrl+V快捷键执行"粘贴"操作。

E6			×	✓	f_x	=SUM(B2:D2)

	A	B	C	D	E
1	姓名	数学	语文	英语	总成绩
2	赵云	78	98	64	
3	李四	88	89	68	
4	王飞	67	78	72	
5	周敏	87	87	79	
6	李小林	99	86	98	240
7	成军	100	89	98	
8	陆洋	64	92	87	
9	江华	68	97	78	
10	李阳	88	99	100	

粘贴公式

● Level ★★★★　　2013 2010 2007

如何复制公式？

● 实例：复制公式

复制公式就是将创建好的公式复制到其他单元格中。复制一个公式时，如果将其粘贴到不同位置上，Excel会自动调整公式的单元格引用，下面介绍如何复制公式。

使用剪贴板复制公式

1 选择需要复制的公式所在的单元格，在"开始"选项卡中，单击"剪贴板"功能区中的"复制"按钮，该单元格边框显示为虚线。

2 选择需要粘贴公式的单元格，在"开始"选项卡中，单击"剪贴板"功能区中的"粘贴"按钮，将公式粘贴到该单元格中，可发现单元格引用发生了变化。

E2	fx	=SUM(B2:D2)

	C	D	E
1	2月份销量（斤）	3月份销量（斤）	合计
2	230	120	475
3	120	45	
4	100	66	
5	180	130	
6	52	76	
7	65	90	

复制单元格

E5	fx	=SUM(B5:D5)

	C	D	E
1	2月份销量	3月份销量	合计
2	230	120	475
3	120	45	
4	100	66	
5	180	130	375
6	52	76	
7	65	90	

粘贴公式

3 按Ctrl键或单击右侧的按钮，弹出"粘贴"下拉列表，单击相应选项，即可应用粘贴格式、数值、公式、源格式、链接和图片。

粘贴
粘贴数值
其他粘贴选项

"粘贴"选项

复制公式的其他方法

还可拖动包含公式的单元格右下角的填充手柄，快速复制同一个公式到其他单元格中。

E2	fx	=SUM(B2:D2)

	C	D	E
1	2月份销量（斤）	3月份销量（斤）	合计
2	230	120	475
3	120	45	425
4	100	66	286
5	180	130	375
6	52	76	180
7	65	90	200

拖动复制公式

● Level ★★★☆　　　2013　2010　2007

如何查看部分公式的运算结果?

● 实例：查看部分公式的运算结果

在Excel中，可以应用公式分析工作表中的数据。如果一个公式过于复杂，可以查看各部分公式的运算结果，从而判断公式是否正确。下面介绍查看部分公式运算结果的方法。

1 在工作表中输入相应的内容，并在单元格F2中输入"=B2+C2+D2+E2"。

	A	B	C	D	E	F
1	姓名	语文	数学	英语	历史	总成绩
2	刘华	74	100	77		=B2+C2+D2+E2
3	高辉	75	88	71	55	
4	钟绵玲	85	87	72	65	
5	刘来	84	86	65	75	
6	葛庆阳	87	85	100	58	
7	宋起正	85	77	88	71	
8	言文静	100	75	98	99	
9	齐乃风	65	74	99	55	
10	刘勇	85	65	55	77	
11	杨颜萍	89	88	59	78	
12	王鑫	91	99	96	88	
13	文茜儿	95	87	78	89	

输入公式

2 按下Enter键，在单元格F2中显示出运算结果。

	A	B	C	D	E	F
1	姓名	语文	数学	英语	历史	总成绩
2	刘华	74	100	77	84	335
3	高辉	75	88	71	55	
4	钟绵玲	85	87	72	65	
5	刘来	84	86	65		
6	葛庆阳	87	85	100	58	
7	宋起正	85	77	88	71	
8	言文静	100	75	98	99	
9	齐乃风	65	74	99	55	
10	刘勇	85	65	55	77	
11	杨颜萍	89	88	59	78	
12	王鑫	91	99	96	88	
13	文茜儿	95	87	78	89	

显示运算结果

3 拖动单元格F2右下角的填充手柄向下拖动，复制公式到其他单元格并显示结果。

	A	B	C	D	E	F
1	姓名	语文	数学	英语	历史	总成绩
2	刘华	74	100	77	84	335
3	高辉	75	88	71	55	289
4	钟绵玲	85	87	72	65	309
5	刘来	84	86	65	75	310
6	葛庆阳	87	85	100	58	330
7	宋起正	85	77	88	71	321
8	言文静	100	75	98	99	372
9	齐乃风	65	74	99	55	293
10	刘勇	85	65	55	77	282
11	杨颜萍	89	88	59	78	314
12	王鑫	91	99	96	88	374
13	文茜儿	95	87	78	89	349

拖动复制公式

4 选择单元格F2，在编辑栏的公式中选择"B2+C2+D2"，按F9键即显示出结果。

	A	B	C	D	E	F
1	姓名	语文	数学	英语	历史	总成绩
2	刘华	74	100			=251+E2
3	高辉	75	88		55	289
4	钟绵玲	85	87	72	65	309
5	刘来	84	86	65	75	310
6	葛庆阳	87	85	100	58	330
7	宋起正	85	77	88	71	321
8	言文静	100	75	98	99	372
9	齐乃风	65	74	99	55	293
10	刘勇	85	65	55	77	282
11	杨颜萍	89	88	59	78	314
12	王鑫	91	99	96	88	374
13	文茜儿	95	87	78	89	349

显示部分运算结果

Question **007**

● Level ★★★★　　　2013 2010 2007

如何设置公式错误检查规则?

● 实例: 公式错误检查规则的设置

Excel有一套错误检查规则，用户可以设置这些错误检查规则，如所含公式中导致错误的单元格、引用空单元格的公式等。下面介绍如何设置公式错误检查规则。

① 在Excel窗口中单击"文件"选项卡。

② 在弹出的菜单中选择"选项"选项。

③ 打开"Excel选项"对话框，在左侧窗格中选择"公式"选项。

④ 在右侧窗格的"错误检查规则"选区进行设置，设置完成后单击"确定"按钮。

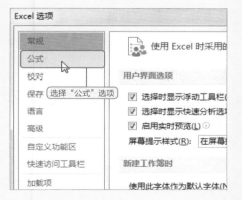

● Level ★★★☆

2013 2010 2007

如何输入函数？

● 实例：输入函数的两种方法

Excel函数是一些已经定义好的公式，每个函数描述都包括一个语法行，所有函数必须以等号"="开始。下面介绍输入函数的两种方法：一种是直接输入，另一种是通过"插入函数"对话框输入。

直接输入

在单元格F2中输入"=SUM(C2:E2)"，按下Enter键即可显示运算结果。

B	C	D	E	F
姓名	基本工资	生活补贴	交通补贴	应付工资
李明	1500	500		=SUM(C2:E2)
张三	1350	300	100	
赵四	1200	300	80	
王五	1500	500	120	直接输入函数
黄河	1350	300	100	
张军	1200	300	80	
王洋	1500	500	120	
周芳	1800	600	100	
陈华	1350	300	80	

顶部编辑栏：× ✓ fx =SUM(C2:E2)

② 或单击编辑栏中的"插入函数"按钮 fx，也可以弹出"插入函数"对话框。

单击"插入函数"按钮

C	D	E	F
基本工资	生活补贴	交通补贴	应付工资
1500	500	120	2120
1350	300	100	
1200	300	80	
1500	500	120	
1350	300	100	
1200	300	80	
1500	500	120	
1800	600	100	
1350	300	80	
1200	300	120	
1350	300	120	

通过"插入函数"对话框输入

① 选择单元格F3，在"公式"选项卡中，单击"函数库"功能区中的"插入函数"按钮，弹出"插入函数"对话框。

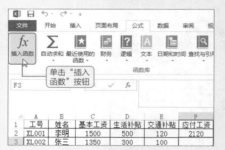

③ 在弹出的"插入函数"对话框中，选择"或选择类别"下拉列表中的"数学与三角函数"选项。

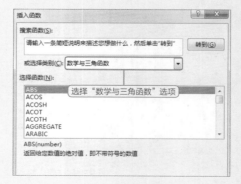

④ 在"插入函数"对话框中,选择"选择函数"列表框中的SUM函数,列表框下方会显示关于该函数功能的简单提示。

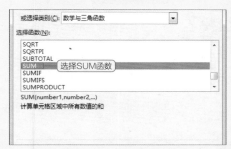

⑤ 单击"确定"按钮,弹出"函数参数"对话框,在Number1文本框中输入"C3:E3",单击"确定"按钮。

⑥ 或单击Number1文本框右侧的展示按钮,在数据区域中选择单元格区域"C3:E3"。

⑦ 按下Enter键,将计算单元格区域"C3:E3"的总和。

	A	B	C	D	E	F
1	工号	姓名	基本工资	生活补贴	交通补贴	应付工资
2	XL001	李明	1500	500	120	2120
3	XL002	张二	1350	300	100	1750
4	XL003	赵四	1200	300	80	
5	XL004	王五	1500	500	120	
6	XL005	黄河	1350	300	100	计算结果
7	XL006	张军	1200	300	80	
8	XL007	王洋	1500	500	120	
9	XL008	周芳	1800	600	100	
10	XL009	陈华	1350	300	80	
11	XL010	郑敏	1200	300	120	
12	XL011	赵龙	1350	300	120	

查看函数帮助

① 如果要查看某个函数的帮助信息,可以在"插入函数"对话框中单击"有关该函数的帮助"超链接。

② 在弹出的"Excel帮助"窗口中,可以查看该函数的说明、函数的语法、函数参数的说明,以及使用该函数的示例等信息。

● Level ★★★☆

2013 2010 2007

如何修改函数？

● 实例：快速修改函数的两种方法

在日常工作中，如果不小心输入错误的函数，可以采用下面的方法重新修改函数。

修改函数表达式

1 选择需要修改的函数所在的单元格，将光标定位于编辑栏中的错误处。

2 按下Delete键或Backspace键删除错误内容，输入正确内容即可。

修改函数的参数

1 选择需要修改的函数所在的单元格，单击编辑栏中的"插入函数"按钮 f_x。

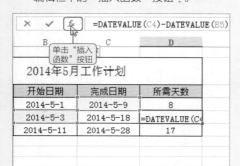

2 在弹出的"函数参数"对话框中，重新输入正确的函数参数，单击"确定"按钮即可。

● Level ★★★★   2013 2010 2007

如何复制函数？

● 实例：复制函数的两种方法

函数的复制通常有两种情况，即相对复制和绝对复制。下面分别介绍这两种复制函数的方法。

相对复制

1 在单元格 F2 中输入"=SUM(C2:E2)"，在"开始"选项卡中，单击"剪贴板"功能区中的"复制"按钮或按 Ctrl+C 组合键。

2 选择单元格区域"F3:F5"，单击"剪贴板"功能区中的"粘贴"按钮或按Ctrl+V组合键，即可将函数复制到目标单元格。

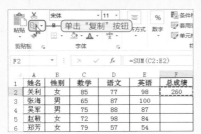

绝对复制

1 在单元格 F6 中输入"=SUM($C$6:$E$6)"，按下Enter键，在"开始"选项卡中，单击"剪贴板"功能区中的"复制"按钮或按Ctrl+C组合键。

2 选择单元格区域"F7:F8"，单击"剪贴板"功能区中的"粘贴"按钮或按Ctrl+V组合键，即可将函数复制到目标单元格。

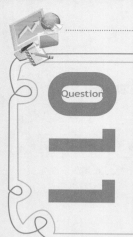

● Level ★★★★   2013 2010 2007

如何隐藏公式？

● 实例：隐藏工作表中的公式

在某些情况下，也许不希望其他人看到工作表中的公式。这时，可以使用"单元格格式"对话框中的"保护工作表"命令来隐藏公式。下面介绍隐藏工作表中公式的方法。

1 选择需要隐藏公式的单元格，在"开始"选项卡中，单击"单元格"功能区中的"格式"按钮，在弹出的列表中选择"设置单元格格式"选项。

2 在弹出的"设置单元格格式"对话框的"保护"选项卡中，勾选"锁定"和"隐藏"复选框，然后单击"确定"按钮。

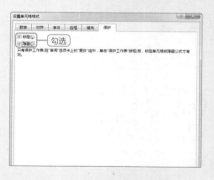

3 在"审阅"选项卡中，单击"更改"功能区中的"保护工作表"按钮，打开"保护工作表"对话框，设置保护密码。

4 单击"确定"按钮，在弹出的"确认密码"对话框中再次输入密码，单击"确定"按钮，单元格的公式即被隐藏。

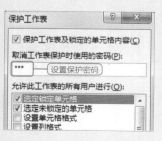

	B	C	D	E
1	圣象公司2014年第1季		公式被隐藏	
2	分店	1月(万元)	2月(万元)	3月(万元)
3	王府井大街店	12.44	12.32	18.14
4	西单店	14.26	17.3	16.55
5	西直门店	22.61	14.53	13.5
6	中山路店	24.75	27.29	29.65
7	鼓楼店	27.32	12.47	17.25
8	山西路店	19.27	22.56	24.75
9	南京路店	23.35	14.94	23.36
10	上中路店	8.79	17.36	12.37
11	淮海路店	20.39	24.56	19.67
12	上下九路店	14.66	17.11	17.78
13	北京路店	13.27	14.79	17.86
14	春熙路店	15.52	9.07	18.24
15	合计	216.63	204.3	229.12

● Level ★★★☆　　2013 2010 2007

如何输入数组?

● 实例：快速输入数组

利用数组公式可以计算一组或多组数值，返回一个或多个结果。数组公式位于括号"{}"内，在输入公式后，按Ctrl+Shift+Enter组合键即可输入数组公式。下面介绍具体方法。

1 选择单元格区域"B3:E3"，在单元格区域中输入数组"={1600,300,400,500}"。

2 输入数组后，按下Ctrl+Shift+Enter组合键，将数据分别输入到相应的单元格。

SUM	▼ : × ✓ fx	={1600, 300, 400, 500}

	A	B	C	D	E
1			2014年3月办公费用统计		
2	项目	物管费	水费	电费	办公用品费
3		={1600, 300, 400, 500}			

输入数组公式

B3	▼ : × ✓ fx	{={1600, 300, 400, 500}}

	A	B	C	D	E
1			2014年3月办公费用统计		
2	项目	物管费	水费	电费	办公用品费
3	使用费用	1600	300	400	500

将数据输入到相应的单元格

3 将数据分别输入到相应的单元格中后，单击"数字"功能区中的"数字格式"下拉按钮，在弹出的下拉列表中设置数据样式为"会计专用"中的"¥中文（中国）"。

4 单击所输入的数组中的任意一个数据，均会在工作表的编辑栏中显示出该数组。

选择此选项

查看数组

E3	▼ : × ✓ fx	{={1600, 300, 400, 500}}

	B	C	D	E
1		2014年3月办公费用统计		
2	物管费	水费	电费	办公用品费
3	¥ 1,600.00	¥300.00	¥400.00	¥ 500.00

● Level ★★★★ 　　　2013 2010 2007

如何编辑数组？

● 实例：复制和删除数组

工作表中的数组可以像普通数据一样进行复制和粘贴，粘贴后数组还会作为一个整体，不能将其中的任意一个数据删除，可以通过菜单命令来删除数组。下面介绍如何复制和删除数组。

复制数组

1 选择数组所在的单元格区域，将光标移动至数组处，然后按住Ctrl键，拖动光标至所需位置。

2 复制完成数组之后，单击所复制的数组中的任意数据，则在工作表的编辑栏中显示整个数组。

删除数组

1 选中数组中某一个单元格，再按下Delete键或Backspace键，即会在工作表中弹出一个Microsoft Excel提示框，提示用户不能更改数组的某一部分。

2 选中工作表中需要删除的数组，然后再单击"编辑"功能区中的"清除"按钮，在弹出的下拉列表中选择"全部清除"选项，即可以将数组删除。

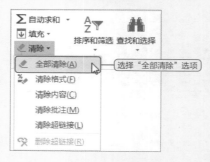

Chapter

02

数学与三角函数的
应用技巧

E xcel提供了一些常用的数学与三角函数。用户在使用Excel进行统计处理时，如果遇到数学运算，可以适当地使用相应的数学函数。掌握这些函数，不仅在处理统计时更加快捷，而且会使其他工程运算简便很多。本章采用以实例为引导的方式来讲解常用数学与三角函数的应用技巧，如SUM函数、SUMIF函数等。

● Level ★★★★

2013 2010 2007

如何利用 ABS 函数计算个人所得税?

● 实例：计算个人所得税

按规定，每名职工的工资中超过3500元的部分需要缴纳个人所得税。具体计算方法请参考本节末的"提示说明"部分。下面介绍使用ABS函数计算个人所得税的方法。

1 在单元格G2中输入公式"=B2+C2+D2-E2-F2"。

| SUMPRO... | fx | =B2+C2+D2-E2-F2 |

	B	C	D	E	F	G	H	I
1	基本工资	职务津贴	加班工资	社保	食住扣费	应发工资	所得税	实发工资
2	1500	300	320	88	150	=B2+C2+D2-E2-F2		
3	1200	250	380	23	150			
4	3000	4000	100	128	300			
5	2500	2300	250	96	18	输入公式		
6	1800	780	320	43	150			
7	2000	1450	320	88	300			

2 按下Enter键，将计算出第一名职工的应发工资。

| G2 | fx | =B2+C2+D2-E2-F2 |

	B	C	D	E	F	G	H	I
1	基本工资	职务津贴	加班工资	社保	食住扣费	应发工资	所得税	实发工资
2	1500	300	320	88	150	1882		
3	1200	250	380	23	150			
4	3000	4000	100	128	300			
5	2500	2300	250	96	1	计算应发工资		
6	1800	780	320	43	150			
7	2000	1450	320	88	300			

3 将光标定位于单元格G2的右下角，当光标变为+形状时向下拖至目标单元格G7，释放鼠标，计算出其他职工的应发工资。

| G2 | fx | =B2+C2+D2-E2-F2 |

	B	C	D	E	F	G	H	I
1	基本工资	职务津贴	加班工资	社保	食住扣费	应发工资	所得税	实发工资
2	1500	300	320	88	150	1882		
3	1200	250	380	23	150	1657		
4	3000	4000	100	128	300	6672		
5	2500	2300	250	96	180	4774		
6	1800	780	320	43	150	2707		
7	2000	1450	320	88	300	3382		

计算其他职工的应发工资

4 在单元格H2中输入数组公式"=ROUND(0.05*SUM(G2-3500-{0,1500,4000,9500,24500,44500,79500,83000}+ABS(G2-3500-{0,1500,4000,9500,24500,44500,79500,83000}))/2,0)"。

| SUMPRO... | fx | =ROUND(0.05*SUM(G2-3500-{0,1500, 4000, 9500, 24500, 44500, 79500, 83000}+ABS(G2 -3500-{0, 1500, 4000, 9500, 24500, 44500, 79500, 83000}))/2, 0) |

	B	C	D	E	F	G	H	I
1	基本工资	职务津贴	加班工资	社保	食住扣费	应发工资	所得税	实发工资
2	1500	300	320	8	=ROUND(0.05*SUM(G2-3500-{0,1500,4000,9500,24500			
3	1200	250	380	2	44500,79500,83000}+ABS(G2			
4	3000	4000	100	1	-3500-{0,1500,4000,9500,24500,44500,79500,83000}))/2			
5	2500	2300	250	9	,0)			
6	1800	780	320	43	150	2707		
7	2000	1450	320	88	300	3382		

输入数组公式

5 按下Enter键，将计算出第一名职工的个人所得税。

| H2 | | | × | ✓ | fx | =ROUND(0.05*SUM(G2-3500-{0, 1500, 4000, 9500, 24500, 44500, 79500, 83000}+ABS(G2 -3500-{0, 1500, 4000, 9500, 24500, 44500, 79500, 83000}))/2, 0) |

	B	C	D	E	F	G	H	I	J
1	基本工资	职务津贴	加班工资	社保	食住扣费	应发工资	所得税	实发工资	
2	1500	300	320	88	150	1882	0		
3	1200	250	380	23	150	1657			
4	3000	4000	100	128	300	6672			
5	2500	2300	250	96	180		计算个人所得税		
6	1800	780	320	43	150	2707			
7	2000	1450	320	88	300	3382			
8									

6 拖动单元格H2的填充手柄向下填充，计算出其他职工的个人所得税。

| H2 | | | × | ✓ | fx | =ROUND(0.05*SUM(G2-3500-{0, 1500, 4000, 9500, 24500, 44500, 79500, 83000}+ABS(G2 -3500-{0, 1500, 4000, 9500, 24500, 44500, 79500, 83000}))/2, 0) |

	B	C	D	E	F	G	H	I	J
1	基本工资	职务津贴	加班工资	社保	食住扣费	应发工资	所得税	实发工资	
2	1500	300	320	88	150	1882	0		
3	1200	250	380	23	150	1657	0		
4	3000	4000	100	128	300	6672	242		
5	2500	2300	250	96	180	4774	64		
6	1800	780	320	43	150	2707	0		
7	2000	1450	320	88	300	3382	0		

计算其他职工的个人所得税

7 选择单元格I2，在编辑栏中输入公式"=G2-H2"。

| SUMPRO... | | | × | ✓ | fx | =G2-H2 |

	B	C	D	E	F	G	H	I
1	基本工资	职务津贴	加班工资	社保	食住扣费	应发工资	所得税	实发工资
2	1500	300	320	88	150	1882	0	=G2-H2
3	1200	250	380	23	150	1657	0	
4	3000	4000	100	128	300	6672	242	
5	2500	2300	250	96	180	4774	64	输入公式
6	1800	780	320	43	150	2707	0	
7	2000	1450	320	88	300	3382	0	

8 按下Enter键，计算出第一名职工的实发工资。

| I2 | | | × | ✓ | fx | =G2-H2 | 计算实发工资 |

	B	C	D	E	F	G	H	I
1	基本工资	职务津贴	加班工资	社保	食住扣费	应发工资	所得税	实发工资
2	1500	300	320	88	150	1882	0	1882
3	1200	250	380	23	150	1657	0	
4	3000	4000	100	128	300	6672	242	
5	2500	2300	250	96	180	4774	64	
6	1800	780	320	43	150	2707	0	
7	2000	1450	320	88	300	3382	0	

9 拖动单元格I2的填充手柄向下填充，计算出其他职工的实发工资。

| I2 | | | × | ✓ | fx | =G2-H2 |

	B	C	D	E	F	G	H	I
1	基本工资	职务津贴	加班工资	社保	食住扣费	应发工资	所得税	实发工资
2	1500	300	320	88	150	1882	0	1882
3	1200	250	380	23	150	1657	0	1657
4	3000	4000	100	128	300	6672	242	6430
5	2500	2300	250	96	180	4774	64	4710
6	1800	780	320	43	150	2707	0	2707
7	2000	1450	320	88	300	3382	0	3382

计算其他职工的实发工资

Hint 提示说明

本例公式首先用员工的应发工资减去不扣税的3500元，再分别减去每个扣税金额的分界点，产生一个数组。然后再产生一个同样的数组，用绝对值函数去掉正负符号，两者相加再除以2，然后乘以扣税金额的5%即可得到所得税总额。为以"元"表示扣税金额，在计算所得税后套用ROUND函数对金额中的"角"位进行四舍五入。

● Level ★★★★

Question

如何利用 SUM 函数计算产量?

● 实例：计算员工产量

工厂为了解每天的产量，需要统计所有员工每天产量的总和。函数SUM的功能是返回某一单元格区域中所有数字之和。下面介绍利用SUM函数计算员工产量的方法。

① 选择单元格H3，在编辑栏中单击"插入函数"按钮 ƒₓ。

单击"插入函数"按钮

	C	D	E	F	H
1	B组	产量	C组	产量	
2	郑雪	93	蒋辉	82	三组合计
3	王子	98	沈家宝	97	
4	冯军	80	韩子	95	产量大于90的合计
5	陈福军	83	杨霞	95	
6	褚有利	97	朱爱国	85	前三名产量的合计
7	卫国	80	秦莲	91	

② 打开"插入函数"对话框，单击"或选择类别"下拉按钮，在弹出的下拉列表中选择"数学与三角函数"选项。

插入函数

搜索函数(S):

请输入一条简短说明来描述您想做什么，然后单击"转到"

或选择类别(C): 统计

选择函数(N):
- TRIMMEAN
- VAR.P
- VAR.S
- VARA
- VARPA
- WEIBULL.DIS
- Z.TEST

常用函数
全部
财务
日期与时间
数学与三角函数
统计
查找与引用
数据库
文本
逻辑
信息
工程

选择"数学与三角函数"选项

AVERAGEIFS(a
查找一组给定条

③ 在"插入函数"对话框中，选择"选择函数"列表框中的SUM函数。

插入函数

搜索函数(S):

请输入一条简短说明来描述您想做什么，然后单击"转到"

或选择类别(C): 数学与三角函数

选择函数(N):
- SQRT
- SQRTPI
- SUBTOTAL
- SUM ← 选择SUM函数
- SUMIF
- SUMIFS
- SUMPRODUCT

SUM(number1,number2,...)
计算单元格区域中所有数值的和

④ 单击"确定"按钮，打开"函数参数"对话框。

函数参数

SUM

Number1 F3:G3　＝ {97,0}

Number2　＝ 数值

＝ 97

计算单元格区域中所有数值的和

Number1: number1,number2,... 1 到 255 个待求的的
和文本将被忽略。但当作为参数键入时，逻辑

计算结果 ＝ 97

有关该函数的帮助(H)

5 单击Number1文本框右侧的展开按钮，在数据区域中，按住Ctrl键分别选择"B2:B7"，"D2:D7"和"F2:F7"。

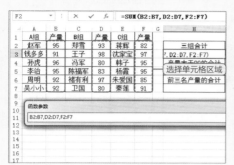

6 按下Enter键，返回"函数参数"对话框，单击"确定"按钮，计算出三组员工的产量总和。

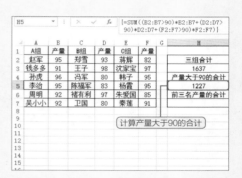

7 选择单元格H5，在编辑栏中输入数组公式"=SUM((B2:B7>90)*B2:B7+(D2:D7>90)*D2:D7+(F2:F7>90) *F2:F7)"。

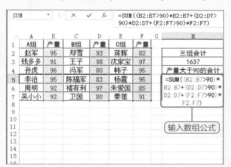

8 按下Ctrl+Shift+Enter组合键，返回所有组中产量大于90的数据之和。

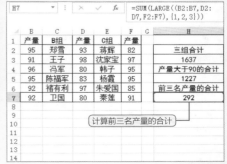

9 选择单元格H7，在编辑栏中输入公式"=SUM(LARGE((B2:B7,D2:D7,F2:F7),{1,2,3}))"。

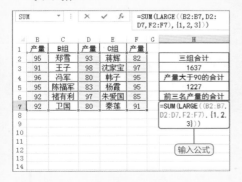

10 按下Enter键，计算出产量前三名的员工的产量之和。

Question

● Level ★★★★

2013 2010 2007

如何用SUM函数计算员工工资?

● 实例：计算员工工资总和

使用SUM函数进行多条件求和时，条件引用区域与求和区域可以在不同列，只要宽度、高度一致即可。下面介绍使用SUM函数根据不同条件计算员工工资总和的方法。

1️⃣ 打开工作簿，选择单元格F2，在"公式"选项卡中，单击"函数库"功能区中的"插入函数"按钮 f_x 。

2️⃣ 在弹出的"插入函数"对话框中，单击"或选择类别"下拉按钮，在弹出的下拉列表中选择"数学与三角函数"选项。

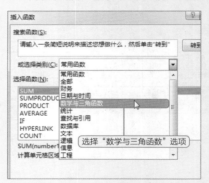

3️⃣ 在"插入函数"对话框中，选择"选择函数"列表框中的SUM函数。

4️⃣ 单击"确定"按钮，打开"函数参数"对话框，在Number1文本框中输入"(B2:B10="A组")*(C2:C10="女")*D2:D10"。

⑤ 按下Ctrl+Shift+Enter组合键，显示统计结果。

Hint 提示说明

本公式还可以采用另一种简化写法，"=SUM((B2:B10&C2:C10="A组女")*D2:D10)"，仍然返回正确结果。

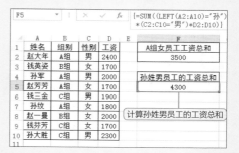

⑥ 选择单元格F5，在编辑栏中输入数组公式 "=SUM((LEFT(A2:A10)="孙")*(C2:C10="男")*D2:D10)"。

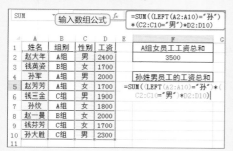

⑦ 按下Ctrl+Shift+Enter组合键，显示计算出孙姓男员工的工资总和。

Hint 提示说明

本公式还可以采用另一种简化写法，"=SUM((LEFT (A2:A10)&C2:C10="孙男")*D2:D10)"，仍然返回正确结果。

Hint 提示说明

如果是姓名中包含"孙"而非姓为"孙"，如姓名"陈雨孙"，那么可以将LEFT函数更改为FIND函数，公式为"=SUM(ISNUMBER(FIND("孙",A2:A10))*(C2:C10="男")*D2:D10)"。如果取左边两位，如姓"欧阳"者，则采用公式"=SUM((LEFT(A2:A10,2)= "欧阳")*(C2:C10="男")*D2:D10)"。

● Level ★★★☆   2013 2010 2007

如何利用 PRODUCT 函数计算每小时生产产值？

● 实例：计算每小时生产产值

PRODUCT函数返回所有参数的乘积，可以使用1~255个参数。参数可以是数字，也可以是单元格引用。下面介绍使用PRODUCT函数计算每小时生产产值的方法。

1 打开工作簿，在名称框中输入目标单元格的地址F2，按下Enter键即可选择第F列和第2行交汇处的单元格。

	A	B	C	D	E	F
F2		输入F2	f_x			
	时间	产品	产品（模）	每模产品（个）	单价（元/个）	每小时产值（元）
2	9点	A	25	3	18	
3	10点	A	26	3	18	
4	11点	B	27	4	25	
5	12点	C	29	2	19	
6						
7						

2 选择"公式"选项卡，在"函数库"功能区中单击"数学和三角函数"按钮，在弹出的下拉列表中选择PRODUCT函数。

选择PRODUCT函数

3 打开"函数参数"对话框，在Number1文本框中输入"C2:E2"。

输入参数

4 单击"确定"按钮，计算出9点生产的产值。拖动单元格F2的填充手柄向下填充，计算其他时间生产的产值。

	A	B	C	D	E	F
F2			f_x	=PRODUCT(C2:E2)		
	时间	产品	产品（模）	每模产品（个）	单价（元/个）	每小时产值（元）
2	9点	A	25	3	18	1350
3	10点	A	26	3	18	1404
4	11点	B	27	4	25	2700
5	12点	C	29	2	19	1102
6						

计算每小时生产产值

● Level ★★★★

2013 2010 2007

如何利用 SUMSQ 函数对直角三角形进行判断?

● 实例：判断直角三角形的方法

有一个内角为90°的三角形为直角三角形。若$a^2+b^2=c^2$，则以a,b,c为边的三角形是以c为斜边的直角三角形。下面介绍使用SUMSQ函数对直角三角形进行判断的方法。

① 打开工作簿，选择单元格D3，在编辑栏中输入公式"=IF(SUMSQ (MAX(A3:C3))=SUMSQ(LARGE(A3:C3,{2,3})),"","非")&"直角""。

② 按下Enter键，将判断出"A3:C3"区域三个边长组成的三角形是否为直角三角形。

	直角三角形的判断		
	A边	B边	C边	是否为直角三角形
15	20	30	=IF(SUMSQ(MAX(A3:C3))=SUMSQ(LARGE(A3:C3,{2,3})),"","非")&"直角"
25	40	60	
50	70	80	
6	8	10	

输入公式

=IF(SUMSQ(MAX(A3:C3))=SUMSQ(LARGE(A3:C3,{2,3})),"","非")&"直角"

	直角三角形的判断		
	A边	B边	C边	是否为直角三角形
15	20	30	非直角
25	40	60	
50	70	80	判断结果
6	8	10	

③ 将光标移动到单元格D3右下角，变成+形状时向下拖至目标单元格D6后释放，判断其他三角形是否为直角三角形。

=IF(SUMSQ(MAX(A3:C3))=SUMSQ(LARGE(A3:C3,{2,3})),"","非")&"直角"

	直角三角形的判断		
	A边	B边	C边	是否为直角三角形
15	20	30	非直角
25	40	60	非直角
50	70	80	非直角
6	8	10	直角

填充公式

Hint 提示说明

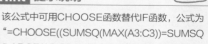

该公式中可用CHOOSE函数替代IF函数，公式为"=CHOOSE((SUMSQ(MAX(A3:C3))=SUMSQ(LARGE(A3:C3,{2,3})))+1, "非直角","直角")"。

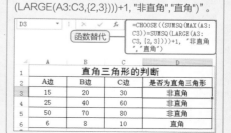

函数替代

=CHOOSE((SUMSQ(MAX(A3:C3))=SUMSQ(LARGE(A3:C3,{2,3})))+1, "非直角","直角")

	直角三角形的判断		
	A边	B边	C边	是否为直角三角形
15	20	30	非直角
25	40	60	非直角
50	70	80	非直角
6	8	10	直角

● Level ★★★★   2013 2010 2007

如何利用 SUMIF 函数计算生产车间员工工资?

● 实例: 计算不同条件下的生产车间员工工资

一般情况下, 工厂中包括多个车间, 有时需要统计生产车间员工的工资。SUMIF函数的功能是按条件对指定单元格求和。下面介绍使用SUMIF函数计算不同条件下生产车间员工工资的方法。

① 选择单元格F2, 在编辑栏中输入数组公式 "=SUM(SUMIF(D2:D12, "<="& {2500,3500})*{-1,1})"。

② 按下Ctrl+Shift+Enter组合键, 计算出工资在2500到3500之间的员工工资总和。

单元格F2中的公式可以更改为 "=SUM(D2:D12 *(D2:D12>=2500)*(D2:D12<=3500))"。

	C	D		F
	输入数组公式	fx	{=SUM(D2:D12*(D2:D12>=2500)*(D2:D12<=3500))}	
	所属部门	工资		2500与3500之间的员工工资总和
2	一车间	2055		20580
3	人事部	2552		
4	二车间	3180		所有车间人员的工资总和
5	采购部	3025		
6	一车间	2723		
7	业务部	3797		
8	三车间	3196		
9	二车间	2558		
10	一车间	7063		
11	财务部	3346		
12	行政部	3560		

③ 选择单元格F5, 在编辑栏中单击 "插入函数" 按钮 fx。

F5		×	fx	单击 "插入函数" 按钮
	C	D		F
	所属部门	工资		2500与3500之间的员工工资总和
2	一车间	2055		20580
3	人事部	2552		
4	二车间	3180		所有车间人员的工资总和
5	采购部	3025		
6	一车间	2723		
7	业务部	3797		
8	三车间	3196		
9	二车间	2558		
10	一车间	7063		
11	财务部	3346		
12	行政部	3560		

④ 打开"插入函数"对话框，单击"或选择 类别"下拉按钮，在弹出的下拉列表中选 择"数学与三角函数"选项。

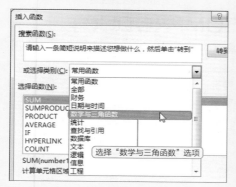

⑤ 在"选择函数"列表框中，选择SUMIF 函数，然后单击"确定"按钮。

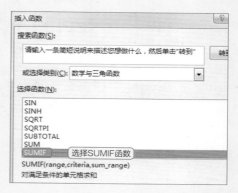

⑥ 在弹出的"函数参数"对话框中，单击 Range文本框右侧的展开按钮，在数据区 域中选择"C2:C12"单元格区域。

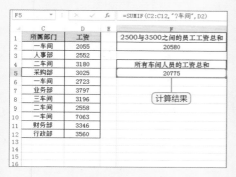

⑦ 按下Enter键，返回"函数参数"对话 框，在Criteria文本框中输入"""?车间""， 在"Sum_range"文本框中输入D2。

⑧ 单击"确定"按钮，计算出所有车间员工 的工资总和。

Hint 提示说明

SUMIF函数的第二参数支持通配符"＊"和 "？"。其中"？"表示任意单个字符，"＊"表示任 意长度的字符。

如果统计工资表中存在"采购部车间"和"印刷 车间"等不同长度的部分名称，本公式需要修改 为"=SUMIF(A2:A10,"*车间",C2)"。

如果需要统计四个字，且以"车间"结尾的部门 工资总和，则公式修改为"= SUMIF(A2:A10, "??车间", C2)"。

● Level ★★★★ | 2013 | 2010 | 2007 |

如何利用 SUMPRODUCT 函数计算参保人数？

● 实例：计算参保人数

SUMPRODUCT函数用于在给定的几组数组中，将数组间对应的参数相乘并返回乘积之和。若只有一组，则直接返回该数组之和。下面介绍利用SUMPRODUCT函数计算不同条件下参保人数的方法。

---

① 选择单元格D13，在编辑栏中输入公式"=SUMPRODUCT((F2:F11="是")*1)"。

	A	B	C	D	E	F	G
1	员工编号	姓名	性别	年龄	部门	是否参保	
2	YG-001	周爽	女	20	一车间	输入公式	
3	YG-002	夏清	男	29	二车间	否	
4	YG-003	刘璧	男	30	二车间	是	
5	YG-004	李用	女	21	一车间	是	
6	YG-005	周炯	女	18	三车间	否	
7	YG-006	王强	男	25	一车间	是	
8	YG-007	单东	男	23	二车间	是	
9	YG-008	黄可	男	31	三车间	是	
10	YG-009	史丹	女	22	二车间	否	
11	YG-010	蔡颖	女	23	一车间	是	
12							
13	参保人数		=SUMPRODUCT((F2:F11="是")*1)				
14							
15	28岁以上男员工人数						
16							
17	二车间男员工参保人数						

② 按下Enter键，在单元格D13中计算出参保人数。

D13 = =SUMPRODUCT((F2:F11="是")*1)

	A	B	C	D	E	F	G
1	员工编号	姓名	性别	年龄	部门	是否参保	
2	YG-001	周爽	女	20	一车间	是	
3	YG-002	夏清	男	29	二车间	否	
4	YG-003	刘璧	男	30	二车间	是	
5	YG-004	李用	女	21	一车间	是	
6	YG-005	周炯	女	18	三车间	否	
7	YG-006	王强	男	25	一车间	是	
8	YG-007	单东	男	23	二车间	是	
9	YG-008	黄可	男	31	三车间	是	
10	YG-009	史丹	女	22	二车间	否	
11	YG-010	蔡颖	女	23	一车间	是	
12							
13	参保人数		7	显示计算结果			
14							
15	28岁以上男员工人数						
16							
17	二车间男员工参保人数						

---

③ 选择单元格D15，在编辑栏中输入数组公式"=SUMPRODUCT((C2:C11="男")*1,(D2:D11>28)*1)"。

SUMPRO... 输入数组公式 fx =SUMPRODUCT((C2:C11="男")*1,(D2:D11>28)*1)

	A	B	C	D	E	F	G
1	员工编号	姓名	性别	年龄	部门	是否参保	
2	YG-001	周爽	女	20	一车间	是	
3	YG-002	夏清	男	29	二车间	否	
4	YG-003	刘璧	男	30	二车间	是	
5	YG-004	李用	女	21	一车间	是	
6	YG-005	周炯	女	18	三车间	否	
7	YG-006	王强	男	25	一车间	是	
8	YG-007	单东	男	23	二车间	是	
9	YG-008	黄可	男	31	三车间	是	
10	YG-009	史丹	女	22	二车间	否	
11	YG-010	蔡颖	女	23	一车间	是	
12							
13	参保人数		7				
14							
15	=SUMPRODUCT((C2:C11="男")*1,(D2:D11>28)*1)						
16							
17	二车间男员工参保人数						

④ 按下Ctrl+Shift+Enter组合键，在单元格D15中计算出28岁以上男员工的人数。

D15 = =SUMPRODUCT((C2:C11="男")*1,(D2:D11>28)*1)

	A	B	C	D	E	F	G
1	员工编号	姓名	性别	年龄	部门	是否参保	
2	YG-001	周爽	女	20	一车间	是	
3	YG-002	夏清	男	29	二车间	否	
4	YG-003	刘璧	男	30	二车间	是	
5	YG-004	李用	女	21	一车间	是	
6	YG-005	周炯	女	18	三车间	否	
7	YG-006	王强	男	25	一车间	是	
8	YG-007	单东	男	23	二车间	是	
9	YG-008	黄可	男	31	三车间	是	
10	YG-009	史丹	女	22	二车间	否	
11	YG-010	蔡颖	女	23	一车间	是	
12							
13	参保人数		7				
14							
15	28岁以上男员工人数		3	显示计算结果			
16							
17	二车间男员工参保人数						

Hint 提示说明

单元格D15中的公式可简化为"=SUMPRODUCT ((C2:C11="男")*(D2:D11>28))"。

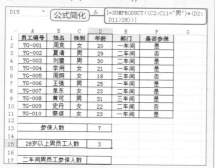

公式简化

Hint 提示说明

单元格D15中的公式也可用SUM函数的数组公式来完成，"=SUM((C2:C11="男")*(D2:D11>28))"。

SUM函数

5 选择单元格D17，在编辑栏中输入公式"=SUMPRODUCT((C2:C10&E2:E10&F2:F10="男二车间是")*1)"。

输入公式

6 按下Enter键，计算出二车间男员工参保的人数。

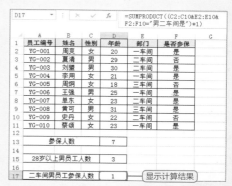

显示计算结果

Hint 提示说明

单元格D17中的公式，也可以改用以下两种方式，"=SUMPRODUCT((E2:E10="二车间")*1,(C2:C10="男")*1,(F2:F10="是")*1)"和"=SUMPRODUCT((E2:E10="二车间")*(C2:C10="男")*(F2:F10="是"))"。

公式变形

Hint 提示说明

如果计算一车间和三车间女员工参保人数，则使用公式"=SUMPRODUCT((E2:E10<>"二车间")*(C2:C10&F2:F10="女是"))"。

显示计算结果

● Level ★★★★

如何利用 MOD 函数设计工资条?

● 实例: 设计单行和双行工资条

利用工资明细表生成工资条，方便裁剪及发放。函数MOD用于返回两数相除的余数。下面介绍巧妙运用MOD函数取行号与3的余数实现动态取数，并用IF函数判断MOD函数的结果进行取值。

1 打开工作簿，选择"单行表头工资明细"工作表，该工资明细表由一行表头组成。

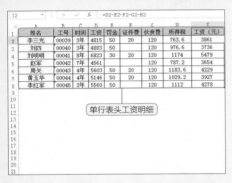

2 选择"单行表头工资条"工作表，选择单元格B1，输入公式"=IF(MOD(ROW(), 3)=1,单行表头工资明细!A$1,IF(MOD (ROW(),3)=2, OFFSET(单行表头工资明细!A$1,ROW()/ 3+1,0),""))"。

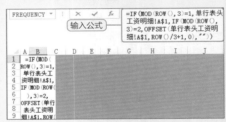

3 按下Enter键，在单元格B1中返回单行表头工资明细工作表中的姓名。

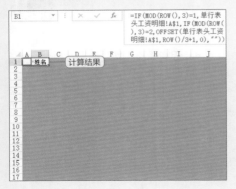

4 拖动单元格B1的填充手柄向右填充至单元格J1，设计工资条的表头。

5 选择单元格区域"B1:J1",拖动单元格区域的填充手柄,向下填充至第3行。

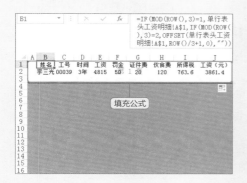

6 选择单元格区域"B1:J2",在"字体"功能区中单击"下框线"倒三角按钮,在弹出的下拉列表中选择"所有框线"选项。

7 选择单元格区域"B1:J3",拖动填充手柄向下填充至第21行,设计所有员工的工资条。

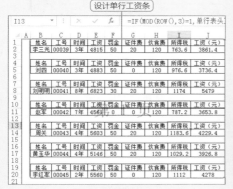

8 选择"双行表头工资条"工作表,在单元格B1中输入公式"=CHOOSE(MOD(ROW(),4)+1,"",双行表头工资明细!A$1,双行表头工资明细!A$2,OFFSET(双行表头工资明细!A$1,ROW()/4+2,))"。

9 按下Enter键,然后将单元格B1公式填充至单元格J1,再选择单元格区域"B1:J1",将公式向下填充至第4行。

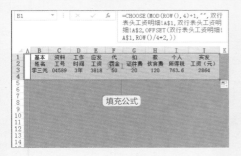

10 为单元格区域"B1:J3"设置边框,选择单元格区域"B1:J4",向下填充至第28行,完成双行工资条的制作。

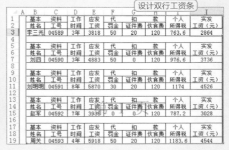

● Level ★★★☆

2013 2010 2007

如何利用 INT 函数统计收支金额并忽略小数？

● 实例：快速去除小数部分

某超市因经营需要，每周都要统计收支金额，并将小数部分忽略不计。函数INT的功能是返回参数整数部分。下面介绍利用INT函数统计收支金额并忽略小数的方法。

1 选择单元格B9，单击编辑栏中的"插入函数"按钮 f_x 。

	A	B	C
	时间	收入	支出
1			
2	星期一	102.36	-74.21
3	星期二	96.23	-84.56
4	星期三	78.12	-96.95
5	星期四	89.56	88.12
6	星期五	74.66	-103.41
7	星期六	101.49	-54.63
8	星期日	86.34	-88.64
9	合计		

单击"插入函数"按钮

2 在弹出的"插入函数"对话框的"选择函数"列表框中选择SUMPRODUCT函数。

插入函数

搜索函数(S):

请输入一条简短说明来描述您想做什么，然后单击"转到"　转到

或选择类别(C)：常用函数 ▼

选择函数(N)：

SUMPRODUCT　　选择SUMPRODUCT函数
FREQUENCY
SUBTOTAL
IF
SUMIF
SUM
PRODUCT

SUMPRODUCT(array1,array2,array3,...)
返回相应的数组或区域乘积的和

3 单击"确定"按钮，在Array1文本框中输入"INT(B2:B8)"。

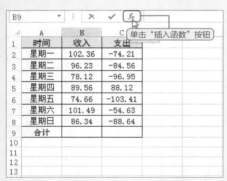

函数参数

SUMPRODUCT

Array1 | INT(B2:B8) | = {102;96;78;89;74;101;86}
Array2 | | = 数组
Array3 | 输入函数参数 | = 数组

= 626

返回相应的数组或区域乘积的和

Array1: array1,array2,... 是 2 到 255 个数组。所有数组

计算结果 = 626

有关该函数的帮助(H)　　　　确定

4 单击"确定"按钮，在单元格B9中将计算出一周内的收入金额。

B9　　 ▼ | × ✓ f_x | =SUMPRODUCT(INT(B2:B8))

	A	B	C	D	E
1	时间	收入	支出		
2	星期一	102.36	-74.21		
3	星期二	96.23	-84.56		
4	星期三	78.12	-96.95		
5	星期四	89.56	88.12		
6	星期五	74.66	-103.41		
7	星期六	101.49	-54.63		
8	星期日	86.34	-88.64		
9	合计	626			

计算收入金额

5 在名称框中输入C9，按下Enter键，选择单元格C9。

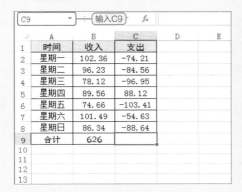

6 在"公式"选项卡中，单击"函数库"功能区中的"插入函数"按钮 fx。

7 在弹出的"插入函数"对话框中，单击"或选择类别"下拉按钮，在弹出的下拉列表中选择"数学与三角函数"选项。

8 在"插入函数"对话框中，选择"选择函数"列表框中的SUMPRODUCT函数。

9 单击"确定"按钮，在Array1文本框中输入"TRUNC(C2:C8)"。

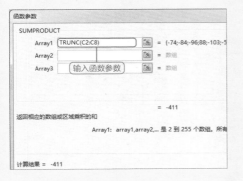

10 单击"确定"按钮，在单元格C9中计算出一周内的支出金额。

	A	B	C	D	E
	C9			fx	=SUMPRODUCT(TRUNC(C2:C8))
1	时间	收入	支出		
2	星期一	102.36	-74.21		
3	星期二	96.23	-84.56		
4	星期三	78.12	-96.95		
5	星期四	89.56	88.12		
6	星期五	74.66	-103.41		
7	星期六	101.49	-54.63		
8	星期日	86.34	-88.64		
9	合计	626	-411		计算支出金额
10					

● Level ★★★☆   2013 2010 2007

如何利用 SUBTOTAL 函数进行不间断的编号？

● 实例：对隐藏的行重新编号

工作表中有某班的成绩明细，现需对成绩表进行编号，且编号需要满足行数据隐藏后编号不间断的需求。下面介绍使用SUBTOTAL函数进行不间断编号的方法。

1 打开工作簿，选择单元格A3，单击编辑栏中的"插入函数"按钮 *fx*。

A3	▾	:	✕	✓	*fx*	

单击"插入函数"按钮

▲	A	B	C	D	E
1	序号 ▾	姓名 ▾	学号 ▾	性别 ▾	成绩 ▾
3		刘三	1064	男	85
7		李四	2616	男	78
8		郑玉	2187	女	90
9		黄娟	3052	男	84
10		冯兰	0650	男	100
12		周梅	2525	男	89
13					
14					
15					
16					
17					
18					

2 打开"插入函数"对话框，选择"数学与三角函数"类别中的SUBTOTAL函数。

插入函数   ?

搜索函数(S):

请输入一条简短说明来描述您想做什么，然后单击"转到"   转到

或选择类别(C): 数学与三角函数 ▾

选择函数(N):

SQRT
SORTPI
SUBTOTAL   选择SUBTOTAL函数
SUM
SUMIF
SUMIFS
SUMPRODUCT

SUBTOTAL(function_num,ref1,...)

3 在弹出的"函数参数"对话框中，在Function_num文本框中输入"103"，在Ref1文本框中输入"$B$2:B2"。

函数参数

SUBTOTAL

Function_num   103   = 103
Ref1 $B$2:B2   = "赵"
Ref2   = 引用

输入参数

= 0

返回一个数据列表或数据库的分类汇总

Ref1: ref1,ref2,... 为 1 到 254 个要进行分类汇总

计算结果 = 0

4 单击"确定"按钮，返回单元格A3的序号。拖动单元格A3的填充手柄向下填充，得到其他单元格的序号。

A3	▾	:	✕	✓	*fx*	=SUBTOTAL(103, $B$2:B2)

▲	A	B	C	D	E	F
1	序号 ▾	姓名 ▾	学号 ▾	性别 ▾	成绩 ▾	
3	0	刘三	1064	男	85	
7	1	李四	2616	男	78	
8	2	郑玉	2187	女	90	
9	3	黄娟	3052	男	84	
10	4	冯兰	0650	男	100	
12	5	周梅	2525	男	89	
13						
14						
15	重新编号					
16						
17						
18						
19						

● Level ★★★☆

如何利用 TRUNC 函数计算上网费用?

● 实例：根据上机时间计算上网费用

如果上网时间少于0.5小时则按1元计算，如果多于或等于0.5小时则按1小时计算，每小时上网费用为1.5元，下面介绍使用TRUNC函数计算上网费用的方法。

1 打开工作簿，在名称框中输入C2，按下Enter键，选择单元格C2。

	A	B	C	D
1	序号	上机时间（小时）	费用（元）	
2	1号机	0.25		
3	2号机	1.23		
4	3号机	1.8		
5	4号机	3.2		
6	5号机	0.58		
7	6号机	4		
8	7号机	2.5		
9	8号机	0.88		
10	9号机	1		
11	10号机	3.4		
12				

C2 ▼ 输入C2 fx

2 在编辑栏中输入公式"=(TRUN (B2)+(B2-TRUNC(B2)>=0.5))*1.5+(MOD(B2,1)<0.5)"。

SUMPRO... 输入公式 fx =(TRUNC(B2)+(B2-TRUNC(B2)>=0.5))*1.5+(MOD(B2,1)<0.5)

	A	B	C	D	E
1	序号	上机时间（小时）	费用（元）		
2	1号机	0.25	,1)<0.5)		
3	2号机	1.23			
4	3号机	1.8			
5	4号机	3.2			
6	5号机	0.58			
7	6号机	4			
8	7号机	2.5			
9	8号机	0.88			
10	9号机	1			
11	10号机	3.4			
12					
13					
14					
15					

3 按下Enter键，单元格C2将返回第一台计算机的上网费用。

C2 ▼ : × ✓ fx =(TRUNC(B2)+(B2-TRUNC(B2)>=0.5))*1.5+(MOD(B2,1)<0.5)

	A	B	C	D	E
1	序号	上机时间（小时）	费用（元）		
2	1号机	0.25	1		
3	2号机	1.23			
4	3号机	1.8	计算结果		
5	4号机	3.2			
6	5号机	0.58			
7	6号机	4			
8	7号机	2.5			
9	8号机	0.88			
10	9号机	1			
11	10号机	3.4			
12					
13					
14					
15					

4 拖动单元格C2的填充手柄向下填充至单元格C11，计算出其他计算机的上网费用。

C2 ▼ : × ✓ fx =(TRUNC(B2)+(B2-TRUNC(B2)>=0.5))*1.5+(MOD(B2,1)<0.5)

	A	B	C	D	E
1	序号	上机时间（小时）	费用（元）		
2	1号机	0.25	1		
3	2号机	1.23	2.5		
4	3号机	1.8	3		
5	4号机	3.2	5.5		
6	5号机	0.58	1.5	填充公式	
7	6号机	4	7		
8	7号机	2.5	4.5		
9	8号机	0.88	1.5		
10	9号机	1	2.5		
11	10号机	3.4	5.5		
12					
13					
14					
15					

● Level ★★★☆

2013 2010 2007

如何利用 ROUND 函数统计
不同计量单位的物品金额?

● 实例: 快速计算不同计量单位物品的金额

现统计所有物品的购物金额,其中以G为单位的精确到分,以KG
为单位的精确到元。下面介绍使用ROUND函数统计不同计量单
位的物品金额的方法。

① 打开工作簿,在名称框中输入D11,按下
Enter键,选择单元格D11。

D11		〔输入D11〕	fx	
	A	B	C	D
1	品名	重量 (KG)	单价 (元)	单位
2	白菜	10375.5	0.0027	G
3	大米	11323	5.5	KG
4	香蕉	13789	8	KG
5	包菜	10401	0.0019	G
6	花椒	550.15	22.7	KG
7	辣椒	12509	12	KG
8	水果	12925.5	7	KG
9	窝笋	1184	0.0065	G
10	藕	10203	0.0112	G
11	金额合计			
12				
13				

② 输入数组公式 "=SUM(ROUND(B2:B1
0*C2:C10*IF(D2:D10="G",1000,1),(D
2:D10="G")*2))"。

SUMPRO...		〔输入数组公式〕		C10*IF(D2:D10="G",1000, 1),(D2:D10="G")*2)	
	A	B	C	D	E
1	品名	重量 (KG)	单价 (元)	单位	
2	白菜	10375.5	0.0027	G	
3	大米	11323	5.5	KG	
4	香蕉	13789	8	KG	
5	包菜	10401	0.0019	G	
6	花椒	550.15	22.7	KG	
7	辣椒	12509	12	KG	
8	水果	12925.5	7	KG	
9	窝笋	1184	0.0065	G	
10	藕	10203	0.0112	G	
11	金额合计			=SUM(ROUND(B2:	
12				B10*C2:C10*IF(	
13				D2:D10="G",1000,	
14				1),(D2:D10="G")*	

③ 按下Ctrl+Shift+Enter组合键,将返回购
物金额合计。

D11		:	× ✓	fx	{=SUM(ROUND(B2:B10*C2: C10*IF(D2:D10="G",1000, 1),(D2:D10="G")*2))}	
	A	B	C	D	E	
1	品名	重量 (KG)	单价 (元)	单位		
2	白菜	10375.5	0.0027	G		
3	大米	11323	5.5	KG		
4	香蕉	13789	8	KG		
5	包菜	10401	0.0019	G		
6	花椒	550.15	22.7	KG		
7	辣椒	12509	12	KG		
8	水果	12925.5	7	〔购物金额合计〕		
9	窝笋	1184	0.0065			
10	藕	10203	0.0112			
11	金额合计			595409.35		
12						

Hint 提示说明

本例中物品的重量都是以KG为单位,而单价既有
"元/KG",又有"元/G",为使合计金额时得以
统一,本例使用了表达式 "*IF(D2:D10="K",
1000,1)",表示单位为G者扩大1000倍,单位
为KG者保持不变。

另外,在对各物品求和前,精确度也根据单位不
同而有所差异,所以ROUND函数的第二个参数
使用了表达式 "(D2:D10="G")*2)",表示如果物
品单位是G,则精确到小数点后两位,否则精确
到个位。

● Level ★★★☆

2013 2010 2007

如何利用 FLOOR 函数统计业务员提成金额?

● 实例: 快速统计业务员提成金额

公司规定业务员的提成额为每25000元提成600元,不足25000元忽略不计。函数FLOOR的功能是返回向零方向的舍入值。下面介绍使用FLOOR函数计算工作表中各业务员提成额的方法。

1 打开工作簿,选择单元格C2,在编辑栏中输入公式"=FLOOR(B2,25000)/25000*600"。

	A	B	C	D	E	F
SUM				=FLOOR (B2,25000)/25000*600		
1	业务员	业绩	提成	输入公式		
2	陈海	=FLOOR (B2,25000)/25000*600				
3	钱小波	85776				
4	黄娟	120612				
5	李桂	134884				
6	周梅	85016				
7	吴艳	149604				
8	郑玉	157263				
9	苏畅	103055				
10	罗梦	98826				
11	刘兰	101867				
12						
13						

2 按下Enter键,单元格C2将返回第一名业务员的提成金额。拖动单元格C2的填充手柄向下填充至C11,计算其他业务员的提成。

	A	B	C	D	E	F
C2				=FLOOR (B2,25000)/25000*600		
1	业务员	业绩	提成			
2	陈海	130867	3000			
3	钱小波	85776	1800			
4	黄娟	120612	2400			
5	李桂	134884	3000			
6	周梅	85016	1800	计算提成		
7	吴艳	149604	3000			
8	郑玉	157263	3600			
9	苏畅	103055	2400			
10	罗梦	98826	1800			
11	刘兰	101867	2400			
12						
13						

3 单元格C2中也可以使用以下两种公式,"=FLOOR(B2/25000,1)*600"或"=FLOOR(B2/25000*600,600)"。

	A	B	C	D	E	F
C2				=FLOOR(B2/25000,1)*600		
1	业务员	业绩	提成	公式变形		
2	陈海	130867	3000			
3	钱小波	85776				
4	黄娟	120612				
5	李桂	134884				
6	周梅	85016				
7	吴艳	149604				
8	郑玉	157263				
9	苏畅	103055				
10	罗梦	98826				
11	刘兰	101867				
12						

Hint 提示说明

本例可以利用INT函数完成计算,公式为"=INT(B2/25000)*600"。

	A	B	C	D	E	F
C2				=INT (B2/25000)*600		
1	业务员	业绩	提成	输入公式		
2	陈海	130867	3000			
3	钱小波	85776				
4	黄娟	120612				
5	李桂	134884				
6	周梅	85016				
7	吴艳	149604				
8	郑玉	157263				
9	苏畅	103055				
10	罗梦	98826				
11	刘兰	101867				

● Level ★★★☆   2013 2010 2007

如何利用 CEILING 函数计算年终奖？

● 实例：快速计算员工的年终奖

企业规定，员工工作时间不满一年没有年终奖，超过一年则按每年200元计算年终奖。对于除整年以外不满一年的年终奖也都按200元计算。下面介绍使用CEILING函数计算年终奖的方法。

1 打开工作簿，选择单元格C2，在编辑栏中输入公式 "=CEILING(B2*200,200)*(INT(B2)>0)"。

SUM	▼	× ✓ fx	=CEILING(B2*200,200)*(INT(B2)>0)
	A	B	C	D	E	F
1	姓名	工龄	年终奖
2	李军	5.3	=CEILING(B2*200,20...0) [输入公式]
3	赵芳	2.2	
4	郑雪	1.5	
5	陈中化	0.5	
6	王海洋	0.7	
7	汪勇	2.1	
8	钱辉	2.8	
9	杨花	3.2	
10	成明明	4.6	
11	燕子	5.9	

2 按下Enter键，返回第一名员工的年终奖。

C2	▼	× ✓ fx	=CEILING(B2*200,200)*(INT(B2)>0)
	A	B	C	D	E	F
1	姓名	工龄	年终奖
2	李军	5.3	1200
3	赵芳	2.2	
4	郑雪	1.5	
5	陈中化	0.5	[计算结果]
6	王海洋	0.7	
7	汪勇	2.1	
8	钱辉	2.8	
9	杨花	3.2	
10	成明明	4.6	
11	燕子	5.9	

3 拖动单元格C2的填充手柄向下填充至目标单元格C11，计算出其他员工的年终奖。

C2	▼	× ✓ fx	=CEILING(B2*200,200)*(INT(B2)>0)
	A	B	C	D	E	F
1	姓名	工龄	年终奖
2	李军	5.3	1200
3	赵芳	2.2	600
4	郑雪	1.5	400
5	陈中化	0.5	0
6	王海洋	0.7	0
7	汪勇	2.1	600
8	钱辉	2.8	600
9	杨花	3.2	800
10	成明明	4.6	1000
11	燕子	5.9	1200

[计算其他员工的年终奖]

Hint 提示说明

本例公式可以改用IF函数来完成，公式为 "=IF(B2>=1,CEILING(B2*200,200),0)"。

C2	▼	× ✓ fx	=IF(B2>=1,CEILING(B2*200,200),0)
	A	B	C	D	E	F
1	姓名	工龄	年终奖
2	李军	5.3	1200	[输入公式]
3	赵芳	2.2	
4	郑雪	1.5	
5	陈中化	0.5	
6	王海洋	0.7	
7	汪勇	2.1	
8	钱辉	2.8	
9	杨花	3.2	
10	成明明	4.6	
11	燕子	5.9	

Question

● Level ★★★☆

2013 2010 2007

如何利用 EVEN 函数统计参加培训的人数？

● 实例：快速统计参加培训的人数

工作表中存放了单位参加培训的人员资料，数据排列与教室中的座次一致，但由于部分员工请假，工作表中也有部分单元格留空，下面介绍使用EVEN函数统计参加培训的人员数的方法。

1 打开工作簿，单击要输入公式的单元格 D15，将其选中。

2 输入公式"=SUMPRODUCT((EVEN(COLUMN(A1:J12)=COLUMN(A1:J12))*(MOD(ROW(A1:J12),3)=1)*(A1:J12<>""))"。

	A	B	C	D	E	F	G	H	I	J
1	姓名	张利军	姓名	何泉波	姓名	李苹	姓名	黄琴	姓名	蒋凤丽
2	学号	5663	学号	7315	学号	7363	学号	0696	学号	8639
3	座位	1	座位	5	座位	9	座位	13	座位	17
4	姓名	刘咏梅	姓名	郑诚刚	姓名		姓名	乐丽萍	姓名	欧胜华
5	学号	3619	学号	1420	学号		学号	2204	学号	9043
6	座位	2	座位		座位	10	座位	14	座位	18
7	姓名	李宁芳	姓名	陈述	姓名	易昌云	姓名	唐涛	姓名	张建华
8	学号	6628	学号	8397	学号	0630	学号	4872	学号	7856
9	座位	3	座位	7	座位	11	座位	15	座位	19
10	姓名		姓名	赵春芳	姓名	罗先宁	姓名	李红梅	姓名	
11	学号		学号	8787	学号	6910	学号	6226	学号	
12	座位		座位	8	座位	12	座位	16	座位	20
13										
14										
15	参加培训人数汇总			← 选择单元格						

3 按下Enter键，将返回单元格区域"A1:J12"中参加培训的人员数。

[D15单元格公式：=SUMPRODUCT((EVEN(COLUMN(A1:J12))=COLUMN(A1:J12))*(MOD(ROW(A1:J12),3)=1)*(A1:J12<>""))]

	A	B	C	D	E	F	G	H	I	J
1	姓名	张利军	姓名	何泉波	姓名	李苹	姓名	黄琴	姓名	蒋凤丽
2	学号	5663	学号	7315	学号	7363	学号	0696	学号	8639
3	座位	1	座位	5	座位	9	座位	13	座位	17
4	姓名	刘咏梅	姓名	郑诚刚	姓名		姓名	乐丽萍	姓名	欧胜华
5	学号	3619	学号	1420	学号		学号	2204	学号	9043
6	座位	2	座位		座位	10	座位	14	座位	18
7	姓名	李宁芳	姓名	陈述	姓名	易昌云	姓名	唐涛	姓名	张建华
8	学号	6628	学号	8397	学号	0630	学号	4872	学号	7856
9	座位	3	座位	7	座位	11	座位	15	座位	19
10	姓名		姓名	赵春芳	姓名	罗先宁	姓名	李红梅	姓名	
11	学号		学号	8787	学号	6910	学号	6226	学号	
12	座位	4	座位	8	座位	12	座位	16	座位	20
13										
14										
15	参加培训人数汇总			17		← 计算结果				

Hint 提示说明

本例可以将EVEN函数更改为ODD函数，公式为"=SUMPRODUCT((ODD(COLUMN(A1:J12))<>COLUMN(A1:J12))*(MOD(ROW(A1:J12),3)=1)*(A1:J12<>""))"。

[D15单元格公式：=SUMPRODUCT((ODD(COLUMN(A1:J12))<>COLUMN(A1:J12))*(MOD(ROW(A1:J12),3)=1)*(A1:J12<>""))]

	A	B	C	D	E	F	G	H	I	J	K
1	姓名	张利军	姓名	何泉波	姓名	李苹	姓名	黄琴	姓名	蒋凤丽	
2	学号	5663	学号	7315	学号	7363	学号	0696	学号	8639	
3	座位	1	座位	5	座位	9	座位	13	座位	17	
4	姓名	刘咏梅	姓名	郑诚刚	姓名		姓名	乐丽萍	姓名	欧胜华	
5	学号	3619	学号	1420	学号		学号	2204	学号	9043	
6	座位	2	座位		座位	10	座位	14	座位	18	
7	姓名	李宁芳	姓名	陈述	姓名	易昌云	姓名	唐涛	姓名	张建华	
8	学号	6628	学号	8397	学号	0630	学号	4872	学号	7856	
9	座位	3	座位	7	座位	11	座位	15	座位	19	

● Level ★★★★

如何利用 RAND 函数随机排列学生座位?

● 实例: 随机排列座位

将工作表中A列的10名学生随机排在10个座位中。函数RAND的功能是返回一个大于等于0且小于1的随机实数。下面介绍利用RAND函数随机排列学生座位的方法。

1 打开工作簿,选择单元格区域"H2: H11",在编辑栏中单击"插入函数"按钮。

H2				fx			
	A	B	C	D			H
1	姓名	学号		座位 单击"插入函数"按钮			辅助区
2	蒋平珍	2887		1			
3	于干娟	6123		2			
4	安佳佳	7363		3			
5	赵水明	4441		4			
6	唐娟志	8893		5			
7	蒋平珍	1851		6			
8	于干娟	9629		7			
9	安佳佳	2936		8			
10	赵水明	2558		9			
11	唐娟志	8628		10			
12							
13							

2 在弹出的"插入函数"对话框中,单击"或选择类别"下拉按钮,在弹出的下拉列表中选择"数学与三角函数"选项。

插入函数

搜索函数(S):

请输入一条简短说明来描述您想做什么,然后单击"转到"   转到(G)

或选择类别(C): 常用函数

选择函数(N):
SUM   常用函数
IF   全部
ROUNDDOW   财务
ROUND   日期与时间
SUMPRODUC   数学与三角函数
FREQUENCY   统计
SUBTOTAL   查找与引用
             数据库
SUM(number1 文本
计算单元格区域 信息
             逻辑
             工程

选择"数学与三角函数"选项

3 在"选择函数"列表框中选择RAND函数,然后单击"确定"按钮。

插入函数

搜索函数(S):

请输入一条简短说明来描述您想做什么,然后单击"转到"   转到(G)

或选择类别(C): 数学与三角函数

选择函数(N):
PRODUCT
QUOTIENT
RADIANS
RAND   选择RAND函数
RANDBETWEEN
ROMAN
ROUND

RAND0
返回大于或等于 0 且小于 1 的平均分布随机数(依重新计算而变)

4 在弹出的"函数参数"对话框中,按下Ctrl+Shift+Enter组合键,在单元格区域"H2:H11"中将产生随机数据。

H2				fx	{=RAND()}			
	A	B	C	D	E	F	G	H
1	姓名	学号		座位	姓名	学号		辅助区
2	蒋平珍	2887		1				0.070556
3	于干娟	6123		2				0.694084
4	安佳佳	7363		3				0.433955
5	赵水明	4441		4				0.163083
6	唐娟志	8893		5	产生随机数据			0.497716
7	蒋平珍	1851		6				0.651783
8	于干娟	9629		7				0.42416
9	安佳佳	2936		8				0.149766
10	赵水明	2558		9				0.958945
11	唐娟志	8628		10				0.936548
12								
13								

5 选择单元格区域"E2:E11"，在编辑栏中输入数组公式"=INDEX(A$2:A$11, RANK(H2:H11,H2:H11))"。

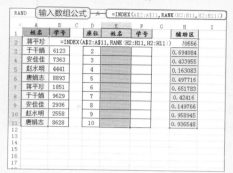

6 按下Ctrl+Shift+Enter组合键，将在单元格区域"E2:E11"出现10名学生的姓名。

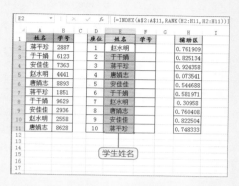

7 姓名的位置是随机出现的，按下F9键可以刷新所有人名的排位。

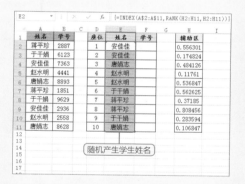

8 选择单元格区域"F2:F11"，输入数组公式"=VLOOKUP(E2:E11,$A$2:$B$11,2,0)"。

9 按下 Ctrl+Shift+Enter 组合键，单元格区域"F2:F11"将产生 E 列姓名所对应的学号。

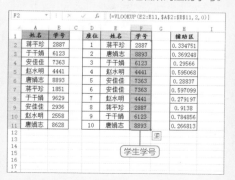

 Hint 提示说明

本例可以用一个公式完成单元格区域"E2:F11"中所有单元格的数据引用，"=INDEX((A2:B11, B2:B11),RANK(H2:H11,H2:H11),{1,2})"。

● Level ★★★☆   2013 2010 2007

如何利用 MMULT 函数计算盈亏？

● 实例：快速计算盈亏情况

函数MMULT的功能是返回两个数组的矩阵乘积。某工厂统计了三个车间四个季度的盈利和亏损情况，现要求计算一年内所有车间的盈亏情况。下面介绍使用MMULT函数计算盈亏的方法。

1 打开工作簿，选择单元格B7，在编辑栏中输入公式"=SUM(MMULT((B3:E5>0)*B3:E5,{1;1;1;1}))"，按下Enter键，返回所有车间一年的盈利情况。

B7	▼ : × ✓ fx	=SUMIF(B3:E5,">0")			
▲	A	B	C	D	E	F
1	车间盈亏表（单位：万元）				
2	部门	一季度	二季度	三季度	四季度
3	一车间	2.5	-1.2	-1.2	-0.8
4	二车间	1	2.4	2.2	-0.5
5	三车间	0.75	-0.75	1	0.75
6					
7	盈利合计	10.6	—计算盈利合计		
8	亏损合计				
9					
10					
11					

2 选择单元格B8，在编辑栏中输入公式"=SUM(MMULT((B3:E5<0)*B3:E5,{1;1;1;1}))"，按下Enter键，返回所有车间一年的亏损情况。

B8	▼ :	输入公式	fx	=SUM(MMULT((B3:E5<0)*B3:E5, {1;1;1;1}))	
▲	A	B	C	D	E	F
1	车间盈亏表（单位：万元）				
2	部门	一季度	二季度	三季度	四季度
3	一车间	2.5	-1.2	-1.2	-0.8
4	二车间	1	2.4	2.2	-0.5
5	三车间	0.75	-0.75	1	0.75
6					
7	盈利合计	10.6			
8	亏损合计	-4.45			
9					
10					

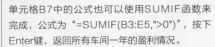

Hint 提示说明

单元格B7中的公式也可以使用SUMIF函数来完成，公式为"=SUMIF(B3:E5,">0")"，按下Enter键，返回所有车间一年的盈利情况。

B7	▼ : × ✓ fx	=SUMIF(B3:E5,">0")			
▲	A	B	C	D	E	F
1	车间盈亏表（单位：万元）				
2	部门	一季度	二季度	三季度	四季度
3	一车间	2.5	-1.2	-1.2	-0.8
4	二车间	1	2.4	2.2	-0.5
5	三车间	0.75	-0.75	1	0.75
6					
7	盈利合计	10.6	—计算盈利合计		
8	亏损合计				
9					
10					

Hint 提示说明

单元格B8中的公式也可以使用SUMIF函数来完成，公式为"=SUMIF(B3:E5,"<0")"，按下Enter键，公式返回所有车间一年的盈利情况。

B8	▼ :	输入公式	—	=SUMIF(B3:E5,"<0")	
▲	A	B	C	D	E	F
1	车间盈亏表（单位：万元）				
2	部门	一季度	二季度	三季度	四季度
3	一车间	2.5	-1.2	-1.2	-0.8
4	二车间	1	2.4	2.2	-0.5
5	三车间	0.75	-0.75	1	0.75
6					
7	盈利合计	10.6			
8	亏损合计	-4.45			
9					

Chapter
03

逻辑函数的应用技巧

逻辑函数是根据不同条件进行不同处理的函数，条件式中使用比较运算符指定逻辑式，并用逻辑值表示其结果。逻辑值为TRUE、FALSE，用于表示指定条件是否成立。条件成立时逻辑值为TRUE，条件不成立时逻辑值为FALSE。逻辑值或逻辑式将IF函数作为前提，将其他函数作为参数。本章采用以实例为引导的方式来讲解常用逻辑函数的应用技巧，如IF函数、AND函数等。

● Level ★★★★

2013 2010 2007

如何利用 IF 函数查询学生的成绩？

● 实例：设计学生成绩查询系统

为方便查询学生的考试成绩，可以使用IF函数。IF函数的功能是根据指定的条件返回不同的结果。下面介绍使用IF函数查询学生成绩的方法。

1 打开工作簿，选择"学生成绩查询系统"工作表。

2 选择单元格E3，输入学生编号，如0002。

3 选择单元格E7，在编辑栏中输入公式"=IF(AND(E3="",E4=""),"",IF(AND(NOT(E3=""),E4=""),VLOOKUP(E3,学生成绩统计表!A4:L21,12,0),IF(NOT(E4=""),VLOOKUP(E4,学生成绩统计表!B4:L21,11,0))))"。按下Enter键，系统会自动在单元格E7中显示学生的名次。

④ 选择单元格E8，在编辑栏中输入公式"=IF(AND(E3="",E4=""),"",IF(AND(NOT(E3=""),E4=""),VLOOKUP(E3,学生成绩统计表!A4:L21,11,0),IF(NOT(E4=""),VLOOKUP(E4,学生成绩统计表!B4:L21,10,0))))"。按下Enter键，系统会自动在单元格E8中显示学生的总成绩。

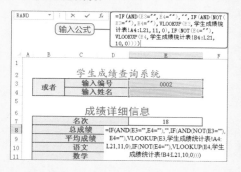

⑤ 选择单元格E9，在编辑栏中输入公式"=IF(AND(E3="",E4=""),"",IF(AND(NOT(E3=""),E4=""),VLOOKUP(E3,学生成绩统计表!A4:L21,10,0),IF(NOT(E4=""),VLOOKUP(E4,学生成绩统计表!B4:L21,9,0))))"。按下Enter键，系统会自动在单元格E9中显示学生的平均成绩。

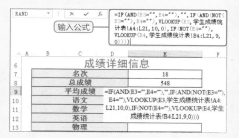

⑥ 选择单元格E10，在编辑栏中输入公式"=IF(AND(E3="",E4=""),"",IF(AND(NOT(E3=""),E4=""),VLOOKUP(E3,学生成绩统计表!A4:L21,3,0),IF(NOT(E4=""),VLOOKUP(E4,学生成绩统计表!B4:L21,2,0))))"。按下Enter键，系统会自动在单元格E10中显示学生的语文成绩。

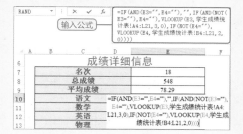

⑦ 选择单元格E11，在编辑栏中输入公式"=IF(AND(E3="",E4=""),"",IF(AND (NOT(E3=""),E4=""),VLOOKUP(E3,学生成绩统计表!A4:L21,4,0),IF(NOT (E4=""),VLOOKUP(E4,学生成绩统计表!B4:L21,3,0))))"。按下Enter键，系统会自动在单元格E11中显示学生的数学成绩。

⑧ 选择单元格E12，在编辑栏中输入公式"=IF(AND(E3="",E4=""),"",IF(AND(NOT (E3=""),E4=""),VLOOKUP(E3,学生成绩统计表!A4:L21,5,0),IF(NOT(E4=""),VLOOKU P(E4,学生成绩统计表!B4:L21,4,0))))"。按下Enter键，系统会自动在单元格E12中显示学生的英语成绩。

⑨ 选择单元格E13，在编辑栏中输入公式"=IF(AND(E3="",E4=""),"",IF(AND(NOT(E3=""), E4=""),VLOOKUP(E3,学生成绩统计表!A4:L21,6,0),IF(NOT(E4=""),VLOOKUP(E4,学生成绩统计表!B4:L21,5,0))))"。按下Enter键，系统就会自动在单元格E13中显示学生的物理成绩。

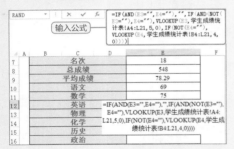

⑩ 选择单元格E14，在编辑栏中输入公式 "=IF(AND(E3="",E4=""),"",IF(AND(NOT(E3="")),E4=""),VLOOKUP(E3,学生成绩统计表!A4:L21,7,0),IF(NOT(E4=""),VLOOKUP(E4,学生成绩统计表!B4:L21,6,0))))"。按下Enter键，系统会自动在单元格E14中显示学生的化学成绩。

⑪ 选择单元格E15，在编辑栏中输入公式 "=IF(AND(E3="",E4=""),"",IF(AND(NOT(E3="")), E4=""),VLOOKUP(E3,学生成绩统计表!A4:L21,8,0),IF(NOT(E4=""),VLOOKUP(E4,学生成绩统计表!B4:L21,7,0))))"。按下Enter键，系统会自动在单元格E15中显示学生的历史成绩。

⑫ 选择单元格E16，在编辑栏中输入公式 "=IF(AND(E3="",E4=""),"",IF(AND(NOT(E3="")),E4=""),VLOOKUP(E3,学生成绩统计表!A4:L21,9,0),IF(NOT(E4=""),VLOOKUP(E4,学生成绩统计表!B4:L21,8,0))))"。按下Enter键，系统会自动在单元格E16中显示学生的政治成绩。

● Level ★★★★

2013 2010 2007

如何利用 AND 函数计算应收账款？

● 实例：设计应收账款分析表

应收账款分析表主要包括对应收金额的分析、票据日期的分析、应收账款的账期分析以及应收账款金额比例的计算等内容。下面介绍使用AND函数计算应收账款的方法。

1 选中单元格区域"B4:B11"，然后在"公式"选项卡中，单击"定义的名称"功能区中的"定义名称"按钮，打开"新建名称"对话框，在"名称"文本框中输入"账款到期时间"。

2 单击"确定"按钮，然后选择单元格C4，在"公式"选项卡中，单击"函数库"功能区中的"插入函数"按钮 f_x 。

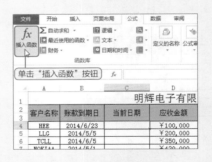

3 在弹出的"插入函数"对话框中，选择"或选择类别"下拉列表框中的"日期与时间"选项，选择TODAY函数。

4 在弹出的"函数参数"对话框中，单击"确定"按钮。

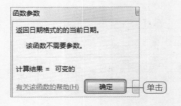

5 拖动单元格C4右下角的填充手柄，向下填充至单元格C11。

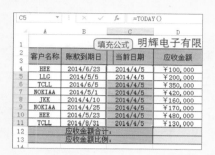

6 选择单元格区域"D4:D11"，然后在"公式"选项卡中，单击"定义的名称"功能区中的"定义名称"按钮，打开"新建名称"对话框，在"名称"文本框中输入"应收账款"。

7 单击"确定"按钮，返回工作表，选择单元格E4，单击编辑栏中的"插入函数"按钮 *fx*。

8 在弹出的"插入函数"对话框中，选择"或选择类别"下拉列表中的"逻辑"选项，然后选择IF函数。

9 单击"确定"按钮，打开"函数参数"对话框，在"Logical_test"文本框中输入"账款到期时间-C4<=10"，在"Value_if_true"文本框中输入"应收账款"，在"Value_if_false"文本框中输入""""。

10 单击"确定"按钮，账款到期时间减去当前日期，所得结果若小于等于10天，则单元格C4中会返回相应的应收账款金额，否则不显示任何数据。

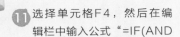

11 选择单元格F4，然后在编辑栏中输入公式"=IF(AND(账款到期时间-C4>10,账款到期时间-C4<=25),应收账款,"")"。

	IF		✕ ✓ *fx*	=IF(AND(账款到期时间 -C4>10,账款到期时间- C4<=25),应收账款,"")

输入公式

	D	E	F	G
1	军电子有限公司应收账款分析表			
2	应收金额			账期分析
3		0~10天	11-25天	26~45天	4
4	¥100,000	=IF(AND(账款到期时间-C4>10,账款到期时间-C4<=25),应收账款,"")		
5	¥200,000			
6	¥350,000			
7	¥420,000			
8	¥160,000			
9	¥170,000			
10	¥480,000			
11	¥130,000			
12				

12 按下Enter键，账款到期时间减去当前日期，所得结果若小于等于25天且大于10天，则单元格F4中会返回应收账款金额，否则不显示任何数据。

	F4		✕ ✓ *fx*	=IF(AND(账款到期时间 -C4>10,账款到期时间- C4<=25),应收账款,"")

	D	E	F	G
1	军电子有限公司应收账款分析表			
2	应收金额			账期分析
3		0~10天	11-25天	26~45天	4
4	¥100,000			
5	¥200,000			
6	¥350,000			
7	¥420,000		计算结果	
8	¥160,000			
9	¥170,000			
10	¥480,000			
11	¥130,000			
12				

13 选择单元格G4，然后在编辑栏中输入公式"=IF(AND(账款到期时间-C4>25,账款到期时间-C4<=45),应收账款,"")"。

	IF		✕ ✓ *fx*	=IF(AND(账款到期时间 -C4>25,账款到期时间- C4<=45),应收账款,"")

输入公式

	D	E	F	G
1	军电子有限公司应收账款分析表			
2	应收金额			账期分析
3		0~10天	11-25天	26~45天	4
4	¥100,000			=IF(AND(账款到期时间-C4>25,账款到期时间-C4<=45),应收账款,"")
5	¥200,000			
6	¥350,000			
7	¥420,000			
8	¥160,000			
9	¥170,000			
10	¥480,000			
11	¥130,000			
12				

14 按下Enter键，账款到期时间减去当前日期，所得结果若小于等于45天且大于25天，则单元格G4中会返回应收账款金额，否则不显示任何数据。

	G4		✕ ✓ *fx*	=IF(AND(账款到期时间 -C4>25,账款到期时间- C4<=45),应收账款,"")

	D	E	F	G
1	军电子有限公司应收账款分析表			
2	应收金额			账期分析
3		0~10天	11-25天	26~45天	4
4	¥100,000			
5	¥200,000			
6	¥350,000			
7	¥420,000			计算结果
8	¥160,000			
9	¥170,000			
10	¥480,000			
11	¥130,000			
12				

15 选择单元格H4，然后在编辑栏中输入公式"=IF(AND(账款到期时间-C4>46,账款到期时间-C4<=80),应收账款,"")"。

	IF		✕ ✓ *fx*	=IF(AND(账款到期时间 -C4>45,账款到期时间- C4<=80),应收账款,"")

输入公式

	E	F	G	H
1	公司应收账款分析表			
2			账期分析	
3	0~10天	11-25天	26~45天	46-80天	80天
4			=IF(AND(账款到期时间-C4>45,账款到期时间-C4<=80),应收账款,"")	
5				
6				
7				
8				
9				
10				
11				
12				

16 按下Enter键，账款到期时间减去当前日期，所得结果若小于等于80天且大于45天，则单元格H4中会返回应收账款金额，否则不显示任何数据。

	H4		✕ ✓ *fx*	=IF(AND(账款到期时间 -C4>45,账款到期时间- C4<=80),应收账款,"")

	E	F	G	H
1	公司应收账款分析表			
2			账期分析	
3	0~10天	11-25天	26~45天	46-80天	80天
4				¥100,000
5				
6				
7				计算结果
8				
9				
10				
11				
12				

17 选择单元格I4，然后在编辑栏中输入公式 "=IF(账款到期时间-C4>80,应收账款,"")"，并按下Enter键。

I4		输入公式		=IF(账款到期时间-C4>80,应收账款,"")	

	E	F	G	H	I
1	公司应收账款分析表				
2			账期分析		
3	0～10天	11～25天	26～45天	46～80天	80天以上
4					¥100,000
5					
6					
7					
8					
9					
10					
11					
12					
13					
14					
15					
16					

18 选择单元格区域 "E4:I4"，拖动填充手柄向右下填充，将其中的公式复制到单元格区域 "E5:I11" 中。

E4				=IF(账款到期时间-C4<=10,应收账款,"")	

	E	F	G	H	I
1	公司应收账款分析表				
2			账期分析		
3	0～10天	11～25天	26～45天	46～80天	80天以上
4				¥100,000	
5			¥200,000		
6				¥350,000	
7			¥420,000		
8	¥160,000				
9		¥170,000			
10				¥480,000	
11					¥130,000
12					
13					
14			填充公式		
15					
16					

19 选择单元格D12，然后在 "公式" 选项卡中，单击 "函数库" 功能区中的 "自动求和" 按钮 Σ，按下Enter键，计算出应收账款的总金额。

D12				fx	=SUM(应收账款)	

	B	C	D	E
1			明辉电子有限公司	
2				
3	账款到期日	当前日期	应收金额	0～1
4	2014/6/23	2014/4/5	¥100,000	
5	2014/5/5	2014/4/5	¥200,000	
6	2014/5/5	2014/4/5	¥350,000	
7	2014/5/1	2014/4/5	¥420,000	
8	2014/4/10	2014/4/5	¥160,000	¥160,
9	2014/4/25	2014/4/5	计算总金额	
10	2014/5/23	2014/4/5	¥480,000	
11	2014/8/31	2014/4/5	¥130,000	
12	应收金额合计:		¥2,010,000	
13	应收金额比例:			

20 选择单元格E12，在编辑栏中输入公式 "=SUM(E4:E11)" 并按下Enter键，计算10天内应收账款金额。

E12				fx	=SUM(E4:E11)	

	C	D	E	F
1		明辉电子有限公司应收账款分		
2				
3	当前日期	应收金额	0～10天	11～25
4	2014/4/5	¥100,000		
5	2014/4/5	¥200,000		
6	2014/4/5	¥350,000		
7	2014/4/5	¥420,000		
8	2014/4/5	¥160,000	¥160,000	
9	2014/4/5	¥170	计算10天内应收账款金额	
10	2014/4/5	¥480,000		
11	2014/4/5	¥130,000		
12	:	¥2,010,000	¥160,000	
13	:			

21 选择单元格E12，将其填充手柄向右拖动至单元格I12，计算其他日期的应收账款金额。

E12				fx	=SUM(E4:E11)	

	E	F	G	H	I
1	公司应收账款分析表				
2			账期分析		
3	0～10天	11～25天	26～45天	46～80天	80天以上
4				¥100,000	
5			¥200,000		
6				¥350,000	
7			¥420,000		
8	¥160,000				
9		¥170,000			
10				¥480,000	
11					¥130,000
12	¥160,000	¥170,000	¥620,000	¥930,000	¥130,000
13					
14					
15			填充公式		
16					
17					

22 选择单元格E13，在编辑栏中输入公式 "=E12/$D$12" 并按下Enter键，然后利用自动填充功能将此单元格中的公式填充到该行的其他单元格中。

E13				fx	=E12/$D$12	

	E	F	G	H	I
1	公司应收账款分析表				
2			账期分析		
3	0～10天	11～25天	26～45天	46～80天	80天以上
4				¥100,000	
5			¥200,000		
6				¥350,000	
7			¥420,000		
8	¥160,000				
9		¥170,000			
10				¥480,000	
11					¥130,000
12	¥160,000	¥170,000	¥620,000	¥930,000	¥130,000
13	7.96%	8.46%	30.85%	46.27%	6.47%
14					
15					
16			计算应收金额比例		
17					

● Level ★★★★　　　　2013　2010　2007

如何利用 OR 函数判断是否退休?

● 实例：根据不同条件判断是否退休

根据国家规定，男职工60岁退休，女职工55岁退休，如果是干部则延后3年退休。下面介绍使用OR函数判断是否退休的方法。

1 打开工作簿，选择单元格E2，在编辑栏中输入公式"=OR(AND(B2="男",D2>60),AND(B2="女",D2>55))"。

	B	C	D	E	
	性别	职务	年龄	根据年龄判断是否退休	根据年龄
1					
2	男	职工		=OR(AND(B2="男",D2>60),AND(B2="女",D2>55))	
3	女	干部			
4	男	干部	62		
5	女	职工	53		
6	男	干部	65		
7	女	干部	53		
8	男	职工	59		
9	女	职工	46		
10	女	干部	60		
11	女	职工	60		

（输入公式）

2 按下Enter键，将利用公式自动对第一名职工进行判断。

	B	C	D	E	
	性别	职务	年龄	根据年龄判断是否退休	根据年
1					
2	男	职工	55	FALSE	
3	女	干部	46		
4	男	干部	62		
5	女	职工	53		
6	男	干部	65		
7	女	干部	53		
8	男	职工	59		
9	女	职工	46		
10	女	干部	60		
11	女	职工	60		

（计算结果）

3 选择单元格区域"E2:E11"，在"开始"选项卡中，单击"编辑"功能区中的"填充"按钮，在弹出的下拉列表中选择"向下"选项。

（选择"向下"选项）

4 将公式向下填充至单元格E11，判断其他职工根据年龄是否退休。

	B	C	D	E	
	性别	职务	年龄	根据年龄判断是否退休	根据年
1					
2	男	职工	55	FALSE	
3	女	干部	46	FALSE	
4	男	干部	62	TRUE	
5	女	职工	53	FALSE	
6	男	干部	65	TRUE	
7	女	干部	53	FALSE	
8	男	职工	59	FALSE	
9	女	职工	46	FALSE	
10	女	干部	60	TRUE	
11	女	职工	60	TRUE	

（填充公式）

Hint 提示说明

单元格E2中的公式可更改为 "=SUM(AND(B2="男",D2>60),AND(B2="女",D2>55))>=1"。

	B	C	D	E	
				输入公式	=SUM(AND(B2="男",D2>60), AND(B2="女",D2>55))>=1
1	性别	职务	年龄	根据年龄判断是否退休	根据年
2	男	职工	55	FALSE	
3	女	干部	46		
4	男	干部	62		
5	女	职工	53		
6	男	干部	65		
7	女	干部	53		
8	男	职工	59		
9	女	职工	46		
10	女	干部	60		
11	女	职工	60		
12					

Hint 提示说明

单元格E2中的公式可更改为 "=SUM(SUM(B2="男",D2>60)=2,SUM(B2="女",D2>55)=2)>=1"。

	B	C	D	E	
				输入公式	=SUM(SUM(B2="男",D2>60)=2, SUM(B2="女",D2>55)=2)>=1
1	性别	职务	年龄	根据年龄判断是否退休	根据年
2	男	职工	55	FALSE	
3	女	干部	46		
4	男	干部	62		
5	女	职工	53		
6	男	干部	65		
7	女	干部	53		
8	男	职工	59		
9	女	职工	46		
10	女	干部	60		
11	女	职工	60		
12					

5 选择单元格F2，在编辑栏中输入公式 "=OR(AND(B2="男",D2>60+(C2="干部")*3),AND(B2="女",D2>55+(C2="干部")*3))"。

	D	E	F
		输入公式	=OR(AND(B2="男",D2>60+(C2=" 干部")*3),AND(B2="女",D2>55+ (C2="干部")*3))
1	年龄	根据年龄判断是否退休	根据年龄和职务判断是否退休
2	55	FALSE	2>55+(C2="干部")*3))
3	46	FALSE	
4	62	TRUE	
5	53	FALSE	
6	65	TRUE	
7	53	FALSE	
8	59	FALSE	
9	46	FALSE	
10	60	TRUE	
11	60	TRUE	
12			

6 按下Enter键，根据年龄和职务判断第一名职工是否退休。

	D	E	F
			=OR(AND(B2="男",D2>60+(C2=" 干部")*3),AND(B2="女",D2>55+ (C2="干部")*3))
1	年龄	根据年龄判断是否退休	根据年龄和职务判断是否退休
2	55	FALSE	FALSE
3	46	FALSE	
4	62	TRUE	
5	53	FALSE	计算结果
6	65	TRUE	
7	53	FALSE	
8	59	FALSE	
9	46	FALSE	
10	60	TRUE	
11	60	TRUE	
12			

7 选择单元格F2，将其填充手柄向下拖动至单元格F11，判断其他职工是否退休。

	D	E	F
			=OR(AND(B2="男",D2>60+(C2=" 干部")*3),AND(B2="女",D2>55+ (C2="干部")*3))
1	年龄	根据年龄判断是否退休	根据年龄和职务判断是否退休
2	55	FALSE	FALSE
3	46	FALSE	FALSE
4	62	TRUE	FALSE
5	53	FALSE	FALSE
6	65	TRUE	TRUE
7	53	FALSE	FALSE
8	59	FALSE	FALSE
9	46	FALSE	FALSE
10	60	TRUE	TRUE
11	60	TRUE	TRUE
12			

填充公式

Hint 提示说明

单元格F2中的公式可更改为 "=OR(AND(B2="男",OR(AND(C2="干部",D2>63),AND(C2<>"干部",D2>60))),AND(B2="女",OR(AND(C2="干部",D2>58),AND(C2<>"干部",D2>55))))"。

	B	C	D	E	F
			输入公式		=OR(AND(B2="男",OR(AND(C2="干部",D2>63),AND(C2<>"干部",D2>60))),AND(B2="女",OR(AND(C2=" 干部",D2>58),AND(C2<>"干部",D2>55))))
1	性别	职务	年龄	根据年龄判断是否退休	根据年龄和职务判断是否退休
2	男	职工	55	FALSE	FALSE
3	女	干部	46	FALSE	
4	男	干部	62	TRUE	
5	女	职工	53	FALSE	
6	男	干部	65	TRUE	
7	女	干部	53	FALSE	
8	男	职工	59	FALSE	
9	女	职工	46	FALSE	
10	女	干部	60	TRUE	
11	女	职工	60	TRUE	
12					
13					
14					
15					
16					
17					

● Level ★★★★   2013 2010 2007

如何利用 NOT 函数判断学生是否需要补考？

● 实例：根据条件判断是否需要补考

假设第一次考试成绩不满220分的需要补考。函数NOT的功能是判定指定的条件不成立，可用于确保一个值不等于某一特定值时。下面介绍使用NOT函数判断学生是否需要补考的方法。

① 选择单元格F3，在编辑栏中单击"插入函数"按钮 *fx*。

	A	B	C		F
1	英语总分低于220分的需要			单击"插入函数"按钮	
2	姓名	笔试	听力	口语	总分	是否补考
3	安浩	80	78	78	236	
4	赵博	96	72	82	250	
5	赵杰	87	95	72	254	
6	陈开来	98	80	81	259	
7	夏芯	87	65	35	187	
8	李芳	76	71	45	192	
9	郑敏	80	66	72	218	
10	张文	70	60	68	198	
11	刘洋	62	54	61	177	
12	杨柳	69	86	73	228	
13						
14						

② 在弹出的"插入函数"对话框中选择"逻辑"类别，在"选择函数"列表框中选择NOT函数。

插入函数

搜索函数(S)：

请输入一条简短说明来描述您想做什么，然后单击"转到"   转到(G)

或选择类别(C)：逻辑

选择函数(N)：

AND
FALSE
IF
IFERROR
IFNA
NOT   ←选择NOT函数
OR

NOT(logical)
对参数的逻辑值求反：参数为 TRUE 时返回 FALSE；参数为 FALSE 时返回 TRUE

③ 单击"确定"按钮，在弹出的"函数参数"对话框的Logical文本框中，输入"E3<220"，然后单击"确定"按钮。

函数参数

NOT

Logical E3<220   = FALSE

                          = TRUE

对参数的逻辑值   输入参数 TRUE 时返回 FALSE；参数为 FAL

        Logical 可以对其进行真(TRUE)

计算结果 = TRUE

有关该函数的帮助(H)

④ 单元格E3返回True，表示不需要补考。拖动单元格E3的填充手柄向下填充至单元格E12，判断其他学生是否需要补考。

F3   =NOT(E3<220)

	A	B	C	D	E	F
1	英语总分低于220分的需要被补考					
2	姓名	笔试	听力	口语	总分	是否补考
3	安浩	80	78	78	236	TRUE
4	赵博	96	72	82	250	TRUE
5	赵杰	87	95	72	254	TRUE
6	陈开来	98	80	81	259	TRUE
7	夏芯	87	65		填充公式	87	FALSE
8	李芳	76	71			192	FALSE
9	郑敏	80	66	72	218	FALSE
10	张文	70	60	68	198	FALSE
11	刘洋	62	54	61	177	FALSE
12	杨柳	69	86	73	228	TRUE
13						
14						

● Level ★★★★

2013 2010 2007

如何利用 IFERROR 函数检验公式是否存在错误?

● **实例：计算商品平均价格并检验公式是否存在错误**

现需要根据某种产品不同型号的销售数量与销售额计算平均价格，并检验公式是否存在错误。下面介绍使用IFERROR函数检验公式是否存在错误的方法。

1 选择单元格D2，在"公式"选项卡中，单击"函数库"功能区的"逻辑"下拉按钮，在弹出的下拉列表中选择IFERROR函数。

2 打开"函数参数"对话框，在Value文本框中输入"C2/B2"，在Value_if_error文本框中输入"计算公式存在错误"。

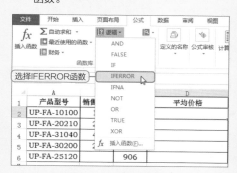

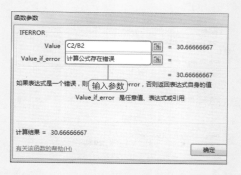

3 单击"确定"按钮，计算平均价格并检验公式是否存在错误。

4 拖动单元格D2的填充手柄向下填充至单元格D6，计算其他平均价格并检验公式。

Question
036

如何利用 IF 函数判断考试是否通过?

● 实例: 根据条件判断考试是否通过

假设在网络工程师考试中,要求笔试成绩和上机成绩均在80分以上,则考试通过,否则考试未通过。下面介绍使用IF函数判断考试是否通过的方法。

① 选择单元格E3,在编辑栏中单击"插入函数"按钮，在弹出的"选择函数"对话框中,选择"逻辑"类别的IF函数。

插入函数

搜索函数(S):
请输入一条简短说明来描述您想做什么,然后单击"转到"　　[转到(G)]
或选择类别(C): 逻辑

选择函数(N):
AND
FALSE
IF　　　选择IF函数
IFERROR
IFNA
NOT
OR

IF(logical_test,value_if_true,value_if_false)
判断是否满足某个条件,如果满足返回一个值,如果不满足则返回另一个

② 单击"确定"按钮,打开"函数参数"对话框,在Logical_tes文本框中输入"B3>=80",在Value_if_false文本框中输入"未通过"。

函数参数

IF
Logical_test　　B3>=80　　　　= TRUE
Value_if_true　　　　　　　　= 任意
Value_if_false　"未通过"　　　= "未通过"
　　　　　　　　　　　　　= 0
判断是否满足某个条件,如果满足返回 （输入参数）如果不满足则返回另一个。
Value_if_true 是 Logical_test 为 TRUE 时的返回值。如果函数最多可嵌套七层。

计算结果 = 0

有关该函数的帮助(H)

③ 将光标定位到"Value_if_true"文本框中,然后在工作表的名称框中选择IF,打开"函数参数"对话框,输入参数。

函数参数

IF
Logical_test　　C3>=80　　　= TRUE
Value_if_true　　"通过"　　　= "通过"
Value_if_false　"未通过"　　　= "未通过"
　　　　　　　　　　　　　= "通过"
判断是否满足某个条件,如果满足返回一个值,如果不满足则返回另一个值。
Value_if_false 是 Logical_test 为 FALSE 时的返回值。
　　　　　　　（输入参数）

计算结果 = 通过

有关该函数的帮助(H)

④ 单击"确定"按钮,然后拖动单元格E3右下角的填充手柄向下填充,判断其他考生是否通过考试。

E3　　　fx　=IF(B3>=80,IF(C3>=80,"通过","未通过"),"未通过")

	A	B	C	D	E	F
1	网络工程师考试成绩结果					
2	姓名	笔试	上机	总计	结果	
3	蓝月	80	88	168	通过	
4	胡敏	95	75	170	未通过	
5	周华	65	89	154	未通过	
6	丁军	75	95	170	未通过	
7	叶强	90		150	未通过	
8	郑明	98	75	173	未通过	
9	成红	88	81	169	通过	
10	欧雪	81	60	141	未通过	
11						

填充公式

Chapter
04

文本函数的应用技巧

文 本函数是可以在公式中处理文字串的函数，主要用于查找、提取文本中的特定字符、转换数据类型以及结合相关的文本内容等。Excel中提供的文本函数很多，主要有36个，大致可分为3大类：文本操作函数、转换函数、更新操作函数等。本章采用以实例为引导的方式来讲解常用文本函数的应用技巧，如FIND函数、TEXT函数等。

● Level ★★☆☆

2013 2010 2007

如何利用 FIND 函数提取学生名字和地址？

● 实例：提取学生英文名及地址

工作表中有8个需要送快递的地址，规定学校和医院由专人运送，所以现需要提取所有含"学校"和"医院"的地址，以及学生姓名。下面介绍使用FIND函数提取学生英文名及地址的方法。

1 打开工作簿，在名称框中输入目标单元格的地址C2，按下Enter键即可选定第C列和第2行交汇处的单元格。

C2	▼ : 输入C2 fx	
	A	B	C
1	学生姓名	地区	名字
2	Aaron Shaw	长沙星沙实验学校	
3	Abe Walter	泉塘小区一组052户	
4	Adah Taylor	泉塘学校	
5	Austin Taylor	星沙仁爱医院	
6	Betty Williams	开元东路12栋301室	
7	Bonnie Walter	步行街普庆医院外科	
8	Daisy Tyler	西闵村1组102户	
9	Ford Taylor	松雅中心学校三年级	

2 在单元格C2中输入公式"=LEFT(A2, FIND("",A2))"。

LEFT	▼ : × ✓ fx	=LEFT(A2,FIND("",A2))
	A	B	C	提取
1	学生姓名	地区	名字	
2	Aaron Shaw	长沙星沙实验	=LEFT(A2,FIND("",A2))
3	Abe Walter	泉塘小区一组052户	
4	Adah Taylor	泉塘学校	输入公式
5	Austin Taylor	星沙仁爱医院	
6	Betty Williams	开元东路12栋301室	
7	Bonnie Walter	步行街普庆医院外科	
8	Daisy Tyler	西闵村1组102户	
9	Ford Taylor	松雅中心学校三年级	

3 按下Enter键，将返回第一个学生的名字部分。

C2	▼ : × ✓ fx	=LEFT(A2,FIND("",A2))
	A	B	C	提取
1	学生姓名	地区	名字	
2	Aaron Shaw	长沙星沙实验学校	Aaron
3	Abe Walter	泉塘小区一组052户	
4	Adah Taylor	泉塘学校	返回名字
5	Austin Taylor	星沙仁爱医院	
6	Betty Williams	开元东路12栋301室	
7	Bonnie Walter	步行街普庆医院外科	
8	Daisy Tyler	西闵村1组102户	
9	Ford Taylor	松雅中心学校三年级	

4 拖动单元格C2的填充手柄将公式向下填充，提取其他学生的名字。

C2	▼ : × ✓ fx	=LEFT(A2,FIND("",A2))
	A	B	C	提取
1	学生姓名	地区	名字	
2	Aaron Shaw	长沙星沙实验学校	Aaron
3	Abe Walter	泉塘小区一组052户	Abe
4	Adah Taylor	泉塘学校	Adah
5	Austin Taylor	星沙仁爱医院	Austin
6	Betty Williams	开元东路12栋301室	Betty
7	Bonnie Walter	步行街普庆医院外科	Bonnie
8	Daisy Tyler	西闵村1组102户	Daisy
9	Ford Taylor	松雅中心学校三年级	Ford
			填充公式

5 单击单元格D2，将单元格D2选中。

	B	C	D
	地区	名字	提取学校、医院
1			
2	长沙星沙实验学校	Aaron	
3	泉塘小区一组052户	Abe	
4	泉塘学校	Adah	选择单元格
5	星沙仁爱医院	Austin	
6	开元东路12栋301室	Betty	
7	步行街普庆医院外科	Bonnie	
8	西闵村1组102户	Daisy	
9	松雅中心学校三年级	Ford	
10			
11			
12			

6 在单元格D2中输入数组公式 "=IF(OR(IFERROR(FIND({"学校","医院"},B2),FALSE)),B2,"")"。

LEFT fx =IF(OR(IFERROR(FIND({"学校","医院"},B2),FALSE)),B2,"")

	B	C	D
	地区	名字	提取学校、医院
1			
2	长沙星沙实验学校	Aaron	=IF(OR(IFERROR(FIND({"学校","医院"},B2),FALSE)),B2,"")
3	泉塘小区一组052户	Abe	
4	泉塘学校	Adah	
5	星沙仁爱医院	Austin	
6	开元东路12栋301室	Betty	输入数组公式
7	步行街普庆医院外科	Bonnie	
8	西闵村1组102户	Daisy	
9	松雅中心学校三年级	Ford	
10			
11			

7 按下Ctrl+Shift+Enter组合键，单元格D2中将显示提取的学校和医院地址。

D2 fx {=IF(OR(IFERROR(FIND({"学校","医院"},B2),FALSE)),B2,"")}

	B	C	D
	地区	名字	提取学校、医院
1			
2	长沙星沙实验学校	Aaron	长沙星沙实验学校
3	泉塘小区一组052户	Abe	
4	泉塘学校	Adah	提取地址
5	星沙仁爱医院	Austin	
6	开元东路12栋301室	Betty	
7	步行街普庆医院外科	Bonnie	
8	西闵村1组102户	Daisy	
9	松雅中心学校三年级	Ford	
10			
11			

8 拖动单元格B2的填充手柄将公式向下填充，提取其他单元格的学校和医院地址。

D2 fx {=IF(OR(IFERROR(FIND({"学校","医院"},B2),FALSE)),B2,"")}

	B	C	D
	地区	名字	提取学校、医院
1			
2	长沙星沙实验学校	Aaron	长沙星沙实验学校
3	泉塘小区一组052户	Abe	
4	泉塘学校	Adah	泉塘学校
5	星沙仁爱医院	Austin	星沙仁爱医院
6	开元东路12栋301室	填充公式 Betty	
7	步行街普庆医院外科	Bonnie	步行街普庆医院外科
8	西闵村1组102户	Daisy	
9	松雅中心学校三年级	Ford	松雅中心学校三年级
10			
11			

Hint 提示说明

本例中的FALSE也可以改用0，公式为 "=IF(OR(IFERROR(FIND({"学校","医院"},B2),0)),B2,"")"。

D2 fx {=IF(OR(IFERROR(FIND({"学校","医院"},B2),0)),B2,"")}

输入数组公式

	B	C	D
	地区	名字	提取学校、医院
1			
2	长沙星沙实验学校	Aaron	长沙星沙实验学校
3	泉塘小区一组052户	Abe	
4	泉塘学校	Adah	
5	星沙仁爱医院	Austin	
6	开元东路12栋301室	Betty	
7	步行街普庆医院外科	Bonnie	
8	西闵村1组102户	Daisy	
9	松雅中心学校三年级	Ford	
10			
11			
12			
13			
14			

Hint 提示说明

FIND函数使用数组作为第一参数时，必须以数组公式形式通过Ctrl+Shift+Enter组合键输入公式，否则只计算数组第一元素。

当使用数组进行查找时，查找结果也返回由错误值和数字组成的数组。为便于后续运算，利用IFERROR函数将错误值转换为FALSE，再通过OR函数让地址包含"学校"、"医院"条件之一即可返回逻辑值TRUE，最后利用IF函数根据OR函数的结果决定是否返回引用的地址。

● Level ★★★☆   2013 2010 2007

如何利用 SEARCH 统计名字为 "苏珍" 的人数？

● 实例：统计名字为 "苏珍" 的人数

统计名字为 "苏珍" 的人数，那么姓 "苏" 者必须排除，所以公式中的SEARCH函数应使用 "?苏珍" 作为参数。下面介绍使用SEARCH统计名为 "苏珍" 的人数的方法。

① 选择单元格D2，单击编辑栏中的 "插入函数" 按钮，打开 "插入函数" 对话框，选择 "常用函数" 类别的COUNT函数。

② 在弹出的 "函数参数" 对话框中，将光标定位于Value1，在工作表的 "名称框" 中选择 "其他函数"，打开 "插入函数" 对话框，选择 "文本" 类别的SEARCH函数。

插入函数

搜索函数(S):

请输入一条简短说明来描述您想做什么，然后单击"转到"   转到(G)

或选择类别(C): 常用函数

选择函数(N):

SEARCH
COUNT   选择COUNT函数
LEFT
PERCENTRANK.INC
PERCENTRANK.EXC
STDEV.S
VAR.S

COUNT(value1,value2,...)
计算区域中包含数字的单元格的个数

插入函数

搜索函数(S):

请输入一条简短说明来描述您想做什么，然后单击"转到"   转到(G)

或选择类别(C): 文本

选择函数(N):

RIGHTB
RMB
SEARCH   选择SEARCH函数
SEARCHB
SUBSTITUTE
T
TEXT

SEARCH(find_text,within_text,start_num)
返回一个指定字符或文本字符串在字符串中第一次出现的位置，从左到右查找(忽略大小写)

③ 打开 "函数参数" 对话框，设置Find_text 为 "?苏珍"，Within_text为 "A2:A9"。

④ 按下Ctrl+Shift+Enter组合键，将统计出名字为 "苏珍" 的人数。

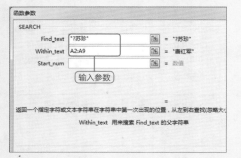

● Level ★★★☆　　　2013　2010　2007

如何利用 SEARCHB 函数提取各软件的版本号？

● 实例：提取各软件的版本号

公司需更新一批软件，要从软件名称中提取要购买的新软件版本号。函数SEARCHB的功能是查找字符串字节起始位置。下面介绍使用SEARCHB提取各软件版本号的方法。

1 在单元格B2中输入公式 "=REPLACE(REPLACE(A2,1,SEARCHB("(", A2),),)LEN(REPLACE(A2,1,SEARCHB ("(",A2),)),1,)"。

	A	B	C	D	E
	软件名称	版本号			
1					
2	=REPLACE(REPLACE(A2,1,SEARCHB("(",A2),),LEN(				
3	REPLACE(A2,1,SEARCHB("(",A2),)),1,)				
4	Access(2013)				
5	Flash CS(6)				
6	FrontPage(2013)				
7	MasterCam(10.0)				
8	Word(2013)				
9	WPS(2013)				
10	WINDOWS(8)				

输入公式

=REPLACE(REPLACE(A2,1, SEARCHB("(",A2),),LEN(REPLACE(A2,1,SEARCHB("(",A2),)),1,)

2 按下Enter键，将返回第一个软件的版本号。

	A	B	C	D	E
1	软件名称	版本号			
2	Excel(2013)	2013			
3	PhotoShop CS(6)				
4	Access(2013)				
5	Flash CS(6)				
6	FrontPage(2013)				
7	MasterCam(10.0)				
8	Word(2013)				
9	WPS(2013)				
10	WINDOWS(8)				

提取结果

=REPLACE(REPLACE(A2,1, SEARCHB("(",A2),),LEN(REPLACE(A2,1,SEARCHB("(",A2),)),1,)

3 向下拖动单元格B2的填充手柄，填充公式，返回其他软件的版本号。

	A	B	C	D	E
1	软件名称	版本号			
2	Excel(2013)	2013			
3	PhotoShop CS(6)	6			
4	Access(2013)	2013			
5	Flash CS(6)	6			
6	FrontPage(2013)	2013			
7	MasterCam(10.0)	10.0			
8	Word(2013)	2013			
9	WPS(2013)	2013			
10	WINDOWS(8)	8			
11	AutoCAD(2015)	2015			

填充公式

Hint 提示说明

本例还可以使用公式 "=SUBSTITUTE(REPLACE(A2,1,SEARCH("(",A2),),")","")" 来计算。

输入公式

=SUBSTITUTE(REPLACE(A2,1,SEARCH("(",A2),) ,")","")

	A	B	C	D	E
1	软件名称	版本号			
2	Excel(2013)	2013			
3	PhotoShop CS(6)				
4	Access(2013)				
5	Flash CS(6)				
6	FrontPage(2013)				
7	MasterCam(10.0)				
8	Word(2013)				

如何利用 LOWER 函数将英文单词转换为小写形式?

● 实例: 将英文单词转换为指定的形式

函数LOWER的功能是将文本转换为小写,不改变文本中非字母的字符。下面介绍使用LOWER函数将英文句子中的所有字母转换为小写,以及首字母大写、其余小写形式的方法。

1 打开工作簿,在名称框中输入目标单元格的地址B2,按下Enter键即可选定第B列和第2行交汇处的单元格。

	A	B
	原数据	小写
2	That'S A Beautiful Shot	
3	She Has A Beautiful Face	
4	Fair	
5	Lovely	
6	PRETTY	
7	She Cracked An Angelic Smile	
8	A Picturesque Style Of Architecture	
9		

输入B2

2 在"公式"选项卡中,单击"函数库"功能区中的"插入函数"按钮 *fx*。

单击"插入函数"按钮

	A	B
1	原数据	小写
2	That'S A Beautiful Shot	
3	She Has A Beautiful Face	
4	Fair	
5	Lovely	
6	PRETTY	
7	She Cracked An Angelic Smile	
8	A Picturesque Style Of Architecture	

3 在弹出的"插入函数"对话框中,选择"文本"类别的LOWER函数。

4 打开"函数参数"对话框,在Text文本框中输入"A2"。

函数参数

输入参数

LOWER

Text A2

将一个文本字符串的所有字母转换为小写形式

Text 要对其进行

计算结果 = that's a beautiful shot

有关该函数的帮助(H)

5 单击"确定"按钮，将单元格A2的英文句子全部转换为小写字母。

6 拖动单元格填充手柄将公式向下填充，将其他单元格中的英文句子全部转换为小写字母。

7 在单元格C2中输入公式"=CONCAT ENATE(PROPER(LEFT(A2)),LOWE R(RIGHT(A2,LEN(A2)-1)))"。

8 按下Enter键，将单元格A2的英文句子转换为首字母大写、其余全部小写。

9 拖动单元格填充手柄将公式向下填充，将其他单元格中的英文句子全部转换为首字母大写、其余全部小写。

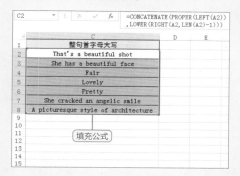

Hint 提示说明

本例可以改用以下公式，"=CONCA TENATE(PROPER(LEFT(A2:A8)),LOWER(RIGHT(A 2:A8,LEN(A2:A8)-1)))"。

● Level ★★★☆　　　　　2013　2010　2007

如何利用 UPPER 函数将小写字母转换为大写？

● 实例：快速转换字母大小写

函数UPPER的功能是将文本转换为大写，不改变文本中的非字母字符。下面介绍使用UPPER函数将小写字母转换为大写的方法。

---

1 选择需要输入公式的单元格B3，在编辑栏中单击"插入函数"按钮 *fx*。

	A		C
1	办公用品一览表		
2	名称	转换为大写	
3	canno扫描仪		
4	fax-j50喷墨打印机		
5	boss文件柜		
6	dell碎纸机		
7	toshiba复合机		
8	brother传真机		
9	benq投影机		

单击"插入函数"按钮

2 打开"插入函数"对话框，选择"文本"类别的UPPER函数。

插入函数

搜索函数(S)：
请输入一条简短说明来描述您想做什么，然后单击"转到"　　转到(G)

或选择类别(C)：文本

选择函数(N)：

TEXT
TRIM
UNICHAR
UNICODE
UPPER　　选择UPPER函数
VALUE
WIDECHAR

UPPER(text)
将文本字符串转换成字母全部大写形式

---

3 单击"确定"按钮，在弹出的"函数参数"对话框的Text文本框中输入"A3"。

函数参数

输入参数

UPPER

Text A3　　　　　　　　= "can

　　　　　　　　　　　= "CAN

将文本字符串转换成字母全部大写形式

　　　　　Text 要转换成大写的

计算结果 = CANNO扫描仪

有关该函数的帮助(H)

4 单击"确定"按钮，拖动单元格B3的填充手柄将公式向下填充，对其他单元格中的字母进行转换。

B3　　　　　fx　=UPPER(A3)

	A	B	C
1	办公用品一览表		
2	名称	转换为大写	
3	canno扫描仪	CANNO扫描仪	
4	fax-j50喷墨打印机	FAX-J50喷墨打印机	
5	boss文件柜	BOSS文件柜	
6	dell碎纸机	DELL碎纸机	
7	toshiba复合机	TOSHIBA复合机	
8	brother传真机	BROTHER传真机	
9	benq投影机	BENQ投影机	

填充公式

● Level ★★★☆

2013 2010 2007

如何利用 PROPER 函数将汉语拼音人名转换为英文全拼？

● 实例：将汉语拼音人名转换为英文全拼

PROPER函数的功能是将文本字符串的首字母或数字之后的首字母转换为大写，将其余字母转换为小写。下面介绍使用PROPER函数将汉语拼音人名转换为英文全拼的方法。

① 选择单元格C2，在"公式"选项卡中，单击"函数库"功能区中的"插入函数"按钮。

② 打开"插入函数"对话框，选择"文本"类别的PROPER函数。

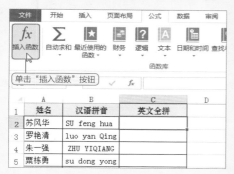

③ 单击"确定"按钮，打开"函数参数"对话框，在Text文本框中输入"B2"，然后单击"确定"按钮。

④ 单元格B2中将转换为英文全拼，拖动单元格B2的填充手柄向下填充，将返回其他转换结果。

姓名	汉语拼音	英文全拼
苏风华	SU feng hua	Su Feng Hua
罗艳清	luo yan Qing	Luo Yan Qing
朱一强	ZHU YIQIANG	Zhu Yiqiang
粟栋勇	su dong yong	Su Dong Yong
马爱华	ma aihua	Ma Aihua
张彦红	zhan yanhong	Zhan Yanhong
李冰	li BING	Li Bing
刘田	LIU TIAN	Liu Tian

● Level ★★★☆　　2013 2010 2007

如何利用 CHAR 函数生成换行符？

● 实例：用公式生成换行符

函数CHAR的功能是返回由代码数字指定的字符。CHAR函数的参数为10时生成换行符。下面介绍利用CHAR函数生成的换行符来连接两个单元格的字符串，公式结果将会产生两行数据。

1 选择单元格C2，在编辑栏中输入公式"=A2&CHAR(10)&B2"。

| PROPER | ▼ : × ✓ fx | =A2&CHAR(10)&B2 |

	A	B	C	D	E	F
1	省名	省会	连接		输入公式	
2	湖南	长沙	=A2&CHAR(			
3	湖北	武汉	10)&B2			
4	江西	南昌				
5	广西	南宁				
6	黑龙江	哈尔滨				
7						
8						
9						
10						
11						

2 按下Enter键，将连接单元格A2与B2的字符串。

| C2 | ▼ : × ✓ fx | =A2&CHAR(10)&B2 |

	A	B	C	D	E	F
1	省名	省会	连接			
2	湖南	长沙	湖南长沙			
3	湖北	武汉			换行效果	
4	江西	南昌				
5	广西	南宁				
6	黑龙江	哈尔滨				
7						
8						
9						
10						
11						

3 拖动单元格C2的填充手柄将公式向下填充，公式将连接其他字符串，由于行高不足，无法正确显示换行效果。

| C2 | ▼ : × ✓ fx | =A2&CHAR(10)&B2 |

	A	B	C	D	E	F
1	省名	省会	连接			
2	湖南	长沙	湖南长沙			
3	湖北	武汉	湖北武汉			
4	江西	南昌	江西南昌			
5	广西	南宁	广西南宁			
6	黑龙江	哈尔滨	黑龙江哈尔滨			
7				填充公式		
8						
9						
10						
11						
12						

4 选择单元格区域"C2:C6"，在"开始"选项卡中，单击"单元格"功能区中的"格式"按钮，在弹出的下拉列表中选择"自动调整行高"选项即可。

| C2 | ▼ : × ✓ fx | =A2&CHAR(10)&B2 |

	A	B	C	D	E	F
1	省名	省会	连接			
2	湖南	长沙	湖南 长沙			
3	湖北	武汉	湖北 武汉			
4	江西	南昌	江西 南昌		换行效果	
5	广西	南宁	广西 南宁			
6	黑龙江	哈尔滨	黑龙江 哈尔滨			
7						

● Level ★★★☆   2013 2010 2007

如何利用 CODE 函数判断单元格字符是否为字母?

● 实例:快速判断单元格字符是否为字母

函数CODE的功能是返回文本字符串中第一个字符的字符代码,如果该代码在65到90之间,或者在97到122之间,则表示首字符是字母。下面介绍使用CODE函数判断单元格字符是否为字母的方法。

1 在单元格B2中输入公式"=OR(AND(CODE(A2)>64,CODE(A2)<91),AND(CODE(A2)>96,CODE(A2)<123))"。

2 按下Enter键,将对单元格A2进行判断,如果字符为字母则显示为TRUE,否则显示为FALSE。

原始数据	首字符是否字母
=OR(AND(CODE(A2)>64,CODE(A2)<91),AND(CODE(A2)>96,CODE(A2)<123))	
诺基亚8310	输入公式
BAGS	
char	
20120808	
GUEST	

=OR(AND(CODE(A2)>64,CODE(A2)<91),AND(CODE(A2)>96,CODE(A2)<123))

原始数据	首字符是否字母
EXCEL	TRUE
125KG	
CHINA	
诺基亚8310	判断结果
BAGS	
char	
20120808	
GUEST	

3 拖动单元格A2的填充手柄,将公式向下填充,公式将对其他单元格进行判断。

=OR(AND(CODE(A2)>64,CODE(A2)<91),AND(CODE(A2)>96,CODE(A2)<123))

原始数据	首字符是否字母
EXCEL	TRUE
125KG	FALSE
CHINA	TRUE
诺基亚8310	FALSE
BAGS	TRUE
char	TRUE
20120808	FALSE
GUEST	TRUE

填充公式

Hint 提示说明

本例也可使用SUM函数,公式为"=SUM(N(CODE(A2)>{64,96}),N(CODE(A2)<{91,123}))=3"。

=SUM(N(CODE(A2)>{64,96}),N(CODE(A2)<{91,123}))=3

原始数据	首字符是否字母
EXCEL	TRUE
125KG	FALSE
CHINA	TRUE
诺基亚8310	FALSE
BAGS	TRUE
char	TRUE
20120808	FALSE
GUEST	TRUE

输入公式

● Level ★★★☆   2013 2010 2007

如何利用 TEXT 函数根据身份证号码提取信息?

● 实例：根据身份证号码提取信息

函数TEXT的功能是设置数字格式并将其转换为文本。现要求根据身份证号码判断员工性别，并提取员工的出生年月。下面介绍使用TEXT函数根据身份证号码提取信息的方法。

1 打开工作簿，在名称框中输入目标单元格的地址C2，按下Enter键即可选中第C列和第2行交汇处的单元格。

C2	▼	输入C2	fx		
	A	B		C	D
1	姓名	身份证号		性别	出生日
2	赵福	511025198503196191			
3	苏畅	432503198812304352			
4	王丽	511025770316628			
5	李光景	130301200308090514			
6	周梅	130502870529316			
7					
8					
9					
10					
11					
12					
13					

2 在单元格C2中输入公式"=TEXT(MOD (MID(B2,15,3),2),"[=1]男;[=0]女")"。

PROPER	▼	:	×	✓	fx	=TEXT(MOD(MID(B2, 15,3),2),"[=1]男; [=0]女")
	A	B		C		D
1	姓名	身份证号		性别		出生日
2	赵福	511025198503	=TEXT(MOD(MID(B2,15,3),2),			
3	苏畅	432503198881	"[=1]男;[=0]女")			
4	王丽	511025770316628				
5	李光景	130301200308090514		输入公式		
6	周梅	130502870529316				
7						
8						
9						
10						
11						

3 按下Enter键，将返回第一名员工的性别。

C2	▼	:	×	✓	fx	=TEXT(MOD(MID(B2, 15,3),2),"[=1]男; [=0]女")
	A	B		C		D
1	姓名	身份证号		性别		出生日
2	赵福	511025198503196191		男		
3	苏畅	432503198812304352				
4	王丽	511025770316628		提取结果		
5	李光景	130301200308090514				
6	周梅	130502870529316				
7						
8						
9						
10						
11						

4 拖动单元格的填充手柄将公式向下填充，公式将返回其他员工的性别。

C2	▼	:	×	✓	fx	=TEXT(MOD(MID(B2, 15,3),2),"[=1]男; [=0]女")
	A	B		C		D
1	姓名	身份证号		性别		出生日
2	赵福	511025198503196191		男		
3	苏畅	432503198812304352		男		
4	王丽	511025770316628		女		
5	李光景	130301200308090514		男		
6	周梅	130502870529316		女		
7						
8				填充公式		
9						
10						
11						

5 单击需要输入公式的单元格D2，将其选中。

	B	C	D
1	身份证号	性别	出生日期
2	511025198503196191	男	
3	432503198812304352	男	
4	511025770316628	女	选择单元格
5	130301200308090514	男	
6	130502870529316	女	
7			
8			
9			
10			
11			
12			

D2 ▼ : × ✓ fx

6 在单元格D2中输入公式"=IF(LEN(B2)=15,19,"")&TEXT(MID(B2,7,8-(LEN(B2)=15)*2),"#年00月00日")"。

PROPER ▼ : × ✓ fx =IF(LEN(B2)=15,19,"")&TEXT(MID(B2,7,8-(LEN(B2)=15)*2),"#年00月00日")

	B	C	D
1	身份证号	性别	出生日期
2	511025198503196191	男	=IF(LEN(B2)=15,
3	432503198812304352	男	19,"")&TEXT(
4	511025770316628	输入公式	MID(B2,7,8-(
5	130301200308090514	男	LEN(B2)=15)*2),
6	130502870529316	女	"#年00月00日")
7			
8			

7 按下Enter键，将提取第一名员工的出生日期。

D2 ▼ : × ✓ fx =IF(LEN(B2)=15,19,"")&TEXT(MID(B2,7,8-(LEN(B2)=15)*2),"#年00月00日")

	B	C	D
1	身份证号	性别	出生日期
2	511025198503196191	男	1985年03月19日
3	432503198812304352	男	
4	511025770316628	女	提取结果
5	130301200308090514	男	
6	130502870529316	女	
7			
8			

8 拖动单元格C2的填充手柄将公式向下填充，将提取其他员工的出生日期。

D2 ▼ : × ✓ fx =IF(LEN(B2)=15,19,"")&TEXT(MID(B2,7,8-(LEN(B2)=15)*2),"#年00月00日")

	B	C	D
1	身份证号	性别	出生日期
2	511025198503196191	男	1985年03月19日
3	432503198812304352	男	1988年12月30日
4	511025770316628	女	1977年03月16日
5	130301200308090514	男	2003年08月09日
6	130502870529316	女	1987年05月29日
7			
8			

填充公式

Hint 提示说明

单元格C2的公式可更改为"=IF(LEN(B2)=15,19,"")&TEXT(MID(B2,7,8-(LEN(B2)=15)*2),"#年??月??日")"。

D2 ▼ : × ✓ fx =IF(LEN(B2)=15,19,"")&TEXT(MID(B2,7,8-(LEN(B2)=15)*2),"#年??月??日")

输入公式

	B	C	D
1	身份证号	性别	出生日期
2	511025198503196191	男	1985年03月19日
3	432503198812304352	男	
4	511025770316628	女	
5	130301200308090514	男	
6	130502870529316	女	
7			

Hint 提示说明

单元格C2的公式可以更改为"=IF(LEN(B2)=15,19,"")&TEXT(MID(B2,7,8-(LEN(B2)=15)*2),"#-??-??")"。

D2 ▼ : × ✓ fx =IF(LEN(B2)=15,19,"")&TEXT(MID(B2,7,8-(LEN(B2)=15)*2),"#-??-??")

输入公式

	B	C	D
1	身份证号	性别	出生日期
2	511025198503196191	男	1985-03-19
3	432503198812304352	男	
4	511025770316628	女	
5	130301200308090514	男	
6	130502870529316	女	
7			

如何利用 TEXT 函数计算年终奖?

● 实例:计算年终奖

公司规定工龄在3年以上者年终奖为1500元,1年以上且不满3年者年终奖为1000元,1年及1年以下者年终奖为500元。下面介绍使用TEXT函数计算年终奖的方法。

1 选择单元格C2,在编辑栏中单击"插入函数"按钮 *fx*。

C2	▼	⋮	×	✓	*fx*	
				单击"插入函数"按钮		
▲	A	B	C			
1	姓名	工作时间	年终奖			
2	刘三	4				
3	李四	0				
4	郑玉	3				
5	黄娟	6				
6	周梅					
7	吴浩	停薪留职				
8	郑芳	2				
9	王艳	7				
10	冯兰	5				

2 在弹出的"插入函数"对话框中,选择"文本"类别中的TEXT函数。

插入函数

搜索函数(S):

请输入一条简短说明来描述您想做什么,然后单击"转到"   转到(G)

或选择类别(C): 文本

选择函数(N):

SEARCHB
SUBSTITUTE
T
TEXT   选择TEXT函数
TRIM
UNICHAR
UNICODE

TEXT(value,format_text)
根据指定的数值格式将数字转成文本

3 单击"确定"按钮,在弹出的"函数参数"对话框中,输入相应的参数。

函数参数

TEXT

Value   B2

Format_text   "[>3]15!0!0;[>1]1!0!0!0;5!0!0;   输入参数

根据指定的数值格式将数字转成文本

Format_text 文字形式的数字格式,文
卡的"分类"框(不是"常规"

计算结果 = 1500

4 单击"确定"按钮,然后拖动单元格C2的填充手柄将公式向下填充,公式将返回其他员工的年终奖。

C2	▼	⋮	×	✓	*fx*	=TEXT(B2,"[>3]15!0!0;[>1]1!0!0!0;5!0!0;")	
▲	A	B	C	D	E	F	
1	姓名	工作时间	年终奖				
2	刘三	4	1500				
3	李四	0	500				
4	郑玉	3	1000				
5	黄娟	6	1500				
6	周梅	1	500		计算结果		
7	吴浩	停薪留职					
8	郑芳	2	1000				
9	王艳	7	1500				
10	冯兰	5	1500				
11							

Question 047

● Level ★★★☆

2013 2010 2007

如何利用 DOLLAR 函数以 $ 表示应付账款金额?

● 实例：将人民币转换为美元

某公司日常财务记账以人民币表示，现为外汇及其他需要（假设此期间人民币与美元之间的汇率为7.645，即$1=￥7.645），下面介绍使用DOLLAR函数以$表示应付账款金额的方法。

1 选择单元格C4，在"公式"选项卡中，单击"函数库"功能区中的"插入函数"按钮 fx 。

| 文件 | 开始 | 插入 | 页面布局 | 公式 | 数据 | 审阅 | 视图 |

fx 插入函数

Σ 自动求和　★ 最近使用的函数　财务　逻辑　文本　日期和时间　查找与引用　数学三角函

函数库

单击"插入函数"按钮

	A	B	C	D
1		应付账款		
2				
3	客户名称	期初余额	本期金额	余额(美元)
4	金成厂	1000	400	
5	景湘电子厂	1000	300	
6	湘盈电子厂	500	55	
7	喜瑞来公司	500	20	
8	大宇公司	400	320	

2 在弹出的"插入函数"对话框中，在"或选择类别"下拉列表中选择"文本"类别，选择DOLLAR函数。

插入函数

搜索函数(S):
请输入一条简短说明来描述您想做什么，然后单击"转到"　　转到(G)

或选择类别(C): 文本

选择函数(N):
CLEAN
CODE
CONCATENATE
DOLLAR　选择DOLLAR函数
EXACT
FIND
FINDB

DOLLAR(number,decimals)
按照货币格式及给定的小数位数，将数字转换成文本

3 打开"函数参数"对话框，在Number文本框中输入"(B4+C4)/7.645"，在Decimals文本框中输入"3"。

函数参数

DOLLAR

Number (B4+C4)/7.645 = 183.12

Decimals 3 = 3

= "$183.1

按照货币格式及　输入参数　数，将数字转换成文本

Decimals 小数位数

4 按下Enter键，返回第一个客户以$美元表示的余额。拖动单元格D2的填充手柄向下填充，转换其他客户的余额。

D4　fx =DOLLAR((B4+C4)/7.645,3)

	A	B	C	D
1		应付账款		
2				
3	客户名称	期初余额	本期金额	余额(美元)
4	金成厂	1000	400	$183.126
5	景湘电子厂	1000	300	$170.046
6	湘盈电子厂	500	55	$72.596
7	喜瑞来公司	500	20	$68.018
8	大宇公司	400	320	$94.179
9	铭华公司	500	125	$81.753
10	安瑞公司	800	123	$120.733
11	LG集团	1000	256	$164.290
12				
13				
14				计算结果

● Level ★★★☆

2013 2010 2007

如何利用 CONCATENATE 函数将表格合并为文本信息？

● 实例：将学生信息表格合并为一句文本信息

工作表中是一张学生信息表，现需要将表格中的信息合并为一句文本，以便应用到其他文档中。下面介绍使用CONCATENATE函数将学生信息表格合并成一句文本信息的方法。

1 选择单元格G4，打开"插入函数"对话框，在"或选择类别"下拉列表中选择"文本"，选择CONCATENATE函数。

插入函数

搜索函数(S)：

请输入一条简短说明来描述您想做什么，然后单击"转到"   转到(G)

或选择类别(C)：文本

选择函数(N)：

ASC
BAHTTEXT
CHAR
CLEAN
CODE
CONCATENATE ← 选择CONCATENATE函数
DOLLAR

CONCATENATE(text1,text2,...)
将多个文本字符串合并为一个

2 单击"确定"按钮，打开"函数参数"对话框，在其中分别输入 C4、"班"、A4、"同学以"、E4、"的成绩"、"夺得"、D4、F4、"名"。

函数参数

CONCATENATE

Text1 C4   = "高一(1)"
Text2 "班"   = "班"
Text3 A4 ← 输入参数   = "吴君"
Text4 "同学以"   = "同学以"
Text5 E4   = "10.23米"

= 高一(1)班吴君同...

将多个文本字符串合并为一个

Text1: text1,text2,... 是 1 到 255 个要合并的文本字符串或对单个单元格的引用

计算结果 = 高一(1)班吴君同学以10.23米的成绩夺得女子三级跳远第二名

3 按下Enter键，合并第一个学生的信息。

G4   fx =CONCATENATE(C4,"班",A4,"同学以",E4,"的成绩","夺得",D4,F4,"名")

	G	H	I	J	K	L
1	校运会高一学生比赛记录					
2						
3	合并结果					
4	高一(1)班吴君同学以10.23米的成绩夺得女子三级跳远第二名					

合并信息

4 拖动单元格G4的填充手柄将公式向下填充，公式将合并其他学生的信息。

G4   fx =CONCATENATE(C4,"班",A4,"同学以",E4,"的成绩","夺得",D4,F4,"名")

填充公式

	G	H	I	J	K	L
1	校运会高一学生比赛记录					
2						
3	合并结果					
4	高一(1)班吴君同学以10.23米的成绩夺得女子三级跳远第二名					
5	高一(2)班王刚同学以26.21秒的成绩夺得男子200米短跑第一名					
6	高一(2)班朱一强同学以9.35米的成绩夺得男子铅球第六名					
7	高一(2)班王小勇同学以2.13米的成绩夺得男子跳高第二名					
8	高一(3)班马爱华同学以10.6秒的成绩夺得男子100米短跑第一名					
9	高一(3)班张彦红同学以14.05米的成绩夺得男子三级跳远第三名					
10	高一(4)班李冰同学以1.52米的成绩夺得女子跳高第四名					
11	高一(5)班刘田同学以8.20米的成绩夺得女子铅球第五名					
12	高一(6)班刘长锦同学以42.19米的成绩夺得男子铁饼第二名					
13	高一(8)班任向杰同学以34.92米的成绩夺得女子标枪第六名					

● Level ★★★☆

2013 2010 2007

如何利用 TRIM 函数删除用户名中多余的空格?

● 实例：删除用户名中多余的空格

函数TRIM的功能是删除文本中的空格。现要求删除表中输入用户名和输入密码中的空格，并与原用户名和密码进行比较。下面介绍使用TRIM函数删除用户名中多余空格的方法。

1 在单元格F4输入公式 "=IF(AND(TRIM (D4)=B4,E4=C4),"是","否")"。

CONCAT...				f_x	=IF(AND(TRIM(D4)=B4,E4=C4),"是 ","否")"

	A	B	C	D	E	F
1	用户登录信息					
2						
3	姓名	用户名	密码	输入用户名	输入密码	是否通过验证
4	吴洁	future	wujunok	future	wujunok	=IF(AND(TRIM (D4)=B4,E4=C4) ,"是","否")"
5	王刚	wanggang	wanggang	wanggang	wanggang	
6	朱芳	zhuyq	zyq123	zhuyq	zyq123	
7	王强	wxy	wangxy	wxy	wangxy	
8	马球	kit	123321	kit	123321	**输入公式**
9	张红	zhangh	zhangh	zhangh	zhangh	
10	李冰	comeon	libing	comeon	libin	
11	刘田	beibei	liutian	beibei	liutian	
12	刘长	liuchang	liuc111	liuchang	liuc111	
13	任向杰	rxj	r1x2j3	rxj	r1x1j3	
14						
15						
16						
17						

2 按下Enter键，将返回第一个验证结果。

F4				f_x	=IF(AND(TRIM(D4)=B4,E4=C4),"是 ","否")"

	A	B	C	D	E	F
1	用户登录信息					
2						
3	姓名	用户名	密码	输入用户名	输入密码	是否通过验证
4	吴洁	future	wujunok	future	wujunok	是
5	王刚	wanggang	wanggang	wanggang	wanggang	
6	朱芳	zhuyq	zyq123	zhuyq	zyq123	
7	王强	wxy	wangxy	wxy	wangxy	**验证结果**
8	马球	kit	123321	kit	123321	
9	张红	zhangh	zhangh	zhangh	zhangh	
10	李冰	comeon	libing	comeon	libin	
11	刘田	beibei	liutian	beibei	liutian	
12	刘长	liuchang	liuc111	liuchang	liuc111	
13	任向杰	rxj	r1x2j3	rxj	r1x1j3	
14						
15						
16						
17						

3 拖动单元格F4的填充手柄将公式向下填充，公式将返回其他验证结果。

F4				f_x	=IF(AND(TRIM(D4)=B4,E4=C4),"是 ","否")"

	A	B	C	D	E	F
1	用户登录信息					
2						
3	姓名	用户名	密码	输入用户名	输入密码	是否通过验证
4	吴洁	future	wujunok	future	wujunok	是
5	王刚	wanggang	wanggang	wanggang	wanggang	否
6	朱芳	zhuyq	zyq123	zhuyq	zyq123	是
7	王强	wxy	wangxy	wxy	wangxy	是
8	马球	kit	123321	kit	123321	是
9	张红	zhangh	zhangh	zhangh	zhangh	是
10	李冰	comeon	libing	comeon	libin	否
11	刘田	beibei	liutian	beibei	liutian	是
12	刘长	liuchang	liuc111	liuchang	liuc111	是
13	任向杰	rxj	r1x2j3	rxj	r1x1j3	否
14						
15						
16						
17						**填充公式**

Hint 提示说明

本例公式中首先利用TRIM函数删除用户名中多余的空格，然后再将输入用户名和输入密码与原用户名和密码比较，根据比较结果返回"是"或"否"。

单词之间的空格保留。英文单词及汉语词语都视为单词，单词之间的空格不作为清除的对象。

Text 参数直接引用文本字符串时，需要加半角双引号，否则返回错误值"#NAME?"。

如何利用 ASC 函数计算字母个数并转换为半角?

● 实例：计算字母个数，并将全角字符转换为半角

单元格中既有汉字又有字母，且字母有全角与半角。现需统计每个单元格中字母个数并将全角字符转换为半角，使字符占位大小统一且更美观。下面介绍使用ASC函数计算字母个数并转换为半角的方法。

1 在单元格B2中输入公式"=LEN(ASC(A2))*2-LENB(ASC(A2))"。

	CONCAT... ▾ : × ✓ fx	=LEN(ASC(A2))*2-LENB(ASC(A2))	
	A	B	C
1	数据	字母个数	转换为
2	数据库 =LEN(ASC(A2))*2-LENB(ASC(A2))		
3	电子表格Excel		
4	WORD排版	输入公式	
5	图像处理PHOTOshop		
6	网页计算FRONGpage		
7	模具设计autoCAD		
8	VisualBasic		
9			
10			
11			

2 按下Enter键，将返回单元格A2的字母个数。

	B2 ▾ : × ✓ fx	=LEN(ASC(A2))*2-LENB(ASC(A2))	
	A	B	C
1	数据	字母个数	转换为
2	数据库ＡＣＣＥＳＳBC	8	
3	电子表格Excel		
4	WORD排版	计算结果	
5	图像处理ＰＨＯＴＯshop		
6	网页计算ＦＲＯＮＧpage		
7	模具设计autoCAD		
8	VisualBasic		
9			
10			
11			

3 拖动单元格B2的填充手柄将公式向下填充，将返回其他单元格中的字母个数。

	B2 ▾ : × ✓ fx	=LEN(ASC(A2))*2-LENB(ASC(A2))	
	A	B	C
1	数据	字母个数	转换为
2	数据库ＡＣＣＥＳＳBC	8	
3	电子表格Excel	5	
4	WORD排版	4	
5	图像处理ＰＨＯＴＯshop	9	
6	网页计算ＦＲＯＮＧpage	9	
7	模具设计autoCAD	7	
8	VisualBasic	11	
9			
10		填充公式	
11			

4 选择单元格C2，单击编辑栏中的"插入函数"按钮 fx。

单击"插入函数"按钮

	C2 ▾ : × ✓ fx		
	B	C	插入函数
1	字母个数	转换为半角	
2	8		
3	5		
4	4		
5	9		
6	9		
7	7		
8	11		
9			

5 打开"插入函数"对话框,在"或选择类别"下拉列表中选择"文本"选项。

6 在"插入函数"对话框中,选择"选择函数"列表框中的ASC函数。

7 单击"确定"按钮,打开"函数参数"对话框,单击Text文本框右侧的展开按钮,在数据区域中选择单元格A2。

8 按下Enter键,返回"函数参数"对话框,确认无误后,单击"确定"按钮。

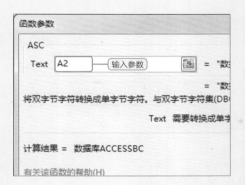

9 单击"确定"按钮后,单元格C2中将显示转换为半角的字母。

	A	B	C
1	数据	字母个数	转换为半角
2	数据库ＡＣＣＥＳＳBC	8	数据库ACCESSBC
3	电子表格Ｅxcel	5	
4	ＷＯＲＤ排版	4	
5	图像处理ＰＨＯＴＯshop	9	
6	网页计算ＦＲＯＮＧpage	9	
7	模具设计autoＣＡＤ	7	
8	VisualBasic	11	

转换结果

10 拖动单元格C2的填充手柄将公式向下填充,公式将其他单元格中的全角字母转换为半角字母。

	A	B	C
1	数据	字母个数	转换为半角
2	数据库ＡＣＣＥＳＳBC	8	数据库ACCESSBC
3	电子表格Ｅxcel	5	电子表格Excel
4	ＷＯＲＤ排版	4	WORD排版
5	图像处理ＰＨＯＴＯshop	9	图像处理PHOTOshop
6	网页计算ＦＲＯＮＧpage	9	网页计算FRONGpage
7	模具设计autoＣＡＤ	7	模具设计autoCAD
8	VisualBasic	11	VisualBasic

填充公式

● Level ★★★☆   2013 2010 2007

如何利用 TRIM 函数将英文语句规范化?

● 实例：将英文语句规范化

工作表的英文语句中存在多余的空格，并且首字母未大写。现需要删除多余的空格并将首字母大写。下面介绍使用TRIM函数将英文语句规范化的方法。

1 在单元格B2中输入公式"=PROPER (LEFT(A2))&TRIM(RIGHT(A2,LEN (A2)-1))"。

2 按下Enter键，将返回没有多余空格的英文语句，且将首字母大写。

3 拖动单元格B2的填充手柄将公式向下填充，将规范其他单元格中的英文语句。

Hint 提示说明

本例中首先利用PROPER函数将英文语句的第一个字母转换为大写形式，再将其余字符串中多余的空格删除。所谓多余的空格是指单词与单词之间超过一个的空格。

TRIM函数可以删除的空格是指代字符集中代码为32的字符，可以用CHAR(32)生成空格。

如果需要删除字符串中的所有空格，不能使用TRIM函数，必须用SUBSTITUTE函数来完成。

● Level ★★★☆   2013 2010 2007

如何利用 WIDECHAR 函数将半角字符转换为全角显示?

● 实例：将半角字符转换为全角显示

函数WIDECHAR的功能是将半角字符转换为全角字符。可以转换的字符有英文字母、数字、空格、标点符号以及日文等。下面介绍使用WIDECHAR函数将半角字符转换为全角显示的方法。

1 选择单元格B2，在编辑栏中单击"插入函数"按钮，打开"插入函数"对话框，选择WIDECHAR函数。

2 打开"函数参数"对话框，在Text文本框中输入"A2"。

插入函数

搜索函数(S)：

请输入一条简短说明来描述您想做什么，然后单击"转到"   转到(G)

或选择类别(C)：文本

选择函数(N)：

```
TEXT
TRIM
UNICHAR
UNICODE
UPPER
VALUE
WIDECHAR        选择WIDECHAR函数
```

WIDECHAR(text)
将单字节字符转换成双字节字符。与双字节字符集(DBCS)一起使用

函数参数

WIDECHAR

Text A2 ── 输入参数 ──   =

=

将单字节字符转换成双字节字符。与双字节字符集(DB

Text 需要转换成双字

计算结果 = ＥＸＣＥＬ

3 单击"确定"按钮，将单元格A2的字符全部转换为全角。

4 拖动单元格B2的填充手柄将公式向下填充，将其他单元格中的字符全部转换为全角。

B2	▼ : × ✓ fx	=WIDECHAR(A2)
▲ A	B	C
1 原始数据	转换为全角	
2 EXCEL	ＥＸＣＥＬ	
3 １２５ＫＧ		
4 极品五笔123	转换结果	
5 金立1250		
6 HUANG		
7 JUANG		
8 windows		
9 engshin		
10		

B2	▼ : × ✓ fx	=WIDECHAR(A2)
▲ A	B	C
1 原始数据	转换为全角	
2 EXCEL	ＥＸＣＥＬ	
3 １２５ＫＧ	１２５ＫＧ	
4 极品五笔123	极品五笔１２３	
5 金立1250	金立１２５０	填充公式
6 HUANG	ＨＵＡＮＧ	
7 JUANG	ＪＵＡＮＧ	
8 windows	ｗｉｎｄｏｗｓ	
9 engshin	ｅｎｇｓｈｉｎ	
10		

● Level ★★★☆   2013 2010 2007

如何利用 SUBSTITUTE 函数转换产品规格格式？

● 实例：转换产品规格格式

函数SUBSTITUTE的功能是用新文本替换旧文本。下面介绍使用SUBSTITUTE函数将产品规格由"长：33*宽：30*高：50"格式转换为"长（33）*宽（30）*高（50）"格式的方法。

① 在单元格B2中输入公式"=SUBSTI-TUTE (SUBSTITUTE(A2,"：","("),"*","）*")&"）""。

② 按下Enter键，将返回第一个产品规格转换后的字符串。

	A	B	C
	产品规格	**格式转换**	
1			
2	长：33*宽：30	=SUBSTITUTE (SUBSTITUTE(A2,"：","("),"*"）*")&"）"	
3	长：40*宽：20		
4	长：40*宽：22*高：37		
5	长：39*宽：23*高：37		
6	长：37*宽：28*高：40	输入公式	
7	长：39*宽：28*高：45		
8	长：36*宽：23*高：51		
9	长：40*宽：23*高：50		
10	长：45*宽：28*高：55		

	A	B	C
	产品规格	**格式转换**	
1			
2	长：33*宽：30*高：50	长(33)*宽(30)*高(50)	
3	长：40*宽：20*高：35		
4	长：40*宽：22*高：37		
5	长：39*宽：23*高：37	转换结果	
6	长：37*宽：28*高：40		
7	长：39*宽：28*高：45		
8	长：36*宽：23*高：51		
9	长：40*宽：23*高：50		
10	长：45*宽：28*高：55		

③ 拖动单元格B2的填充手柄将公式向下填充，将返回其他产品规格转换后的字符串。

	A	B	C
	产品规格	**格式转换**	
1			
2	长：33*宽：30*高：50	长(33)*宽(30)*高(50)	
3	长：40*宽：20*高：35	长(40)*宽(20)*高(35)	
4	长：40*宽：22*高：37	长(40)*宽(22)*高(37)	
5	长：39*宽：23*高：37	长(39)*宽(23)*高(37)	
6	长：37*宽：28*高：40	长(37)*宽(28)*高(40)	
7	长：39*宽：28*高：45	长(39)*宽(28)*高(45)	
8	长：36*宽：23*高：51	长(36)*宽(23)*高(51)	
9	长：40*宽：23*高：50	长(40)*宽(23)*高(50)	
10	长：45*宽：28*高：55	长(45)*宽(28)*高(55)	

填充公式

Hint 提示说明

本例需要将冒号转换为左右括号，而括号是分散的，所以需要进行两次替换。首先利用SUBSTITUTE函数将冒号替换为左括号，然后将替换后的字符串中的"*"替换为"）*"。最后在字符串末尾添加一个右括号即可。

输入公式时，为了确保准确性，最好将单元格中的冒号复制到公式中，避免出错。因为在半角与全角状态下输入的冒号不同，当公式中的冒号与单元格中的冒号不同时，无法完成替换。

● Level ★★★☆

2013 2010 2007

如何利用 LEN 函数计算单元格中数字个数？

● 实例：计算单元格中数字个数

函数LEN的功能是返回文本字符串中字符个数。利用LEN函数计算单元格字符个数，然后乘以2再减去字节数，就可得到单元格中数字个数。下面介绍使用LEN函数计算单元格中数字个数的方法。

1 单击需要输入公式的单元格，即选中单元格B2。

B2	▼	:	×	✓	fx		
	A			B		C	
1	原始数据			数字个数			
2	2014年巴西世界杯						
3	奥迪28888						
4	桑塔纳3000			选择单元格			
5	18栋208室						
6	玉米52.4KG						
7	大米125.5公斤						
8	山楂300袋						
9	胡萝卜333千克						
10							

2 在单元格B2中输入公式"=LEN(A2) *2-LENB(A2)"。

WIDECHAR	▼	:	×	✓	fx	=LEN(A2)*2-LENB(A2)	
	A			B		C	D
1	原始数据			数字个数			
2	2014年巴	=LEN(A2)*2-LENB(A2)					
3	奥迪28888						
4	桑塔纳3000						
5	18栋208室			输入公式			
6	玉米52.4KG						
7	大米125.5公斤						
8	山楂300袋						
9	胡萝卜333千克						
10							
11							

3 按下Enter键，将返回单元格A2中数字的个数。

B2	▼	:	×	✓	fx	=LEN(A2)*2-LENB(A2)	
	A			B		C	D
1	原始数据			数字个数			
2	2014年巴西世界杯			4			
3	奥迪28888						
4	桑塔纳3000			计算结果			
5	18栋208室						
6	玉米52.4KG						
7	大米125.5公斤						
8	山楂300袋						
9	胡萝卜333千克						
10							
11							

4 拖动单元格填充手柄将公式向下填充，将返回其他单元格中的数字个数。

B2	▼	:	×	✓	fx	=LEN(A2)*2-LENB(A2)	
	A			B		C	D
1	原始数据			数字个数			
2	2014年巴西世界杯			4			
3	奥迪28888			5			
4	桑塔纳3000			4			
5	18栋208室			5		填充公式	
6	玉米52.4KG			6			
7	大米125.5公斤			5			
8	山楂300袋			3			
9	胡萝卜333千克			3			
10							
11							

Question
055

● Level ★★★☆

2013 2010 2007

如何利用 LENB 函数计算字符串的字节数?

● 实例：计算字符串的字节数

函数LENB的功能是返回文本字符串中用于代表字符的字节数。汉字是双字节字符，英文状态下输入的符号为单字节字符。下面介绍使用LENB函数计算字符串的字节数的方法。

① 选择单元格B2，单击编辑栏中的"插入函数"按钮，打开"插入函数"对话框，选择"文本"类别中的LENB函数。

插入函数

搜索函数(S):

请输入一条简短说明来描述您想做什么，然后单击"转到"　　转到(G)

或选择类别(C): 文本

选择函数(N):

FINDB
FIXED
LEFT
LEFTB
LEN
LENB ← 选择LENB函数
LOWER

LENB(text)
返回文本中所包含的字符数。与双字节字符集(DBCS)一起使用

② 单击"确定"按钮，打开"函数参数"对话框，在Text文本框中输入"A2"。

函数参数

LENB

Text [A2] ── 输入参数　　= "我

= 14

返回文本中所包含的字符数。与双字节字符集(DBCS

Text　需要计算字符

计算结果 = 14

③ 单击"确定"按钮，将返回单元格中字符串的字节数。

B2	▼ : × ✓ fx	=LENB(A2)	
	A	B	C
1	数据	字节数	
2	我爱北京天安门	14	
3	湖南长沙		
4	，。；''()	计算结果	
5	，、；"		
6	美丽的宝岛台湾		
7			
8			
9			

④ 拖动单元格B2的填充手柄将公式向下填充，将返回其他单元格中字符串的字节数。

B2	▼ : × ✓ fx	=LENB(A2)	
	A	B	C
1	数据	字节数	
2	我爱北京天安门	14	
3	湖南长沙	8	
4	，。；''()	12	
5	，、；"	5	
6	美丽的宝岛台湾	14	
7			
8		填充公式	
9			

● Level ★★★☆   2013 2010 2007

如何利用 MIDB 函数提取各车间负责人姓名？

● 实例：快速提取各车间负责人姓名

函数MIDB的功能是从文本字符串中的指定位置起返回特定个数的字符。下面介绍使用MIDB函数提取各车间负责人姓名的方法。

1 在单元格B2中输入公式"=MIDB(A2, FINDB(": ",A2)+1,LEN(A2))"。

	A	B	C	D
1	各车间负责人姓名	人员姓名		
2		=MIDB(A2,FINDB(": ",A2)+1,LEN(A2))		
3	B车间：苏然			
4	C车间：王杰			
5	D车间：郑玉	输入公式		
6	生产车间：何月华			
7	检查车间：郭娟			
8	包装车间：陈义			

2 按下Enter键，将返回单元格中的姓名。

	A	B	C	D
1	各车间负责人姓名	人员姓名		
2	A车间：陈凤	陈凤		
3	B车间：苏然			
4	C车间：王杰			
5	D车间：郑玉	计算结果		
6	生产车间：何月华			
7	检查车间：郭娟			
8	包装车间：陈义			

3 拖动单元格B2的填充手柄将公式向下填充，将返回其他单元格中的姓名。

	A	B	C	D
1	各车间负责人姓名	人员姓名		
2	A车间：陈凤	陈凤		
3	B车间：苏然	苏然		
4	C车间：王杰	王杰		
5	D车间：郑玉	郑玉		
6	生产车间：何月华	何月华		
7	检查车间：郭娟	郭娟		
8	包装车间：陈义	陈义		

填充公式

Hint 提示说明

单元格B2的公式，也可更改为"=MID(A2,FIND(": ",A2)+1,LEN(A2))"。

	A	B	C	D
1	各车间负责人姓名	人员姓名	输入公式	
2	A车间：陈凤	陈凤		
3	B车间：苏然			
4	C车间：王杰			
5	D车间：郑玉			
6	生产车间：何月华			
7	检查车间：郭娟			
8	包装车间：陈义			

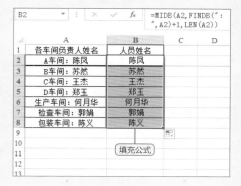

● Level ★★★☆

2013 2010 2007

如何利用 REPLACE 函数将产品型号规范化?

● 实例: 快速将产品型号规范化

因产品增加, 型号编码规则更改, 现需统一规范编码: "ACER" 字符串后面必须有 "00", 如果已有则忽略, 否则添加。下面介绍使用REPLACE函数规范化产品型号的方法。

1 打开工作簿, 单击需要输入公式的单元格 B2, 即可选中单元格B2。

B2	▼	:	×	✓	fx	
▲	A		B		C	
1	产品型号		规范化			
2	ACER1402					
3	ACER1071					
4	ACER1103		选择单元格			
5	ACER67SA					
6	ACER1020					
7	ACER00848					
8	ACER00969-A					
9	ACER924					
10	ACER0024					
11						

2 在单元格B2中输入公式 "=IF(MID(A2,5, 2)="00",A2,REPLACE(A2,5,,"00"))"。

LENB	▼	:	×	✓	fx	=IF(MID(A2,5,2)= "00",A2,REPLACE(A2, 5,,"00"))
▲	A		B		C	D
1	产品型号		规范化			
2	ACER1402		=IF(MID(A2,5,2)="00",A2,REPLACE(A2,5,,"00"))			
3	ACER1071					
4	ACER1103					
5	ACER67SA		输入公式			
6	ACER1020					
7	ACER00848					
8	ACER00969-A					
9	ACER924					
10	ACER0024					
11						
12						

3 按下Enter键, 将返回第一个产品型号的新编号。

B2	▼	:	×	✓	fx	=IF(MID(A2,5,2)= "00",A2,REPLACE(A2, 5,,"00"))
▲	A		B		C	D
1	产品型号		规范化			
2	ACER1402		ACER001402			
3	ACER1071					
4	ACER1103		计算结果			
5	ACER67SA					
6	ACER1020					
7	ACER00848					
8	ACER00969-A					
9	ACER924					
10	ACER0024					
11						
12						

4 拖动单元格填充手柄将公式向下填充, 将返回其他产品型号的新编号。

B2	▼	:	×	✓	fx	=IF(MID(A2,5,2)= "00",A2,REPLACE(A2, 5,,"00"))
▲	A		B		C	D
1	产品型号		规范化			
2	ACER1402		ACER001402			
3	ACER1071		ACER001071			
4	ACER1103		ACER001103			
5	ACER67SA		ACER0067SA			
6	ACER1020		ACER001020		填充公式	
7	ACER00848		ACER00848			
8	ACER00969-A		ACER00969-A			
9	ACER924		ACER00924			
10	ACER0024		ACER0024			
11						
12						

● Level ★★★☆

2013 **2010** **2007**

如何利用 LEFT 函数
分散填充金额？

● 实例：快速分散填充金额

函数LEFT的功能是返回文本值中最左侧的字符。现要求将金额分散填充到每个数值对应的单元格中，若"拾万"、"亿"等位无数值则以空格填充。下面介绍使用LEFT函数分散填充金额的方法。

① 将光标移至数据区域左上角的单元格B2中，按住鼠标左键不放，向该区域右上角的单元格L2拖曳，即可选择单元格区域"B2:L2"。

② 在编辑栏中输入公式"=LEFT(RIGHT(" "&$A2*1000,14-COLUMN())))"。

B2 ▾ ⋮ × ✓ *fx*

	A	亿	仟万	佰万	拾万	万	仟	佰	拾	元	角	分
1	金额											
2	452367890.23											
3	845923410.12											
4	48951263.02											
5	456213.45			选择单元格区域								
6	11111.00											
7	8.56											
8	89563.45											
9	654892.31											
10	694613619.82											
11												
12												
13												
14												
15												

VDB 输入公式 *fx* =LEFT(RIGHT(" "&$A2*1000,14-COLUMN()))

	A	亿	仟万	佰万	拾万	万	仟	佰	拾	元	角	分
1	金额											
2	452367890.23	))										
3	845923410.12											
4	48951263.02											
5	456213.45											
6	11111.00											
7	8.56											
8	89563.45											
9	654892.31											
10	694613619.82											
11												
12												
13												
14												

③ 按下Ctrl+Enter组合键，将把相应金额分散填充到11个单元格中。

④ 采用相对复制方式向下填充公式，将把其他金额分散填充到单元格中。

B2 ▾ ⋮ × ✓ *fx* =LEFT(RIGHT(" "&$A2*1000,14-COLUMN()))

	A	亿	仟万	佰万	拾万	万	仟	佰	拾	元	角	分
1	金额											
2	452367890.23	4	5	2	3	6	7	8	9	0	2	3
3	845923410.12											
4	48951263.02											
5	456213.45			填充单元格								
6	11111.00											
7	8.56											
8	89563.45											
9	654892.31											
10	694613619.82											
11												
12												
13												

B2 ▾ ⋮ × ✓ *fx* =LEFT(RIGHT(" "&$A2*1000,14-COLUMN()))

	A	亿	仟万	佰万	拾万	万	仟	佰	拾	元	角	分
1	金额											
2	452367890.23	4	5	2	3	6	7	8	9	0	2	3
3	845923410.12	8	4	5	9	2	3	4	1	0	1	2
4	48951263.02		4	8	9	5	1	2	6	3	0	2
5	456213.45				4	5	6	2	1	3	4	5
6	11111.00					1	1	1	1	1	0	0
7	8.56								8	5	6	
8	89563.45				8	9	5	6	3	4	5	
9	654892.31			6	5	4	8	9	2	3	1	
10	694613619.82	6	9	4	6	1	3	6	1	9	8	2
11												
12												
13				填充公式								

● Level ★★★☆

如何利用 LEFTB 函数提取地址中的省份名称?

● 实例: 提取地址中的省份名称

某公司提供了一份客户信息,包括省市名称及详细的道路和门牌号,以及需要邮寄给对方发票时支付的邮资,现需提取地址中的省份名称。下面介绍使用LEFTB函数提取地址中省份名称的方法。

1 选择单元格D2,单击编辑栏中的"插入函数"按钮,打开"插入函数"对话框,选择"文本"类别中的LEFTB函数。

插入函数	? X
搜索函数(S):	
请输入一条简短说明来描述您想做什么,然后单击"转到"	转到(G)
或选择类别(C): 文本	▼
选择函数(N):	
FINDB	
FIXED	
LEFT	
LEFTB ← 选择LEFTB函数	
LEN	
LENB	
LOWER	
LEFTB(text,num_bytes)	
返回字符串最左边指定数目的字符。与双字节字符集(DBCS)一起使用	

2 打开"函数参数"对话框,按下Enter键,在Text文本框中输入"B2",在Num_bytes文本框中输入"FIND({"市","省"},B2)"。

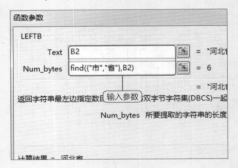

函数参数	
LEFTB	
Text B2	= "河北省
Num_bytes find({"市","省"},B2)	= 6
输入参数	= "河北省
返回字符串最左边指定数目 ↑ 双字节字符集(DBCS)一起	
Num_bytes 所要提取的字符串的长度	
计算结果 = 河北省	

3 单击"确定"按钮,将返回该客户所属省份。

D2	▼ : × ✓ fx	=LEFTB(B2,FIND({"市","省"},B2))		
	A	B	C	D
1	姓名	邮寄地址	快递费	所属省市地区
2	李达	河北省邯郸市15路1208号	12	河北省
3	钱多多	黑龙江省哈尔滨市18路205号	15	
4	白展堂	广东省广州市五一路8号	18	提取结果
5	郭子航	辽宁省沈阳市和平路88号	18	
6	刘伯温	吉林省长春市台北路168号	18	
7				
8				
9				
10				
11				
12				

4 拖动单元格D2的填充手柄将公式向下填充,将返回其他客户所属省份。

D2	▼ : × ✓ fx	=LEFTB(B2,FIND({"市","省"},B2))		
	A	B	C	D
1	姓名	邮寄地址	快递费	所属省市地区
2	李达	河北省邯郸市15路1208号	12	河北省
3	钱多多	黑龙江省哈尔滨市18路205号	15	黑龙江省
4	白展堂	广东省广州市五一路8号	18	广东省
5	郭子航	辽宁省沈阳市和平路88号	18	辽宁省
6	刘伯温	吉林省长春市台北路168号	18	吉林省
7				
8				填充公式
9				
10				
11				
12				

Question **090**

● Level ★★★☆

2013 2010 2007

如何利用 MID 函数判断员工是否迟到？

● 实例：判断员工是否迟到

A列是出勤表中提取的数据。前5位是持卡人编号，之后10位数字是年、月、日、小时、分钟，最后3位数是部门编号。打卡时间以7：30为准，下面介绍使用MID函数判断员工是否迟到的方法。

1 选择单元格B2，在编辑栏中输入公式"=730>--MID(A2,14,4)"。

	A	B	C	D
	卡机数据	是否迟到	输入公式	
1				
2	65519200805080728001	=730>--MID(A2,14,4)		
3	88984200805080709011			
4	52337200805080728038			
5	79704200805080738021			
6	69205200805080727014			
7	64273200805080734043			
8	86099200805080728028			
9	43032200805080719008			
10	56467200805080734014			
11	44521200805080704009			

LEFTB fx =730>--MID(A2,14,4)

2 按下Enter键，将判断第一个员工是否迟到。

B2 fx =730>--MID(A2,14,4)

	A	B	C	D
1	卡机数据	是否迟到		
2	65519200805080728001	TRUE		
3	88984200805080709011			
4	52337200805080728038	判断结果		
5	79704200805080738021			
6	69205200805080727014			
7	64273200805080734043			
8	86099200805080728028			
9	43032200805080719008			
10	56467200805080734014			
11	44521200805080704009			

3 拖动单元格填充手柄将公式向下填充，将判断其他员工是否迟到。

B2 fx =730>--MID(A2,14,4)

	A	B	C	D
1	卡机数据	是否迟到		
2	65519200805080728001	TRUE		
3	88984200805080709011	TRUE		
4	52337200805080728038	TRUE		
5	79704200805080738021	FALSE		
6	69205200805080727014	TRUE	填充公式	
7	64273200805080734043	FALSE		
8	86099200805080728028	TRUE		
9	43032200805080719008	TRUE		
10	56467200805080734014	FALSE		
11	44521200805080704009	TRUE		

Hint 提示说明

如果需要将迟到者标示为"迟到"，未迟到者忽略，那么可以利用IF函数来完成，公式为"=IF(730>--MID(A2,14,4),"迟到","")"。

B2 fx =IF(730>--MID(A2,14,4),"迟到","")

	A	B	C	D
1	卡机数据	是否迟到	输入公式	
2	65519200805080728001	迟到		
3	88984200805080709011	迟到		
4	52337200805080728038	迟到		
5	79704200805080738021			
6	69205200805080727014	迟到		
7	64273200805080734043			
8	86099200805080728028	迟到		
9	43032200805080719008	迟到		

如何利用 MID 函数提取金额?

● 实例：快速提取金额

现金支出表中包括汉字、字母和数字，数字位置和长度不固定，现需要提取数字部分。函数MID的功能是从文本字符串的指定位置返回特定个数的字符。下面介绍使用MID函数提取金额的方法。

1 在单元格C2中输入公式"=LOOKUP(D9+307,--MID(B2,MIN(FIND({1;2;3;4;5;6;7;8;9},B2&123456789)),ROW($1:$99)))"。

| LEFTB | ▼ | : | × | ✓ | fx | =LOOKUP(D9+307,--MID(B2,MIN(FIND({1;2;3;4;5;6;7;8;9},B2&123456789)),ROW($1:$99))) |

	A	B	C	D	E	F
1	日期	现金支出表	提取金额			
2	=LOOKUP(D9+307,--MID(B2,MIN(FIND({1;2;3;4;5;6;7;8;9},B2&123456789)),ROW($1:$99)))					
3						
4	5月3日	理发20元				
5	5月4日	买洗发水25元		输入公式		
6	5月5日	上网10.5元				
7	5月6日	买水果40元				
8	5月7日	上网9元				
9	5月8日	买香皂5元				
10	5月9日	买VCD10元				
11	5月10日	买饼干15.5元				
12						
13						

2 按下Enter键，将返回混合字符串中数字部分。

| C2 | ▼ | : | × | ✓ | fx | =LOOKUP(D9+307,--MID(B2,MIN(FIND({1;2;3;4;5;6;7;8;9},B2&123456789)),ROW($1:$99))) |

	A	B	C	D	E	F
1	日期	现金支出表	提取金额			
2	5月1日	购书89元	89			
3	5月2日	购水果120元				
4	5月3日	理发20元				
5	5月4日	买洗发水25元		提取结果		
6	5月5日	上网10.5元				
7	5月6日	买水果40元				
8	5月7日	上网9元				
9	5月8日	买香皂5元				
10	5月9日	买VCD10元				
11	5月10日	买饼干15.5元				
12						
13						

3 拖动单元格C2的填充手柄将公式向下填充，将返回其他混合字符串中的数字部分。

| C2 | ▼ | : | × | ✓ | fx | =LOOKUP(D9+307,--MID(B2,MIN(FIND({1;2;3;4;5;6;7;8;9},B2&123456789)),ROW($1:$99))) |

	A	B	C	D
1	日期	现金支出表	提取金额	
2	5月1日	购书89元	89	
3	5月2日	购水果120元	120	
4	5月3日	理发20元	20	
5	5月4日	买洗发水25元	25	
6	5月5日	上网10.5元	10.5	
7	5月6日	买水果40元	40	填充公式
8	5月7日	上网9元	9	
9	5月8日	买香皂5元	5	
10	5月9日	买VCD10元	10	
11	5月10日	买饼干15.5元	15.5	
12				
13				

Hint 提示说明

单元格C2中的公式可更改为"=LOOKUP(10^16,--MID(B2,MIN(FIND({1;2;3;4;5;6;7;8;9},B2&123456789)),ROW($1:$99)))"。

| C2 | ▼ | : | × | ✓ | fx | =LOOKUP(10^16,--MID(B2,MIN(FIND({1;2;3;4;5;6;7;8;9},B2&123456789)),ROW($1:$99))) |

	A	B	C	D	E
1	日期	现金支出表	提取金额		
2	5月1日	购书89元	89	输入公式	
3	5月2日	购水果120元			
4	5月3日	理发20元			
5	5月4日	买洗发水25元			
6	5月5日	上网10.5元			
7	5月6日	上网9元			
8	5月7日	买香皂5元			
9	5月8日	买VCD10元			
10	5月9日	买VCD10元			
11	5月10日	买饼干15.5元			

● Level ★★★☆   [2013] [2010] [2007]

如何利用 REPT 函数用重复的符号代替需要隐藏的部分?

● 实例：用重复的符号代替需要隐藏的部分

工作表中为参加抽奖活动的观众信息表。抽奖时信息保密，手机号码只显示前三位和后四位，下面介绍使用REPT函数用重复的符号代替需要隐藏部分的方法。

1 在单元格D4中输入公式 "=LEFT(B4,3)&REPT("*",4)&RIGHT(B4,4)"。

| LEFTB | fx | =LEFT(B4,3)&REPT("*",4)&RIGHT(B4,4) |

	A	B	C	D	E
1		参加现场抽奖活动观众信息表			
2					
3	姓名	联系电话	性别	参赛号码	
4	黄娟	1360000321!		=LEFT(B4,3)&REPT("*",4)&RIGHT(B4,4)	
5	李文	1361111254(			
6	王艳	13722225126	女		
7	司骊	13833336601	女		
8	赵云	13944447009	女		
9	周梅	13955558816	女		
10	周中	13566663614	男		
11	刘兰	15977774561	女		
12	罗杰	15988889103	男		
13	孙浩	15899992388	男		

输入公式

2 按下Enter键，将返回处理后的手机号码。

| D4 | fx | =LEFT(B4,3)&REPT("*",4)&RIGHT(B4,4) |

	A	B	C	D	E
1		参加现场抽奖活动观众信息表			
2					
3	姓名	联系电话	性别	参赛号码	
4	黄娟	13600003215	女	136****3215	
5	李文	13611112546	女		
6	王艳	13722225126	女		
7	司骊	13833336601	女	隐藏后效果	
8	赵云	13944447009	女		
9	周梅	13955558816	女		
10	周中	13566663614	男		
11	刘兰	15977774561	女		
12	罗杰	15988889103	男		
13	孙浩	15899992388	男		

3 拖动单元格填充手柄将公式向下填充，将返回其他处理后的手机号码。

| D4 | fx | =LEFT(B4,3)&REPT("*",4)&RIGHT(B4,4) |

	A	B	C	D	E
1		参加现场抽奖活动观众信息表			
2					
3	姓名	联系电话	性别	参赛号码	
4	黄娟	13600003215	女	136****3215	
5	李文	13611112546	女	136****2546	
6	王艳	13722225126	女	137****5126	
7	司骊	13833336601	女	138****6601	
8	赵云	13944447009	女	139****7009	
9	周梅	13955558816	女	139****8816	
10	周中	13566663614	男	135****3614	
11	刘兰	15977774561	女	159****4561	
12	罗杰	15988889103	男	159****9103	
13	孙浩	15899992388	男	158****2388	

填充公式

Hint 提示说明

本例公式中分别利用LEFT函数和RIGHT函数提取手机号码的前3位和后4位，利用REPT函数生成4位连续的 "*"，连接在一起即可得到隐藏后的手机号码。

REPT函数的结果不能大于32,767个字符，否则将返回错误值 "#VALUE!"。

函数REPT不支持单元格引用，否则将返回错误值 "#VALUE!"。

如果 "Number_times" 为0，则 REPT 返回 """"（空文本）。

● Level ★★★☆ 　　　2013 2010 2007

如何利用 RIGHT 函数提取商品名称?

● 实例：从商品名称的最后开始提取指定个数的字符

数据表中商品名称不同，字符串的长度也各不相同。使用RIGHT函数，可以从一个文本字符串的最后一个字符开始返回指定个数的字符。下面介绍使用RIGHT函数提取商品名称的方法。

---

1 选择单元格C2，打开"插入函数"对话框，选择"文本"类别中的LEN函数。

插入函数	? ✕
搜索函数(S):	
请输入一条简短说明来描述您想做什么，然后单击"转到"	转到(G)
或选择类别(C): 文本	▾
选择函数(N):	

```
FINDB
FIXED
LEFT
LEFTB
LEN        ← 选择LEN函数
LENB
LOWER
```

LEN(text)
返回文本字符串中的字符个数

2 单击"确定"按钮，在弹出的"函数参数"对话框的Text文本框中输入"B2"。

函数参数

LEN

Text [B2] ──输入参数── 📷 = "福州

　　　　　　　　　　　　　　= 8

返回文本字符串中的字符个数

　　　　　　　Text 要计算长度的文

计算结果 = 8

有关该函数的帮助(H)

---

3 单击"确定"按钮，单元格C2将显示统计的文字数。将公式向下填充至单元格C5，统计其他单元格的文字数。

C2	▾ : ✕ ✓ fx	=LEN(B2)

▲	A	B	C
1	水果代码	商品名称	文字数
2	AS01	福州 橄榄-青果	8
3	AGS2	广东 金太阳-柚子	9
4	BGD1	江苏 紫水晶-葡萄	9
5	SBT5	安徽 K83-黄金梨	10
6			
7			填充公式
8			
9			
10			
11			

4 选择单元格D2，打开"插入函数"对话框，选择"文本"类别中的FIND函数。

插入函数	? ✕
搜索函数(S):	
请输入一条简短说明来描述您想做什么，然后单击"转到"	转到(G)
或选择类别(C): 文本	▾
选择函数(N):	

```
DOLLAR
EXACT
FIND       ← 选择FIND函数
FINDB
FIXED
LEFT
LEFTB
```

FIND(find_text,within_text,start_num)
返回一个字符串在另一个字符串中出现的起始位置(区分大小写)

⑤ 单击"确定"按钮,在弹出的"函数参数"对话框中,分别输入"-"和B2。

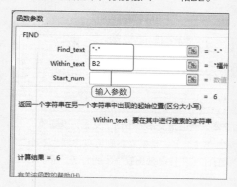

⑥ 单击"确定"按钮,单元格D2中将计算出-在单元格B2中"-"的位置。

	B	C	D
1	商品名称	文字数	"-"的位置
2	福州 橄榄-青果	8	6
3	广东 金太阳-柚子	9	
4	江苏 紫水晶-葡萄	9	计算结果
5	安徽 K83-黄金梨	10	

⑦ 拖动单元格D2右下角的填充手柄,向下填充至D5,计算其他"-"的位置。

	B	C	D
1	商品名称	文字数	"-"的位置
2	福州 橄榄-青果	8	6
3	广东 金太阳-柚子	9	7
4	江苏 紫水晶-葡萄	9	7
5	安徽 K83-黄金梨	10	7

填充公式

=FIND("-",B2)

⑧ 选择单元格E2,打开"插入函数"对话框,选择"文本"类别中的RIGHT函数。

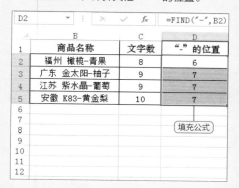

⑨ 单击"确定"按钮,打开"函数参数"对话框,输入相应参数。

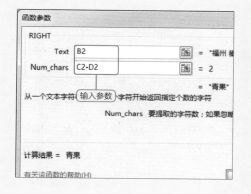

⑩ 单击"确定"按钮,拖动单元格E2右下角的填充手柄,向下填充至E5,提取其他商品名称。

	B	C	D	E
1	商品名称	文字数	"-"的位置	商品具体名称
2	福州 橄榄-青果	8	6	青果
3	广东 金太阳-柚子	9	7	柚子
4	江苏 紫水晶-葡萄	9	7	葡萄
5	安徽 K83-黄金梨	10	7	黄金梨

填充公式

=RIGHT(B2,C2-D2)

● Level ★★★☆   2013 2010 2007

如何利用 T 函数串联单元格区域中的文本？

● 实例：串联单元格区域中的文本

函数T可将参数转换为文本。若值是文本或引用了文本，返回值。若未引用文本，返回空文本（""）。若是文本则将其串联为一个字符串，否则忽略。下面介绍使用T函数串联文本的方法。

1 在单元格D1中输入公式"=CONCATENATE(T(A1),T(B1),T(C1))"。

LEFTB	▼	:	×	✓	f_x	=CONCATENATE(T(A1),T(B1),T(C1))

	A	B	C	D	E
1	二〇一四年	九月	=CONCATENATE(T(A1),T(B1),T(C1))		
2	中秋节	快乐	!		
3	2014年	9月	8日	输入公式	
4					
5					
6					
7					
8					
9					
10					
11					
12					

2 按下Enter键，将返回单元格区域"A1:C1"中的字符串连接，并忽略其中的数字单元格。

D1	▼	:	×	✓	f_x	=CONCATENATE(T(A1),T(B1),T(C1))

	A	B	C	D	E
1	二〇一四年	九月	八日	二〇一四年九月八日	
2	中秋节	快乐	!		
3	2014年	9月	8日	串联连接后	
4					
5					
6					
7					
8					
9					
10					
11					
12					

3 拖动单元格填充手柄将公式向下填充，将返回其他区域中的字符串连接，并忽略其中的数字单元格。

D1	▼	:	×	✓	f_x	=CONCATENATE(T(A1),T(B1),T(C1))

	A	B	C	D	E
1	二〇一四年	九月	八日	二〇一四年九月八日	
2	中秋节	快乐	!	中秋节快乐！	
3	2014年	9月	8日	2014年9月8日	
4					
5					填充公式
6					
7					
8					
9					
10					
11					
12					

Hint 提示说明

T函数用于删除数字。它有一个参数，如果参数是文本则保持不变，如果参数是数字则返回空文本。本例中利用T函数对每个单元格数据进行转换，然后作为CONCATENATE函数的参数串联起来。

T函数的功能相当于表达式"IF(ISNUMBER(A1),"",A1)"，即引用数据是数字就转换为空文本，否则保持不变。

T函数不支持单元格区域作为参数，但用常量数组作参数却可以。

Chapter
05

统计函数的应用技巧

统计是指对某一现象有关的数据进行搜集、整理、计算和分析等。在当今的数据化时代，灵活运用统计函数，对存储在数据库中的数据信息进行分类统计就显得尤为重要。统计函数的出现方便了Excel用户从复杂数据中筛选有效数据。本章采用以实例为引导的方式来讲解常用统计函数的应用技巧，如MIN函数、AVERAGEA函数等。

● Level ★★★★   2013 2010 2007

如何利用 AVERAGE 函数计算生产车间职工的平均工资?

● 实例：计算生产车间职工的平均工资

工作表中有生产部门各职工的工资，现要求统计生产车间职工、女职工以及工资在2000以上职工的平均工资。下面介绍使用AVERAGE函数计算生产车间职工的平均工资的方法。

❶ 打开工作簿，单击要输入公式所在的单元格F2，将其选中。

❷ 在"公式"选项卡中，单击"函数库"功能区中的"其他函数"按钮，在弹出的下拉列表中选择"统计"中的AVERAGE函数。

	A	B	C	D	E	F
1	姓名	部门	性别	工资		职工平均工资
2	赵福	生产车间	男	2400		
3	苏小英	生产车间	女	1900		
4	孙浩	生产车间	男	2000		生产车间女职工平均工资
5	赵芳芳	生产车间	女	1750		选择单元格
6	钱三金	生产车间	女	2100		
7	孙纹	生产车间	女	2000		工资在2000以上的平均工资
8	赵一曼	生产车间	女	2000		
9	钱芬芳	生产车间	女	1850		
10	孙大胜	生产车间	男	2300		

其他函数 名称管理器 定义名称 ▾ 用于公式 ▾ 根据所选内容创建 追踪引用单 追踪从属

统计(S) ▸
工程(E) ▸
多维数据集(C) ▸
信息(I) ▸
兼容性(C) ▸
Web(W) ▸

AVEDEV
AVERAGE ← 选择AVERAGE函数
AVERAGEA
AVERAGEIF
AVERAGEIFS
BETA.DIST

❸ 打开"函数参数"对话框，在AVERAGE选项区域的Number1文本框中输入计算平均值的范围，此处输入"D2:D10"。

❹ 单击"确定"按钮，在单元格F2中显示计算结果，即所有职工工资的平均值。

函数参数

AVERAGE

Number1 D2:D10   = {2400;1900;2000;1750
Number2   = 数值

输入参数

= 2033.333333

返回参数的算术平均值；参数可以是数值或包含数值的名称、数组或引用

Number1: number1,number2,... 是用于计算平均值的1

F2   =AVERAGE(D2:D10)

	A	B	C	D	E	F
1	姓名	部门	性别	工资		职工平均工资
2	赵福	生产车间	男	2400		2033
3	苏小英	生产车间	女	1900		
4	孙浩	生产车间	男	2000		生产车间女职工平均工资
5	赵芳芳	生产车间	女	1750		计算结果
6	钱三金	生产车间	女	2100		
7	孙纹	生产车间	女	2000		工资在2000以上的平均工资
8	赵一曼	生产车间	女	2000		
9	钱芬芳	生产车间	女	1850		
10	孙大胜	生产车间	男	2300		

⑤ 选择单元格F5，在编辑栏中输入数组公式"=AVERAGE(IF((B2:B10="生产车间")*(C2:C10="女"),D2:D10))"。

⑥ 按下Ctrl+Shift+Enter组合键，将返回生产车间女职工的平均工资。

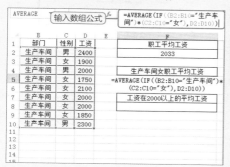

⑦ 单元格F5中的公式可更改为"=AVERAGE(IF((B2:B10="生产车间")*(C2:C10="女"),D2:D10,""))"。

⑧ 在名称框中输入F8，按下Enter键，即可选中要输入公式的单元格F8。

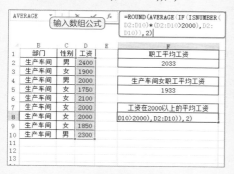

⑨ 在编辑栏中输入数组公式"=ROUND(AVERAGE(IF(ISNUMBER(D2:D10)*(D2:D10>2000),D2:D10)),2)"。

⑩ 按下Ctrl+Shift+Enter组合键，将返回生产车间工资大于2000员工的平均工资。

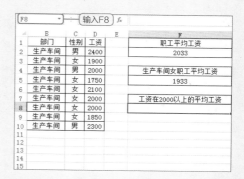

● Level ★★★★　　2013 2010 2007

如何利用 AVERAGEIF 函数计算每季度平均支出金额？

● 实例：计算每季度平均支出额

工作表中有每季度收入及支出金额，现需计算平均支出额。函数AVERAGEIF的功能是返回满足给定条件的单元格的平均值。下面介绍使用AVERAGEIF函数计算每季度平均支出额的方法。

1 打开工作簿，单击要输入公式的单元格E2，将其选中。

	A	B	C	D	E
	季度	收支	金额（万元）		每季度平均支出
2	一季度	收入	56		
3	一季度	支出	54		
4	二季度	收入	54		选择单元格
5	二季度	支出	78		
6	三季度	收入	73		
7	三季度	支出	68		
8	四季度	收入	69		
9	四季度	支出	80		

2 在"公式"选项卡中，单击"函数库"功能区中的"插入函数"按钮。

单击"插入函数"按钮

	A	B	C	D	E
1	季度	收支	金额（万元）		每季度平均支出
2	一季度	收入	56		
3	一季度	支出	54		
4	二季度	收入	54		
5	二季度	支出	78		
6	三季度	收入	73		
7	三季度	支出	68		
8	四季度	收入	69		
9	四季度	支出	80		

3 打开"插入函数"对话框，在"或选择类别"下拉列表中选择"统计"选项。

选择"统计"选项

4 在"选择函数"列表框中，选择AVERAGEIF函数。

选择AVERAGEIF函数

AVERAGEIF(range,criteria,average_range)
查找给定条件指定的单元格的平均值（算术平均值）

5 单击"确定"按钮打开"函数参数"对话框，单击Range文本框右侧的展开按钮。

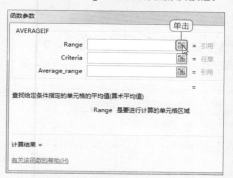

6 在数据区域中选择单元格区域"B2: B9"。

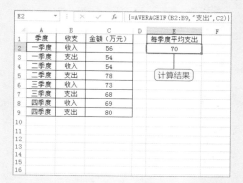

7 按下Enter键，返回"函数参数"对话框，在Criteria文本框中输入""支出""，在Average_range文本框中输入"C2"。

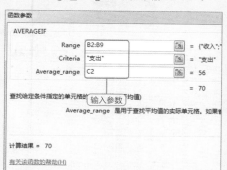

8 按下Ctrl+Shift+Enter组合键，单元格E2中将显示计算结果，即每季度平均支出额。

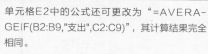
Hint 提示说明

单元格E2中的公式还可更改为"=AVERA-GEIF(B2:B9,"支出",C2:C9)"，其计算结果完全相同。

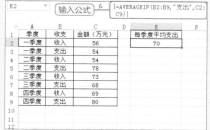

Hint 提示说明

本例如果要计算每季度平均收入额，则可以采用公式"=AVERAGEIF(B2:B9,"收入",C2:C9)"。

● Level ★★★☆

2013 2010 2007

如何利用 AVERAGEA 函数计算每人生产产品的平均出口量？

● 实例：计算平均出口量

公司要求男职工生产A产品，女职工生产B产品，而A产品出口，B产品内销。下面介绍使用AVERAGEA函数计算每人生产产品的平均出口量的方法。

① 打开工作簿，单击要输入公式的单元格F2，将其选中。

	A	B	C	D	E	F
1	姓名	性别	产品	产量		A产品平均产量
2	赵福	男	A	546		
3	黄军	男	A	345		
4	孙文	女	B	435		
5	李浩	男	B	478		
6	周芳	女	B	421		
7	吴煜	女	B	432		
8	郑勇	男	A	541		
9	王艳	女	B	512		
10	冯兰	女	B	546		
11	陈红	女	B	503		
12						

选择单元格

② 在编辑栏中输入数组公式"=AVERAGEA((C2:C11="A")*D2:D11)"。

AVERAGEA   输入数组公式   =AVERAGEA((C2:C11="A")*D2:D11)

	A	B	C	D	E	F
1	姓名	性别	产品	产量		A产品平均产量
2	赵福	男	A	546		")*D2:D11)
3	黄军	男	A	345		
4	孙文	女	B	435		
5	李浩	男	B	478		
6	周芳	女	B	421		
7	吴煜	女	B	432		
8	郑勇	男	A	541		
9	王艳	女	B	512		
10	冯兰	女	B	546		
11	陈红	女	B	503		

③ 按下Ctrl+Shift+Enter组合键，将返回每个人生产产品的平均出口量。

F2   {=AVERAGEA((C2:C11="A")*D2:D11)}

	A	B	C	D	E	F
1	姓名	性别	产品	产量		A产品平均产量
2	赵福	男	A	546		191
3	黄军	男	A	345		
4	孙文	女	B	435		
5	李浩	男	B	478		
6	周芳	女	B	421		
7	吴煜	女	B	432		
8	郑勇	男	A	541		
9	王艳	女	B	512		
10	冯兰	女	B	546		
11	陈红	女	B	503		

计算结果

④ 本例可以使用AVERAGE函数来计算，其公式为"=AVERAGE((C2:C11="A")*D2:D11)"。

F2   输入公式   {=AVERAGE((C2:C11="A")*D2:D11)}

	A	B	C	D	E	F
1	姓名	性别	产品	产量		A产品平均产量
2	赵福	男	A	546		191
3	黄军	男	A	345		
4	孙文	女	B	435		
5	李浩	男	B	478		
6	周芳	女	B	421		
7	吴煜	女	B	432		
8	郑勇	男	A	541		
9	王艳	女	B	512		
10	冯兰	女	B	546		

● Level ★★★☆   2013 2010 2007

如何利用 GEOMEAN 函数计算利润的平均增长率？

● 实例：计算利润的平均增长率

本例中计算利润的平均增长率时，先使用GEOMEAN函数计算出利润的几何平均值后，用几何平均值减去1即得到利润的平均增长率。下面介绍使用GEOMEAN函数计算利润的平均增长率的方法。

1 选择要输入公式的单元格F1，在编辑栏中单击"插入函数"按钮 *fx*。

	A	B	C		F
1	年度	增长率	与上一年的比值		
2	1	0.15	1.15		平均增长率
3	2	0.18	1.18		
4	3	0.1	1.1		
5	4	0.25	1.25		
6	5	0.08	1.08		
7	6	0.2	1.2		
8	7	0.18	1.18		
9	8	0.23	1.23		
10	9	0.32	1.32		

单击"插入函数"按钮

2 打开"插入函数"对话框，选择"或选择类别"中的"统计"类别，在"选择函数"列表框中选择GEOMEAN函数。

插入函数

搜索函数(S)：
请输入一条简短说明来描述您想做什么，然后单击"转到" 转到(G)

或选择类别(C)：统计

选择函数(N)：
GAMMA
GAMMA.DIST
GAMMA.INV
GAMMALN
GAMMALN.PRECISE
GAUSS
GEOMEAN   选择GEOMEAN函数
GEOMEAN(number1,number2,...)
返回一正数数组或数值区域的几何平均数

3 单击"确定"按钮，打开"函数参数"对话框，在Number1文本框中输入"C2:C10"。

函数参数
GEOMEAN
Number1 C2:C10   = {1.15;1.18;1.1;1.25
Number2   = 数值
输入参数
= 1.185722818
返回一正数数组或数值区域的几何平均数
Number1: number1,number2,... 是用于计算几何平均数的 1 到 255 个参数，也可以用单一数组或对数组的引用

4 单击"确定"按钮，公式返回利润的几何平均值，在单元格F2中输入公式"=F1-1"，计算利润的平均增长率。

F2   =F1-1   输入公式

	A	B	C	D	E	F
1	年度	增长率	与上一年的比值		几何平均值	1.185723
2	1	0.15	1.15		平均增长率	0.185723
3	2	0.18	1.18			
4	3	0.1	1.1			
5	4	0.25	1.25			
6	5	0.08	1.08			
7	6	0.2	1.2			
8	7	0.18	1.18			
9	8	0.23	1.23			
10	9	0.32	1.32			

● Level ★★★★

2013 2010 2007

如何利用 AVERAGEIFS 函数计算生产B产品且无异常机台平均产量?

● 实例: 生产B产品且无异常的机台平均产量

10机台生产A、B两个产品,中途因停电、待料、修机等各种因素会造成机台产量异常。下面介绍使用AVERAGEIFS函数计算生产B产品且无异常的机台平均产量的方法。

1 打开工作簿,单击要输入公式的单元格F2,将其选中。

机台	产品	产量	备注
1#	B	540	
2#	B	385	修机1.5小时
3#	A	496	
4#	B	600	
5#	B	265	修机3小时
6#	A	500	
7#	B	450	
8#	B	380	等原材料0.5小时
9#	A	456	
10#	A	506	

生产B产品且无生产异常之机台平均产量

选择单元格

2 在"公式"选项卡中,单击"函数库"功能区中的"插入函数"按钮 f_x。

单击"插入函数"按钮

机台	产品	产量	备注
1#	B	540	
2#	B	385	修机1.5小时
3#	A	496	
4#	B	600	
5#	B	265	修机3小时
6#	A	500	
7#	B	450	
8#	B	380	等原材料0.5小时
9#	A	456	
10#	A	506	

生产B产品且无生产异常之机台平均产量

3 打开"插入函数"对话框,在"或选择类别"下拉列表中选择"统计"选项。

选择"统计"选项

4 在"选择函数"列表框中选择AVERA-GEIFS函数,然后单击"确定"按钮。

插入函数

搜索函数(S):

请输入一条简短说明来描述您想做什么,然后单击"转到" 转到(G)

或选择类别(C): 统计

选择函数(N):

AVEDEV
AVERAGE
AVERAGEA
AVERAGEIF
AVERAGEIFS
BETA.DIST
BETA.INV

选择AVERAGEIFS函数

AVERAGEIFS(average_range,criteria_range,criteria,...)
查找一组给定条件指定的单元格的平均值(算术平均值)

· 108 ·

⑤ 打开"函数参数"对话框，单击Average_
range文本框右侧的展开按钮，在数据区
域中选择单元格区域"C2:C11"。

⑥ 按下Enter键，返回"函数参数"对话框，
在Criteria_range1文本框中输入"B2:
B11"，在 Criteria1文本框中输入"B"。

⑦ 在Criteria_range2文本框中输入"D2:
D11"，在Criteria1文本框中输入"""。

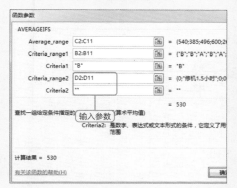

⑧ 按下Enter键，将返回生产B产品且无异
常的机台的平均产量。

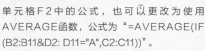
Hint 提示说明

单元格F2中的公式，也可以更改为使用
AVERAGE函数，公式为"=AVERAGE(IF
(B2:B11&D2: D11="A",C2:C11))"。

Hint 提示说明

单元格F2中的公式，还可以更改为"=AVERAG
E(IF((B2:B11="B")*(D2:D11=""),C2:C11))"。

● Level ★★★☆   2013 2010 2007

如何利用 COUNT 函数统计各分数段的人数?

● 实例：快速统计各分数段人数

需要统计10名学生的成绩在各个分数段的人数。函数COUNT的功能是返回参数列表中的数字个数。下面介绍使用COUNT函数统计各分数段人数的方法。

1 选择单元格E2，在编辑栏中输入 "=COUNT (0/((B$2:B$11>ROW(A6)* 10)*(B$2:B$11<=ROW(A7)*10)))"。

| GEOMEAN ▼ : × ✓ fx | =COUNT(0/((B$2:B$11>ROW(A6)*10)*(B$2:B$11<=ROW(A7)*10))) |

输入数组公式

▲	A	B	C	D	E	F
1	姓名	成绩		分数段	人数	
2	李芳	88		=COUNT(0/((B$2:B$11>ROW(A6)*10)*B$2:B$11<=ROW(A7)*10)))
3	赵军	92		70-80		
4	钱飞	86		80-90		
5	周雪	75		90-100		
6	郑勇	68				
7	王中华	97				
8	冯玉芳	87				
9	陈明	92				
10	孙芳	66				
11	张明	81				

2 按下Ctrl+Shift+Enter组合键，将返回 60～70分数段的人数。

| E2 ▼ : × ✓ fx | {=COUNT(0/((B$2:B$11>ROW(A6)*10)*(B$2:B$11<=ROW(A7)*10)))} |

▲	A	B	C	D	E	F
1	姓名	成绩		分数段	人数	
2	李芳	88		60-70	2	
3	赵军	92		70-80		
4	钱飞	86		80-90		计算结果
5	周雪	75		90-100		
6	郑勇	68				
7	王中华	97				
8	冯玉芳	87				
9	陈明	92				
10	孙芳	66				
11	张明	81				

3 拖动单元格E2的填充手柄，将公式向下填充至单元格E5，公式将统计出其他分数段的人数。

| E2 ▼ : × ✓ fx | {=COUNT(0/((B$2:B$11>ROW(A6)*10)*(B$2:B$11<=ROW(A7)*10)))} |

▲	A	B	C	D	E	F
1	姓名	成绩		分数段	人数	
2	李芳	88		60-70	2	
3	赵军	92		70-80	1	
4	钱飞	86		80-90	4	
5	周雪	75		90-100	3	
6	郑勇	68				
7	王中华	97				
8	冯玉芳	87		填充公式		
9	陈明	92				
10	孙芳	66				
11	张明	81				

Hint 提示说明

本例中公式可以更改为 "=COUNT(((B$2:B$11>ROW(A6)*10)*(B$2:B$11<=ROW(A7)*10))^0)"。

| E2 ▼ : × fx | {=COUNT(((B$2:B$11>ROW(A6)*10)*(B$2:B$11<=ROW(A7)*10))^0)} |

输入公式

▲	A	B	C	D	E	F
1	姓名	成绩		分数段	人数	
2	李芳	88		60-70	2	
3	赵军	92		70-80	1	
4	钱飞	86		80-90	4	
5	周雪	75		90-100	3	
6	郑勇	68				
7	王中华	97				
8	陈明	92				
10	孙芳	66				

● Level ★★★☆   2013 2010 2007

如何利用 COUNTA 函数判断是否有人缺考？

● 实例：判断是否有人缺考

本例利用COUNTA函数计算成绩区域的成绩个数，再用ROWS函数和COLUMNS函数计算成绩区域单元格个数。如果成绩个数和单元格个数相等则没有缺考人员。下面介绍具体方法。

1 打开工作簿，在名称框中输入G2，按下Enter键，即可选中要输入公式的单元格G2。

G2	▼		输入G2	fx		
	A	B	C	D	E	F	G
1	姓名	语文	数学	地理	体育		是否有人缺考
2	赵华中	77	67	93	55		
3	钱明辉	79	81	81	50		
4	孙小勇	72	64	56			
5	李芳	64	56	53	90		
6	周敏	82		83	56		
7	吴玉华	89	91	61	75		
8	郑雪	92	60	90	75		
9	王军	62	56	99	100		
10	冯中华	77	55	100	59		

2 在单元格G2中输入公式"=IF(COUNTA(B2:E10)=ROWS(B2:E10)*COLUMNS(B2:E10),"没有","有")"。

AVERAGEA	▼	:	×	✓	fx	=IF(COUNTA(B2:E10)=ROWS(B2:E10)*COLUMNS(B2:E10),"没有","有")
	A	B	C	D	E	F	G
1	姓名	语文	数学	地理	体育		是否有人缺考
2	赵华中	77	67	93	55		=IF(COUNTA(B2:E10)
3	钱明辉	79	81	81	50		=ROWS(B2:E10)*
4	孙小勇	72	64	56			COLUMNS(B2:E10),
5	李芳	64	56	53	90		没有","有")
6	周敏	82		83	56		
7	吴玉华	89	91	61	75		输入公式
8	郑雪	92	60	90	75		
9	王军	62	56	99	100		
10	冯中华	77	55	100	59		

3 按下Enter键，将返回是否有人缺考。

G2	▼	:	×	✓	fx	{=IF(COUNTA(B2:E10)=ROWS(B2:E10)*COLUMNS(B2:E10),"没有","有")}
	A	B	C	D	E	F	G
1	姓名	语文	数学	地理	体育		是否有人缺考
2	赵华中	77	67	93	55		有
3	钱明辉	79	81	81	50		
4	孙小勇	72	64	56			计算结果
5	李芳	64	56	53	90		
6	周敏	82		83	56		
7	吴玉华	89	91	61	75		
8	郑雪	92	60	90	75		
9	王军	62	56	99	100		
10	冯中华	77	55	100	59		

4 如果计算一个区域有多少个单元格，可采用数组公式"=IF(COUNTA(B2:E10)=COUNTA(B2:E10*1),"没有","有")"。

G2	▼	:	×	✓	fx	{=IF(COUNTA(B2:E10)=COUNTA(B2:E10*1),"没有","有")}
	A	B	C	D	E	F	G
1	姓名	语文	数学	地理	体育		是否有人缺考
2	赵华中	77	67	93	55		有
3	钱明辉	79	81	81	50		输入数组公式
4	孙小勇	72	64	56			
5	李芳	64	56	53	90		
6	周敏	82		83	56		
7	吴玉华	89	91	61	75		
8	郑雪	92	60	90	75		
9	王军	62	56	99	100		
10	冯中华	77	55	100	59		

● Level ★★★☆

2013 2010 2007

如何利用FREQUENCY函数计算不同分数段的人数及频率分布?

● 实例：计算不同分数段的人数及频率分布

工作表中是10名学生的成绩总分，现需要计算成绩在500分以下、550分到600分及650分以上的人数。下面介绍使用FREQUENCY函数计算三个不连续区间的频率分布的方法。

1 选择单元格区域"E2:E5"，在编辑栏中单击"插入函数"按钮 f_x 。

	A	B	C	D	E
1	学生	总分		分数段	人数
2	赵福	489			
3	黄娟	578		550	
4	孙浩	558		600	
5	李秋	504			
6	周梅	632			
7	吴呈	625			
8	郑玉	498			
9	王艳	563			
10	冯兰	539			
11	陈芳	560			
12					

单击"插入函数"按钮

2 打开"插入函数"对话框，在"或选择类别"下拉列表中选择"统计"选项。

搜索函数(S)：

请输入一条简短说明来描述您想做什么，然后单击"转到" 转到(G)

或选择类别(C)：统计

选择函数(N)：

AVEDEV
AVERAGE
AVERAGEA
AVERAGEIF
AVERAGEIFS
BETA.DIST
BETA.INV

常用函数
全部
财务
日期与时间
数学与三角函数
统计
查找与引用
数据库
文本
逻辑
信息
工程

选择"统计"选项

AVEDEV(number...
返回一组数据点...
称、数组或包含数字的引用

可以是数字、名

3 在"插入函数"对话框中，选择"选择函数"列表框中的FREQUENCY函数。

搜索函数(S)：

请输入一条简短说明来描述您想做什么，然后单击"转到" 转到(G)

或选择类别(C)：统计

选择函数(N)：

F.INV.RT
F.TEST
FISHER
FISHERINV
FORECAST
FREQUENCY
GAMMA

选择FREQUENCY函数

FREQUENCY(data_array,bins_array)
以一列垂直数组返回一组数据的频率分布

4 单击"确定"按钮，打开"函数参数"对话框。

函数参数

FREQUENCY

Data_array

Bins_array

以一列垂直数组返回一组数据的频率分布

Data_array 用来计算频率的数组，或

计算结果 =

⑤ 单击Data_array文本框右侧的展开按钮，在数据区域中，选择单元格区域"B2:B11"。

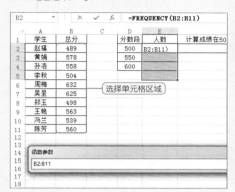

⑥ 按下 Enter 键返回"函数参数"对话框，单击 Bins_array 文本框右侧的展开按钮，在数据区域中选择单元格区域"D2:D4"。

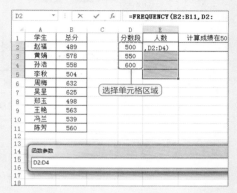

⑦ 按下Enter键，返回"函数参数"对话框，按下Ctrl+Shift+Enter组合键，将返回每个分数段的人数。

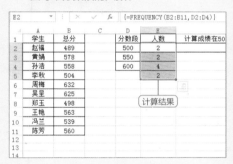

⑧ 单击要输入公式的单元格F2，将其选中。

⑨ 在单元格F2中输入公式"=SUM(LOOKUP({1,3,5},ROW(1:5),FREQUENCY(B2:B11,{500,550,600,650})))"。

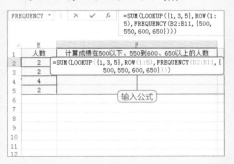

⑩ 按下Ctrl+Shift+Enter组合键，将返回三个不连续区间的人数，即成绩在500以下、500到600及650以上的人数。

● Level ★★★☆

2013 2010 2007

如何利用 COUNTBLANK 函数统计未检验完成的产品数?

● 实例：统计未检验完成的产品数

本例利用COUNTBLANK函数统计"B2:B11"区域中的空白单元格个数，从而计算未检验完成的产品数。下面介绍具体方法。

① 打开工作簿，在名称框中输入目标单元格的地址D2，按下Enter键，即可选定第D列和第2行交汇处的单元格。

	A	B	C	D
1	抽样产品	检验结果		未检验完成数
2	A			
3	B			
4	C	不合格		
5	D	合格		
6	E	合格		
7	F			
8	G	不合格		
9	H	不合格		
10	I	合格		

② 在"公式"选项卡中，单击"函数库"功能区中的"其他函数"按钮，在弹出的下拉列表中选择COUNTBLANK函数。

③ 打开"函数参数"对话框，在Range文本框中输入"B2:B11"。

④ 单击"确定"按钮，将返回未检验完成的产品数。

● Level ★★★☆

2013 2010 2007

如何利用 TRIMMEAN 函数统计评分？

● 实例：快速统计评分

学校举行一次演讲比赛，采用5个评分进行打分，然后去掉一个最高分，一个最低分，最后计算每名选手的平均分。下面介绍使用TRIMMEAN函数进行评分统计的方法。

1 选择单元格H2，在编辑栏中单击"插入函数"按钮 *fx*，打开"插入函数"对话框。

单击"插入函数"按钮

2 在"或选择类别"下拉列表中选择"统计"选项，在"选择函数"列表框中选择TRIMMEAN函数。

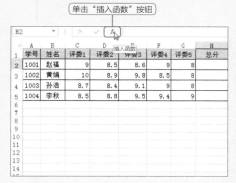

3 单击"确定"按钮，打开"函数参数"对话框，在Array文本框中输入"C2:G2"，在Percent文本框中输入0.4。

函数参数

TRIMMEAN

Array C2:G2 — 输入参数 — = {9,8.5,8.6,9,8}
Percent 0.4 = 0.4

= 8.7

返回一组数据的修剪平均值

Percent 为一分数，用于指定数据点集中

计算结果 = 8.7

4 单击"确定"按钮，将返回第一名学生的最后得分。将公式向下填充，统计出其他同学的最后得分。

统计最后得分

● Level ★★★☆   2013 2010 2007

如何利用 MEDIAN 函数计算销量的中间值及销售日期?

● 实例：计算销量的中间值及销售日期

某公司的日销售流量表使用Excel制作，A列为销售日期，B列为日期对应的销售量，现需计算销量的中间值及销售日期。下面介绍使用MEDIAN函数计算销量的中间值和销售日期的方法。

1 选择单元格D2，在"公式"选项卡中，单击"函数库"功能区中的"插入函数"按钮 fx。

| 文件 | 开始 | 插入 | 页面布局 | 公式 | 数据 | 审阅 |

fx 插入函数
Σ 自动求和 ▾
最近使用的函数 ▾
财务 ▾
逻辑 ▾
文本 ▾
日期和时间 ▾
名称管理器
定义

函数库

单击"插入函数"按钮

	A	B	C	D
1	日期	销量		销量的中间值
2	8月5日	562		
3	8月9日	325		
4	8月10日	652		
5	8月11日	256		
6	8月12日	326		

2 打开"插入函数"对话框，单击"或选择类别"下拉按钮，在弹出的下拉列表中选择"统计"选项。

插入函数

搜索函数(S):
请输入一条简短说明来描述您想做什么，然后单击"转到" [转到(G)]

或选择类别(C): 常用函数 ▾

选择函数(N):
常用函数
全部
财务
日期与时间
数学与三角函数
统计   选择"统计"选项
查找与引用
数据库
文本
逻辑
信息
工程

TRIMMEAN
FREQUENCY
COUNTBLAN
GEOMEAN
AVERAGEIFS
DMAX
AVERAGEIF
TRIMMEAN(a
返回一组数据的

3 在"插入函数"对话框中，选择"选择函数"列表框中的MEDIAN函数。

插入函数

搜索函数(S):
请输入一条简短说明来描述您想做什么，然后单击"转到" [转到(G)]

或选择类别(C): 统计 ▾

选择函数(N):
MAXA
MEDIAN   选择MEDIAN函数
MIN
MINA
MODE.MULT
MODE.SNGL
NEGBINOM.DIST

MEDIAN(number1,number2,...)
返回一组数的中值

4 单击"确定"按钮，打开"函数参数"对话框。

函数参数

MEDIAN
Number1 [   ] = 数值
Number2 [   ] = 数值

=

返回一组数的中值

Number1: number1,number2,... 是用于中值计算的 1 到组，或者是数值引用

计算结果 =

5 单击Number1文本框右侧的展开按钮，在数据区域中，选择单元格区域"B2:B10"。

6 按下Enter键，返回"函数参数"对话框，单击"确定"按钮，返回单元格区域"B2:B10"的中间值。

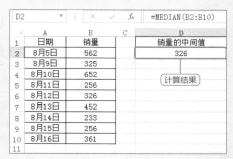

7 如果要计算销量中间值的销售日期，则选择要输入公式所在的单元格D3。

8 在单元格D3中输入公式"=INDEX(A2:A10,MATCH(MEDIAN(B2:B10),B2:B10))"。

9 按下Enter键，单元格D3显示的是数字，并不是日期。这是因为单元格D3的格式并不是日期格式。

10 选中单元格D3，在"开始"选项卡中，单击"数字"功能区中"数字格式"按钮，在弹出的下拉列表中选择"短日期"格式，即可显示销售中间值的日期。

● Level ★★★☆

2013 2010 2007

如何利用 HARMEAN 函数计算平均产量?

● 实例: 计算平均产量

HARMEAN函数用于返回数据集的调和平均值。数据集的调和平均值与数据集倒数的算术平均值互为倒数。下面介绍使用HARMEAN函数计算平均产量的方法。

1 打开工作簿,在名称框中输入目标单元格的地址E1,按下Enter键即可选定第E列和第1行交汇处的单元格。

	A	B	C	D	E	F
1	日期	产量		平均产量		
2	第1天	405				
3	第2天	389				
4	第3天	286				
5	第4天	425				
6	第5天	365				
7						

E1 ▼ 输入E1 f_x

2 在"公式"选项卡中,单击"函数库"功能区中的"其他函数"按钮,在弹出的下拉列表中选择HARMEAN函数。

3 打开"函数参数"对话框,在Number1文本框中输入"B2:B6"。

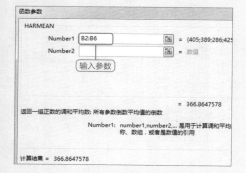

函数参数

HARMEAN

Number1 B2:B6 = {405;389;286;425

Number2 = 数值

输入参数

= 366.8647578

返回一组正数的调和平均数:所有参数倒数平均值的倒数

Number1: number1,number2,... 是用于计算调和平均称、数组,或者是数值的引用

计算结果 = 366.8647578

4 单击"确定"按钮,将返回第一天开始至第五天每天的平均产量。

E1 ▼ : × ✓ f_x =HARMEAN(B2:B6)

	A	B	C	D	E	F
1	日期	产量		平均产量	366.8648	
2	第1天	405				
3	第2天	389		计算结果		
4	第3天	286				
5	第4天	425				
6	第5天	365				
7						

● Level ★★★☆   [2013] [2010] [2007]

如何利用 AVEDEV 函数计算零件质量系数的平均偏差？

● 实例：计算零件质量系数的平均偏差

AVEDEV函数用于计算一组数据与其平均值的绝对偏差的平均值，可计算一组数据的离散度。下面介绍使用AVEDEV函数计算零件质量系数的平均偏差的方法。

1 打开工作簿，在名称框中输入目标单元格的地址如E1，按下Enter键即可选定第E列和第1行交汇处的单元格。

	A	B	C	D	E
1	编号	零件质量系数		平均偏差	
2	1	36			
3	2	72			
4	3	37			
5	4	53			
6	5	30			
7	6	76			
8	7	19			
9	8	56			
10	9	37			

输入E1

2 在"公式"选项卡中，单击"函数库"功能区中的"其他函数"按钮，在弹出的下拉列表中选择AVEDEV函数。

选择AVEDEV函数

统计(S) ▸ AVEDEV / AVERAGE / AVERAGEA / AVERAGEIF / AVERAGEIFS / BETA.DIST / BETA.INV / BINOM.DIST / BINOM.DIST.RANGE / BINOM.INV / CHISQ.DIST / CHISQ.DIST.RT / CHISQ.INV

3 打开"函数参数"对话框，在Number1文本框中输入"B2:B10"。

函数参数

AVEDEV

Number1 B2:B10   =
Number2   =

输入参数

返回一组数据点到其算术平均值的绝对偏差的平均值。参数可以

Number1: number1,number2...

4 单击"确定"按钮，将返回零件质量系数的平均偏差。

E1   fx =AVEDEV(B2:B10)

	A	B	C	D	E
1	编号	零件质量系数		平均偏差	16.02469
2	1	36			
3	2	72			计算结果
4	3	37			
5	4	53			
6	5	30			
7	6	76			
8	7	19			
9	8	56			
10	9	37			

● Level ★★★★

如何利用 MODE.SNGL 函数对各月销售额进行趋中型分析？

● 实例：计算平均数、中位数和众数

通过调用趋中型函数来描述各月的销售额情况，分别计算出描述数据趋中型最重要的三个指标：平均数、中位数和众数。下面介绍使用MODE.SNGL函数对各月销售额进行趋中型分析的方法。

① 打开工作簿，在工作表的空白区域中，分别添加"销售额平均数"、"销售额中位数"和"销售额众数"。

	A	B	C	D	E
1	企业各月销售额				
2	月份	销售额			
3	1	$20,500			
4	2	$19,800		销售额平均额	
5	3	$21,000		销售额中位数	
6	4	$16,900		销售额众数	
7	5	$21,500			
8	6	$18,000			
9	7	$17,600		添加数据	
10	8	$19,800			
11	9	$22,000			
12	10	$18,000			
13	11	$19,800			
14	12	$21,000			

② 选择单元格E4，在"公式"选项卡中，单击"函数库"功能区中的"插入函数"按钮 f_x。

文件　开始　插入　页面布局　公式　数据　审阅　视图

f_x 插入函数　∑ 自动求和 ·　逻辑 ·　查找与引用 ·
最近使用的函数 ·　文本 ·　数学和三角函数 ·
财务 ·　日期和时间 ·　其他函数 ·

函数库

单击"插入函数"按钮

	A	B	C	D	E
1	企业各月销售额				
2	月份	销售额			
3	1	$20,500			
4	2	$19,800		销售额平均额	
5	3	$21,000		销售额中位数	
6	4	$16,900		销售额众数	
7	5	$21,500			
8	6	$18,000			

③ 打开"插入函数"对话框，在"或选择类别"下拉列表中选择"统计"选项，在"选择函数"列表框中选择AVERAGE函数。

插入函数

搜索函数(S)：
请输入一条简短说明来描述您想做什么，然后单击"转到"　转到(G)

或选择类别(C)：统计

选择函数(N)：
AVEDEV
AVERAGE　　选择AVERAGE函数
AVERAGEA
AVERAGEIF
AVERAGEIFS
BETA.DIST
BETA.INV

AVERAGE(number1,number2,...)
返回其参数的算术平均值；参数可以是数值或包含数值的名称、数组或引用

④ 单击"确定"按钮，打开"函数参数"对话框，在Number1文本框中输入"B3：B14"，单击"确定"按钮。

函数参数

AVERAGE
Number1　B3:B14　　　= {20500;19800;21000;1
Number2　　　　　　　= 数值

输入参数

= 19725

返回其参数的算术平均值；参数可以是数值或包含数值的名称、数组或引用

Number1: number1,number2,... 是用于计算平均值的 1

5 单击"确定"按钮后，在单元格E4中计算出销售额平均数。

6 选择单元格E5，单击编辑栏中的"插入函数"按钮 *ƒx*，打开"插入函数"对话框，选择MEDIAN函数。

7 打开"函数参数"对话框，在Number1文本框中输入"B3:B14"，然后单击"确定"按钮。

8 计算销售额中位数，当然也可以在单元格中输入公式"=MEDIAN(B3:B14)"来计算。

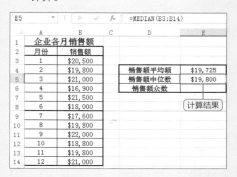

9 选择单元格E6，打开"插入函数"对话框，选择MODE.SNGL函数，然后单击"确定"按钮。

10 打开"函数参数"对话框，在Number1文本框中输入"B3:B14"，单击"确定"按钮，计算出销售额众数。

● Level ★★★☆

2013 2010 2007

如何利用 MIN 函数计算产品的最小利润率？

● 实例：计算产品的最小利润率

某超市列出了目前销售产品的利润率，现要求统计出不同类别产品的最小利润率。函数MIN的功能是返回参数中的最小值。下面介绍使用MIN函数计算不同类别产品最小利润率的方法。

1 打开工作簿，在工作表的空白区域，分别添加"文具类最小利润率"、"厨具类最小利润率"和"家具类最小利润率"。

	A	B	C	D
	产品	利润率		
1				
2	洗衣机（家电类）	14.50%		
3	电炒锅（厨具类）	23.60%		文具类最小利润率
4	笔筒（文具类）	16.90%		
5	电视（家电类）	20.30%		
6	洗衣粉（洗涤类）			厨具类最小利润率
7	菜刀（厨具类）	23.50%		
8	文具盒（文具类）	10.50%		
9	毛笔（文具类）	15.60%		家电类最小利润率
10	收音机（家电类）	20.30%		
11	香皂（洗涤类）	16.80%		

D3　文具类最小利润率　（添加数据）

2 计算文具类最小利润率，在单元格D4中输入公式"=TEXT(MIN(IF(ISNUMBER(SEARCH("（文具类",A2:A11)),B2:B11)), "0.00%")"。

MODE.SNGL　=TEXT(MIN(IF(ISNUMBER(SEARCH("（文具类",A2:A11)),B2:B11)), "0.00%")

	A	B	C	D
1	产品	利润率		
2	洗衣机（家电类）	14.50%		
3	电炒锅（厨具类）	23.60%		文具类最小利润率
4	笔筒（文具类）	16.90%		=TEXT(MIN(IF(ISNUMBER(SEARCH("（文具类",A2:A11)),B2:B11)), "0.00%")
5	电视（家电类）	20.30%		
6	洗衣粉（洗涤类）	12.60%		
7	菜刀（厨具类）	23.50%		
8	文具盒（文具类）	10.50%		
9	毛笔（文具类）	15.60%		家电类最小利润率
10	收音机（家电类）	20.30%		
11	香皂（洗涤类）	16.80%		

输入公式

3 按下Ctrl+Shift+Enter组合键，将返回文具类产品的最小利润率。

D4　{=TEXT(MIN(IF(ISNUMBER(SEARCH("（文具类",A2:A11)),B2:B11)), "0.00%")}

	A	B	C	D
1	产品	利润率		
2	洗衣机（家电类）	14.50%		
3	电炒锅（厨具类）	23.60%		文具类最小利润率
4	笔筒（文具类）	16.90%		10.50%
5	电视（家电类）	20.30%		
6	洗衣粉（洗涤类）	12.60%		厨具类最小利润率
7	菜刀（厨具类）	23.50%		
8	文具盒（文具类）	10.50%		
9	毛笔（文具类）	15.60%		家电类最小利润率

计算结果

4 计算厨具类产品最小利润率，在工作表中选择单元格D7。

D7

	A	B	C	D
1	产品	利润率		
2	洗衣机（家电类）	14.50%		
3	电炒锅（厨具类）	23.60%		文具类最小利润率
4	笔筒（文具类）	16.90%		10.50%
5	电视（家电类）	20.30%		
6	洗衣粉（洗涤类）	12.60%		厨具类最小利润率
7	菜刀（厨具类）	23.50%		
8	文具盒（文具类）	10.50%		
9	毛笔（文具类）	15.60%		家
10	收音机（家电类）	20.30%		

选择单元格

5 在单元格D7输入数组公式"=TEXT (MIN (IF(ISNUMBER(SEARCH("(厨具 类",A2:A11)),B2:B11)),"0.00%")"。

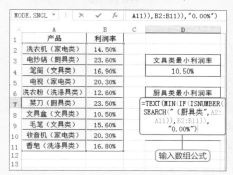

6 按下Ctrl+Shift+Enter组合键,将返回厨 具类产品的最小利润率。

7 计算家具类产品最小利润率,在工作表中 选择单元格D10。

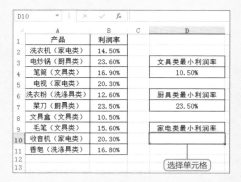

8 在单元格D10输入数组公式"=TEXT (MIN(IF(ISNUMBER(SEARCH("(家电 类",A2:A11)),B2:B11)),"0.00%")"。

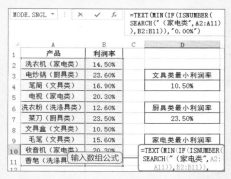

Hint 提示说明

若要计算家电类最大利润率,则选中单元格D11, 在编辑栏中输入数组公式"=TEXT(MAX (ISNUMBER(SEARCH("(家电类",A2:A11)), B2:B11)),"0.00%")",按下Ctrl+Shift+Enter组 合键,将返回家电类产品的最大利润率。

9 按下Ctrl+Shift+Enter组合键,将返回家 电类产品的最小利润率。

● Level ★★★☆　　　2013 2010 2007

如何利用 SMALL 函数将产量升序排列？

● 实例：产量升序排列及最后几名产量的平均值

函数SMALL的功能是求一组数值中第K个最小值。本例利用SMALL函数返回引用区域的最小值，利用ROW函数产生序列，从而实现提取产量进行排列。下面介绍使用SMALL函数将产量升序排列的方法。

1 选择单元格G2，单击编辑栏中的"插入函数"按钮 *fx*。

单击"插入函数"按钮

	A	B	C	D	E	F	G
1	工号	姓名	性别	部门	产量		产量升序排列
2	XL1003	蒋结志	女	一车间	254		
3	XL1005	周来胜	男	二车间	256		
4	XL1007	李秀艳	女	三车间	152		
5	XL1009	刘宇林	男	一车间	350		
6	XL1011	周国雄	男	二车间	280		
7	XL1013	黄宝利	女	三车间	360		
8	XL1015	柏学武	男	二车间	224		
9	XL1017	歌迟梅	女	二车间	180		
10	XL1019	何小兵	男	三车间	386		

2 在弹出的"插入函数"对话框中，选择"或选择类别"下拉列表中的"统计"选项。

插入函数

搜索函数(S)：
请输入一条简短说明来描述您想做什么，然后单击"转到"　　转到(G)

或选择类别(C)：常用函数
常用函数
全部
财务
日期与时间
数学与三角函数
统计 ← 选择"统计"选项
查找与引用
数据库
文本
逻辑
信息
工程

选择函数(N)：
AVEDEV
MODE.SNGL
MEDIAN
AVERAGE
HARMEAN
TEXT
TRIMMEAN

AVEDEV(number...可以是数字、名称、数组或包含数字的引用

3 在"插入函数"对话框中，选择"选择函数"列表框中的SMALL函数，然后单击"确定"按钮。

插入函数

搜索函数(S)：
请输入一条简短说明来描述您想做什么，然后单击"转到"　　转到(G)

或选择类别(C)：统计

选择函数(N)：
SKEW.P
SLOPE
SMALL ← 选择SMALL函数
STANDARDIZE
STDEV.P
STDEV.S
STDEVA

SMALL(array,k)
返回数据组中第 k 个最小值

4 打开"函数参数"对话框，在Array文本框中输入"E\$2:E\$10"，在K文本框中输入"ROW(A1)"。

函数参数

SMALL

Array E\$2:E\$10 ← 输入参数 ⬚ = {254;256;

K Row(A1) ⬚ = 1

= 152

返回数组中第 k 个最小值

K 要返回的最小值点在数

⑤ 单击"确定"按钮，提取出最小的产量。

	A	B	C	D	E		
1	工号	姓名	性别	部门	产量		产量升序排列
2	XL1003	蒋结志	女	一车间	254		152
3	XL1005	周来胜	男	二车间	256		
4	XL1007	李秀艳	女	三车间	152		
5	XL1009	刘宇林	男	一车间	350		计算结果
6	XL1011	周国雄	男	二车间	280		
7	XL1013	黄宝利	女	三车间	360		
8	XL1015	柏学武	男	二车间	224		
9	XL1017	欧迟梅	女	一车间	180		
10	XL1019	何小兵	男	三车间	386		

G2 fx =SMALL(E$2:E$10,ROW(A1))

⑥ 拖动单元格G2的填充手柄向下填充至单元格G10，提取其他产量。

	A	B	C	D	E		
1	工号	姓名	性别	部门	产量		产量升序排列
2	XL1003	蒋结志	女	一车间	254		152
3	XL1005	周来胜	男	二车间	256		180
4	XL1007	李秀艳	女	三车间	152		224
5	XL1009	刘宇林	男	一车间	350		254
6	XL1011	周国雄	男	二车间	280		256
7	XL1013	黄宝利	女	三车间	360		280
8	XL1015	柏学武	男	二车间	224		350
9	XL1017	欧迟梅	女	一车间	180		360
10	XL1019	何小兵	男	三车间	386		386

G2 fx =SMALL(E$2:E$10,ROW(A1))

填充公式

⑦ 选择单元格H2，在编辑栏中输入公式"=AVERAGE(SMALL(E2:E10,{1,2,3}))"。

	C	D	E	F	G	H
1	性别	部门	产量		产量升序排列	最后三名平均产量
2	女	一车间	254		15	输入公式 VERAGE(
3	男	二车间	256		180	SMALL(E2:E10,{
4	女	三车间	152		224	1,2,3}))
5	男	一车间	350		254	
6	男	二车间	280		256	
7	女	三车间	360		280	
8	男	二车间	224		350	
9	女	一车间	180		360	
10	男	三车间	386		386	

SMALL fx =AVERAGE(SMALL(E2:E10,{1,2,3}))

⑧ 按下Enter键，将返回最后三个最小产量的平均值。

	C	D	E	F	G	H
1	性别	部门	产量		产量升序排列	最后三名平均产量
2	女	一车间	254		152	185.3333333
3	男	二车间	256		180	
4	女	三车间	152		224	最后五名平均产量
5	男	一车间	350		254	计算结果
6	男	二车间	280		256	
7	女	三车间	360		280	
8	男	二车间	224		350	
9	女	一车间	180		360	
10	男	三车间	386		386	

H2 fx =AVERAGE(SMALL(E2:E10,{1,2,3}))

⑨ 选择单元格H5，在编辑栏中输入公式"=AVERAGE(SMALL(E2:E10,{1,2,3,4,5}))"。

	C	D	E	F	G	H
1	性别	部门	产量		产量升序排列	最后三名平均产量
2	女	一车间	254		152	输入公式 5.3333333
3	男	二车间	256		180	
4	女	三车间	152		224	最后五名平均产量
5	男	一车间	350		254	=AVERAGE(
6	男	二车间	280		256	SMALL(E2:E10,{
7	女	三车间	360		280	1,2,3,4,5}))
8	男	二车间	224		350	
9	女	一车间	180		360	
10	男	三车间	386		386	

SMALL fx =AVERAGE(SMALL(E2:E10,{1,2,3,4,5}))

⑩ 按下Enter键，将返回最后五个最小产量的平均值。

	C	D	E	F	G	H
1	性别	部门	产量		产量升序排列	最后三名平均产量
2	女	一车间	254		152	185.3333333
3	男	二车间	256		180	
4	女	三车间	152		224	最后五名平均产量
5	男	一车间	350		254	213.2
6	男	二车间	280		256	
7	女	三车间	360		280	计算结果
8	男	二车间	224		350	
9	女	一车间	180		360	
10	男	三车间	386		386	

H5 fx =AVERAGE(SMALL(E2:E10,{1,2,3,4,5}))

● Level ★★★☆

[2013] [2010] [2007]

Question 181

如何利用 COUNTIFS 函数统计年龄大于 45 岁的劳模人数?

● 实例：统计年龄大于45岁的劳模人数

本例公式利用两个条件作为COUNTIFS函数的参数，用于计算B列为"劳模"、C列满足">45"条件的数据个数。下面介绍使用COUNTIFS函数统计年龄大于45岁劳模人数的方法。

1 选择单元格E2，在编辑栏中单击"插入函数"按钮 f_x。

	A	B	C	
	姓名	成份	年龄	单击"插入函数"按钮
1	姓名	成份	年龄	大于45岁的劳模人数
2	陈苏艳	劳模	53	
3	苏红军	先进工作者	49	
4	孙小英	先进工作者	55	
5	李芳	普通职工	34	
6	周敏	劳模	35	
7	吴勇	先进工作者	34	
8	郑辉	普通职工	26	
9	王卫国	劳模	51	
10	冯天明	先进工作者	25	
11	张艳	劳模	46	

2 打开"插入函数"对话框，选择"统计"类别中的COUNTIFS函数。

插入函数

搜索函数(S):

请输入一条简短说明来描述您想做什么，然后单击"转到"   转到(G)

或选择类别(C): 统计

选择函数(N):

COUNT
COUNTA
COUNTBLANK
COUNTIF
COUNTIFS   选择COUNTIFS函数
COVARIANCE.P
COVARIANCE.S

COUNTIFS(criteria_range,criteria,...)
统计一组给定条件所指定的单元格数

3 单击"确定"按钮，打开"函数参数"对话框，输入相应的函数参数。

函数参数

COUNTIFS

Criteria_range1 B2:B11   = {"劳模";"先进工...
Criteria1 "劳模"   = "劳模"
Criteria_range2 C2:C11 输入参数 = {53;49;55;34;35...
Criteria2 ">45"   = ">45"
Criteria_range3   = 引用

= 3

统计一组给定条件所指定的单元格数

Criteria2: 是数字、表达式或文本形式的条件，它定...

计算结果 = 3

4 单击"确定"按钮，公式将返回大于45岁的劳模人数。

E2 f_x =COUNTIFS(B2:B11,"劳模",C2:C11,">45")

	A	B	C	D	E
1	姓名	成份	年龄		大于45岁的劳模人数
2	陈苏艳	劳模	53		3
3	苏红军	先进工作者	49		
4	孙小英	先进工作者	55		计算结果
5	李芳	普通职工	34		
6	周敏	劳模	35		
7	吴勇	先进工作者	34		
8	郑辉	普通职工	26		
9	王卫国	劳模	51		
10	冯天明	先进工作者	25		
11	张艳	劳模	46		

● Level ★★★☆

2013 2010 2007

如何利用 RANK.AVG 函数对年度考核进行排名？

● 实例：对年度考核进行排名

某公司对每名员工每个季度都进行考核，现要求计算年度考核总分并进行排名。函数RANK.AVG的功能是返回一组数字的排列顺序。下面介绍利用RANK.AVG函数对年度考核进行排名的方法。

① 选择单元格G3，在"公式"选项卡中，单击"函数库"功能区中的"自动求和"按钮 Σ。

② 按下Enter键，将自动计算出年度考核总分。

员工编号	员工姓名	第一季度考核成绩	第二季度考核成绩	第三季度考核成绩	第四季度考核成绩	年度考核总分
0001	方大为	94.5	97.5	92	96	380
0002	谭鹏程	100	98	99	100	397
0003	王小毅	95	90	95	90	370
0004	龚海军	90	88	96	87.4	361.4
0005	高敏	85.6	85.8	97	85	353.4
0006	尚春春	84	85	95.8	84.1	348.9
0007	管兆昶	83	82	94.6	83.6	343.2
0008	李栋梁	83	90	93.4	84.6	351

③ 拖动单元格G3的填充手柄，向下填充至单元格G10，计算出其他员工的年度考核总分。

④ 选择单元格C11，在编辑栏中输入公式 "=SUM(C3:C10)"，按下Enter键，计算出各季度考核总分。

·**127**·

⑤ 拖动单元格C11的填充手柄，向右填充至单元格F11，计算出其他员工的各季度考核总分。

填充公式

⑥ 选择单元格C12，在"公式"选项卡中，单击"函数库"功能区中的"其他函数"按钮，在弹出的列表中选择"统计"中的AVERAGE函数。

选择AVERAGE函数

⑦ 打开"函数参数"对话框，在Number1文本框中输入"C3:C11"。

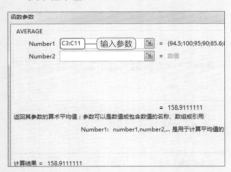

输入参数

⑧ 单击"确定"按钮，即可在单元格C12中显示计算结果。

计算结果

⑨ 拖动单元格C12的填充手柄，向右填充至单元格F12，计算出其他员工的各季度考核平均分。

填充公式

⑩ 选择单元格I3，在"公式"选项卡中，单击"函数库"功能区中的"逻辑"按钮，在弹出的列表中选择IF函数。

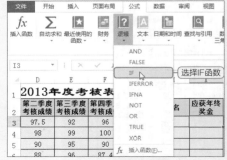

选择IF函数

⑪ 打开"函数参数"对话框，输入如下参数。

⑫ 单击"确定"按钮，在单元格I3中显示相应员工是否能够获得年终奖。

⑬ 拖动单元格I3的填充手柄，向下填充至单元格I10，判断其他员工是否能够获得年终奖。

⑭ 选择单元格H3，单击"编辑栏"的"插入函数"按钮，打开"插入函数"对话框，选择"统计"类别的RANK.AVG函数。

⑮ 打开"函数参数"对话框，在Number文本框中输入"G3"，在Ref文本框中输入"$G$3:$G$10"。

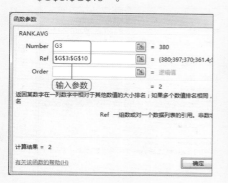

⑯ 单击"确定"按钮，然后拖动单元格G3的填充手柄，向下填充至单元格G10，对所有员工进行排名。

● Level ★★★☆   2013 2010 2007

如何利用 VAR.S 函数对各月销售额进行差异性分析?

● 实例：计算销售额全距、方差、标准差和四分位数

本例通过调用差异性数据分析函数来描述企业各月的销售额情况，分别求出描述数据趋中型分布最重要的4个指标。下面介绍使用VAR.S函数对各月销售额进行差异性分析的方法。

1 打开工作簿，在工作表空白处，分别添加"销售额全距"、"销售额方差"、"销售额标准差"和"销售额四分位数"。

	A	B	C	D	E
1	企业各月销售额				
2	月份	销售额			
3	1	$20,500			
4	2	$19,800		销售额全距	
5	3	$21,000		销售额方差	
6	4	$16,900		销售额标准差	
7	5	$21,500		销售额四分位数	
8	6	$18,000			
9	7	$17,600		添加数据	
10	8	$19,800			
11	9	$22,000			
12	10	$18,800			
13	11	$19,800			
14	12	$21,000			
15					

2 计算该年销售额的全距值。在单元格E4中输入公式"=MAX(B3:B14)-MIN(B3:B14)"。

RANK.AVG ▾ : × ✓ fx =MAX(B3:B14)-MIN(B3:B14)

	A	B	C	D	E
1	企业各月销售额			输入公式	
2	月份	销售额			
3	1	$20,500			
4	2	$19,800		销售额全距	=MAX(B3:B14)-MIN(B3:B14)
5	3	$21,000		销售额方差	
6	4	$16,900		销售额标准差	
7	5	$21,500		销售额四分位数	
8	6	$18,000			
9	7	$17,600			
10	8	$19,800			
11	9	$22,000			
12	10	$18,800			
13	11	$21,000			

3 按下Enter键，即可计算出销售额全距，单元格E4中显示出计算结果。

E4 ▾ : × ✓ fx =MAX(B3:B14)-MIN(B3:B14)

	A	B	C	D	E
1	企业各月销售额				
2	月份	销售额			
3	1	$20,500			
4	2	$19,800		销售额全距	$5,100
5	3	$21,000		销售额方差	
6	4	$16,900		销售额标准差	
7	5	$21,500		销售额四分位数	计算结果
8	6	$18,000			
9	7	$17,600			
10	8	$19,800			
11	9	$22,000			
12	10	$18,800			
13	11	$19,800			
14	12	$21,000			
15					
16					

4 选择单元格E5，打开"插入函数"对话框，选择"统计"类别中的VAR.S函数。

插入函数 ? ✕

搜索函数(S):

请输入一条简短说明来描述您想做什么，然后单击"转到" [转到(G)]

或选择类别(C): 统计

选择函数(N):

TRIMMEAN
VAR.P
VAR.S   选择VAR.S函数
VARA
VARPA
WEIBULL.DIST
Z.TEST

VAR.S(number1,number2,...)
估算基于给定样本的方差(忽略样本中的逻辑值及文本)

5 打开"函数参数"对话框，在Number1文本框中输入"B3:B14"，然后单击"确定"按钮。

6 单元格E5中已经得出了计算出的销售额方差值，当然也可在单元格中输入公式"=VAR.S(B3:B14)"来实现。

E5			fx	=VAR.S(B3:B14)
	A	B	C	D	E
1	企业各月销售额				
2	月份	销售额			
3	1	$20,500			
4	2	$19,800		销售额全距	$5,100
5	3	$21,000		销售额方差	$2,592,955
6	4	$16,900		销售额标准差	
7	5	$21,500		销售额四分位数	
8	6	$18,000			计算结果
9	7	$17,600			
10	8	$19,800			
11	9	$22,000			
12	10	$18,800			
13	11	$19,800			
14	12	$21,000			

7 选择单元格E6，打开"插入函数"对话框，在"或选择类别"下拉列表中选择"统计"选项，在"选择函数"列表框中选择STDEV.S函数。

插入函数

搜索函数(S):

请输入一条简短说明来描述您想做什么，然后单击"转到" [转到(G)]

或选择类别(C): 统计

选择函数(N):

STANDARDIZE
STDEV.P
STDEV.S   选择STDEV.S函数
STDEVA
STDEVPA
STEYX
T.DIST

STDEV.S(number1,number2,...)
估算基于给定样本的标准偏差(忽略样本中的逻辑值及文本)

8 单击"确定"按钮，在"函数参数"对话框的Number1文本框中输入"B3:B14"，然后单击"确定"按钮，计算出销售额的标准差。

E6			fx	=STDEV.S(B3:B14)
	A	B	C	D	E
1	企业各月销售额				
2	月份	销售额			
3	1	$20,500			
4	2	$19,800		销售额全距	$5,100
5	3	$21,000		销售额方差	$2,592,955
6	4	$16,900		销售额标准差	$1,610
7	5	$21,500		销售额四分位数	
8	6	$18,000			
9	7	$17,600			计算结果
10	8	$19,800			
11	9	$22,000			
12	10	$18,800			
13	11	$19,800			
14	12	$21,000			

9 在单元格E7中输入公式"=PERCENTILE(B3:B14,0.75)-PERCENTILE(B3:B14,0.25)"。

10 按下Enter键，可以得到销售额的四分位数间距值。

E7			fx	=PERCENTILE(B3:B14,0.75)- PERCENTILE(B3:B14,0.25)
	A	B	C	D	E
1	企业各月销售额				
2	月份	销售额			
3	1	$20,500			
4	2	$19,800		销售额全距	$5,100
5	3	$21,000		销售额方差	$2,592,955
6	4	$16,900		销售额标准差	$1,610
7	5	$21,500		销售额四分位数	$2,400
8	6	$18,000			
9	7	$17,600			
10	8	$19,800			计算结果
11	9	$22,000			
12	10	$18,800			
13	11	$19,800			

● Level ★★★☆　　2013 2010 2007

如何利用 MATCH 函数 预测成本?

● 实例：根据高低法预测成本

高低点法是指通过在历史成本数据中寻找产量最高和产量最低的两个点，并据此确定固定成本和单位变动成本的方法。下面介绍使用MATCH函数预测成本的方法。

---

1 选择单元格 B2，单击编辑栏中的"插入函数"按钮 *fx*，打开"插入函数"对话框，选择"日期与时间"类别中的 YEAR 函数。

插入函数 ? X

搜索函数(S):

请输入一条简短说明来描述您想做什么，然后单击"转到" | 转到(G)

或选择类别(C): 日期与时间 ▼

选择函数(N):

TODAY
WEEKDAY
WEEKNUM
WORKDAY
WORKDAY.INTL
YEAR ── 选择YEAR函数
YEARFRAC

YEAR(serial_number)
返回日期的年份值，一个 1900-9999 之间的数字。

2 单击"确定"按钮，打开"函数参数"对话框，在Serial_number文本框中输入"Today()"。

函数参数

YEAR

Serial_number [Today()]── 输入参数

返回日期的年份值，一个 1900-9999 之间的数字。

Serial_number Microsoft Ex

计算结果 = 可变的

---

3 单击"确定"按钮，单元格B2中显示出当前年度值。

| B2 | | ▼ | : | × | ✓ | *fx* | =YEAR(TODAY()) |

	A	B	C	D	E
1					
2	年度：	2014	计算结果		
3	基本数据				
4	月份	1	2	3	4
5	产量	1880	1890	2050	2200
6	生产成本	19900	21000	23300	23400
7	成本预测				
8	最高产量				
9	最低产量				
10	单位变动成本				

4 选择单元格C8，在"公式"选项卡中，单击"函数库"功能区中的"插入函数"按钮 *fx*。

---

5 在弹出的"插入函数"对话框中，选择"或选择类别"下拉列表中的"统计"选项，在"选择函数"列表框中选择MAX函数。

6 单击"确定"按钮，打开"函数参数"对话框，在Number1文本框中输入"B5: M5"。

7 单击"确定"按钮，计算出最高产量。

8 选择单元格C9，在"公式"选项卡中，单击"函数库"功能区中的"其他函数"按钮，在弹出的下拉列表中选择"统计"中的MIN函数。

9 在弹出的"函数参数"对话框中，输入相应的参数。

10 单击"确定"按钮，计算出最低产量。

11 选择单元格J8，在编辑栏中单击"插入函数"按钮 *f*，打开"插入函数"对话框。

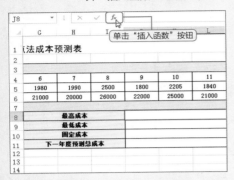

单击"插入函数"按钮

12 在"或选择类别"下拉列表中选择"查找与引用"选项，在"选择函数"列表中选择INDEX函数。

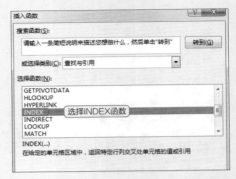

选择INDEX函数

13 单击"确定"按钮，在弹出的"选定参数"对话框中选择数组形式。

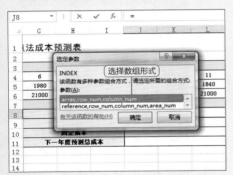

选择数组形式

14 单击"确定"按钮，在弹出的"函数参数"对话框中输入相应的参数。

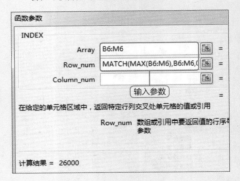

输入参数

15 单击"确定"按钮，计算出最高成本。

计算结果

16 选择单元格J9，打开"插入函数"对话框，选择"查找与引用"类别中的INDEX函数。

选择INDEX函数

⓱ 单击"确定"按钮，在弹出的"选定参数"对话框中选择数组形式。

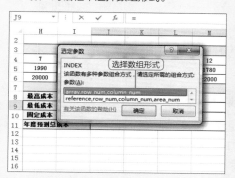

⓲ 单击"确定"按钮，在弹出的"函数参数"对话框中输入相应的参数。

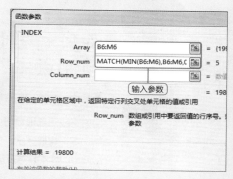

⓳ 单击"确定"按钮，计算出最低成本。

	H	I	J	K	L	M
J9				=INDEX(B6:M6,MATCH(MIN(B6:M6),B6:M6,0))		
2						
3						
4	7	8	9	10	11	12
5	1990	2500	1800	2205	1840	1780
6	20000	26000	22000	25000	21000	22000
7						
8	最高成本		26000			
9	最低成本		19800			
10	固定成本					
11	年度预测总成本					
12			计算结果			
13						
14						
15						

⓴ 选择单元格C10，在编辑栏中输入公式"=(J8-J9)/(C8-C9)"，按下Enter键，计算单位变动成本。

	A	B	C	D	E	F
C10			=(J8-J9)/(C8-C9)			
2	年度：	2014				
3	基本数据					
4	月份	1	2	3	4	5
5	产量	1880	1890	2050	2200	2150
6	生产成本	19900	21000	23300	23400	19800
7	成本预测					
8	最高产量		2500			
9	最低产量		1780			
10	单位变动成本		8.61			
11	下一年度预测产量		2500			
12						
13			计算结果			
16						

㉑ 选择单元格J10，在编辑栏中输入公式"=J8-C10*C8"，按下Enter键，计算出固定成本。

	H	I	J	K	L	M
J10				=J8-C10*C8		
2						
3						
4	7	8	9	10	11	12
5	1990	2500	1800	2205	1840	1780
6	20000	26000	22000	25000	21000	22000
7						
8	最高成本		26000			
9	最低成本		19800			
10	固定成本		4472.22			
11	年度预测总成本					
12						
13			计算结果			
14						
15						
16						

㉒ 选择单元格K12，在编辑栏中输入公式"=J10+C10*C11"，按下Enter键，计算下一年度预测总成本。

	G	H	I	J	K	L
J11				=J10+C10*C11		
2						
3						
4	6	7	8	9	10	11
5	1980	1990	2500	1800	2205	1840
6	21000	20000	26000	22000	25000	21000
7						
8	最高成本			26000		
9	最低成本			19800		
10	固定成本			4472.22		
11	下一年度预测总成本			26000.00		
12						
13						
14				计算结果		
15						
22						

● Level ★★★☆

085
Question

2013 2010 2007

如何利用 INTERCEPT 函数预测成本？

● 实例：根据回归直线法预测成本

回归直线法是根据历史成本资料，用数学的最小平方法原理计算能代表平均成本水平的直线截距和斜率，作为固定成本和单位变动成本的成本分解方法。下面介绍使用INTERCEPT函数预测成本的方法。

1 选择单元格D9，在"公式"选项卡中，单击"函数库"功能区中的"插入函数"按钮 fx。

2 打开"插入函数"对话框，选择"或选择类别"下拉列表中的"统计"选项。

3 在"选择函数"列表中选择SLOPE函数。

4 单击"确定"按钮，打开"函数参数"对话框，输入相应的参数。

⑤ 单击"确定"按钮，计算单位变动成本。

⑥ 选择单元格K9，在编辑栏中单击"插入函数"按钮 ƒₓ。

⑦ 打开"插入函数"对话框，选择"或选择类别"下拉列表中的"统计"选项，在"选择函数"列表中选择 INTERCEPT 函数。

⑧ 单击"确定"按钮，打开"函数参数"对话框，输入相应的参数。

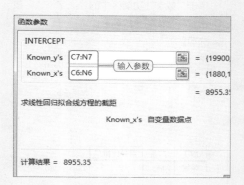

⑨ 单击"确定"按钮，计算出固定成本。

⑩ 选择单元格K10，在编辑栏中输入公式"=K9+D9*D10"，按下Enter键，计算出下一年度预测总成本。

Question

086

如何利用 PERCENTRANK. INC 函数计算百分比排位?

● 实例：根据条件计算出百分比排位

工作表中列出了所有员工的产量，现要求根据指定条件下的产量计算出其在所有产量中的排位。下面介绍使用PERCENT-RANK.INC函数计算百分比排位的方法。

1 选择单元格H2，在"开始"选项卡中，单击"数字"功能区中的"数字格式"按钮，在弹出的下拉列表中选择"百分比"选项。

| 11 ▾ | A˄ A˅ | ≡ ≡ ≡ | ≫▾ | 📑 | 百分比 ▾ |

选择"百分比"选项

| 对齐方式 | 数字 |

E	F	G	H	I	J
	职工	产量	百分比排位		
	张军	655			

2 在"公式"选项卡中，单击"函数库"功能区中的"插入函数"按钮，打开"插入函数"对话框，选择"统计"类别中的PERCENTRANK.INC函数。

插入函数

搜索函数(S)：

请输入一条简短说明来描述您想做什么，然后单击"转到"   转到(G)

或选择类别(C)： 统计

选择函数(N)：

PERCENTILE.EXC
PERCENTILE.INC
PERCENTRANK.EXC
PERCENTRANK.INC   选择PERCENTRANK.INC函数
PERMUT
PERMUTATIONA
PHI

PERCENTRANK.INC(array,x,significance)

返回特定数值在一组数中的百分比排名(介于 0 与 1 之间，含 0 与 1)

3 打开"函数参数"对话框，在Array文本框中输入"A2:D8"，在X文本框中输入"G2"。

函数参数

PERCENTRANK.INC

Array A2:D8   = (562,655
                输入参数
X   G2   = 655

Significance   = 数值

                    = 0.259

返回特定数值在一组数中的百分比排名(介于 0 与 1 之间，含 0 与 1)

X 为数组中需要得到其排名的某一个元素的

计算结果 = 25.90%

4 单击"确定"按钮，将返回百分比排位。

H2   fx   =PERCENTRANK.INC(A2:D8, G2)

	A	B	C	D	E	F	G	H
1		产量				职工	产量	百分比排位
2	562	655	632	867		张军	655	25.90%
3	853	956	573	755				
4	831	615	552	511			计算结果	
5	874	749	906	556				
6	980	972	719	922				
7	943	877	912	709				
8	655	822	914	655				
9								
10								
11								

Chapter 06

日期与时间函数的应用技巧

日 期与时间函数主要用于获取相关的时间和日期信息，经常被用于日期的处理。在Excel中，日期与时间都是通过序列号进行存储的，运算时，Excel也是将公式中的时间和日期转换为相应的序列号进行加减运算，然后再将序列号以特定的形式返回。本章采用以实例为引导的方式来讲解常用日期与时间函数的应用技巧，如NOW函数、YEAR函数、DAYS360函数等。

如何利用 TODAY 函数计算本季度应付款总和?

● 实例：计算本季度应付款总合

工作表中有10个客户的应付款时间和金额，现需要统计本季度应付款项的金额。下面介绍使用TODAY计算本季度应付款总和的方法。

① 选择单元格E2，输入数组公式"=SUM(IF(ROUNDUP(B2:B11/3,0)=ROUNDUP(TEXT(TODAY(),"M")/3,0),C2:C11))"。

② 按下Ctrl+Shift+Enter组合键，将返回本季度应付款总和。

| IF | ▼ | : | × | ✓ | fx | =SUM(IF(ROUNDUP(B2:B11/3,0)=ROUNDUP(TEXT(TODAY(),"M")/3,0),C2:C11)) |

	A	B	C	
1	客户	付款月份	金额(万)	本季度应付款金额
2	疑华公司	3	12	=SUM(IF(ROUNDUP(B2:B11/3,0)=ROUNDUP(TEXT(TODAY(),"M")/3,0),C2:C11))
3	玉华集团	2	12	
4	景湘公司	7	20	
5	福成公司	5	18	
6	远飞公司	11	13	
7	畅通公司	9	23	
8	天明公司	10	16	
9	宏大集团	8	24	
10	宏泰公司	5	12	
11	紫光公司	9	16	
12				

输入数组公式

| E2 | ▼ | : | × | ✓ | fx | {=SUM(IF(ROUNDUP(B2:B11/3,0)=ROUNDUP(TEXT(TODAY(),"M")/3,0),C2:C11))} |

	A	B	C	
1	客户	付款月份	金额(万)	本季度应付款金额
2	疑华公司	3	12	30
3	玉华集团	2	12	
4	景湘公司	7	20	
5	福成公司	5	18	计算结果
6	远飞公司	11	13	
7	畅通公司	9	23	
8	天明公司	10	16	
9	宏大集团	8	24	
10	宏泰公司	5	12	
11	紫光公司	9	16	
12				

Hint 提示说明

本例可将ROUNDUP函数更改为CEILING函数，公式为"=SUM(IF(CEILING(B2:B11,3)=CEILING(TEXT(TODAY(),"M"),3),C2:C11))"。

| E2 | ▼ | : | × | ✓ | fx | {=SUM(IF(CEILING(B2:B11,3)=CEILING(TEXT(TODAY(),"M"),3),C2:C11))} |

输入公式

	A	B	C	D	
1	客户	付款月份	金额(万)		本季度应付款金额
2	疑华公司	3	12		30
3	玉华集团	2	12		
4	景湘公司	7	20		
5	福成公司	5	18		
6	远飞公司	11	13		
7	畅通公司	9	23		
8	天明公司	10	16		
9	宏大集团	8	24		

Hint 提示说明

公式也可以更改为"=SUMPRODUCT((CEILING(B2:B11,3)=CEILING(TEXT(TODAY(),"M"),3))*C2:C11)"。

| E2 | ▼ | : | × | ✓ | fx | {=SUMPRODUCT((CEILING(B2:B11,3)=CEILING(TEXT(TODAY(),"M"),3))*C2:C11)} |

输入公式

	A	B	C	D	
1	客户	付款月份	金额(万)		本季度应付款金额
2	疑华公司	3	12		30
3	玉华集团	2	12		
4	景湘公司	7	20		
5	福成公司	5	18		
6	远飞公司	11	13		
7	畅通公司	9	23		
8	天明公司	10	16		
9	宏大集团	8	24		

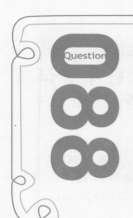

● Level ★★★☆

2013 2010 2007

如何利用 NOW 函数确定是否已到换班时间？

● 实例：确定是否已到换班时间

某项特殊工作要求每个人在岗位上工作5个小时需换班休息。现根据工作表中每个岗位上次交班时间，计算是否已到换班时间。下面介绍使用NOW函数确定是否已到换班时间的方法。

1 打开工作簿，单击要输入公式的单元格C2，将其选中。

	A	B	C	D
1	岗位	上次交班时间	是否需要换班	
2	1#	8:00		
3	2#	8:50		
4	3#	1:30	选择单元格	
5	4#	7:45		
6	5#	8:50		
7	6#	9:15		
8	7#	7:00		
9	8#	12:00		
10	9#	7:30		

2 在单元格C2中输入公式"=TEXT(NOW()-B2,"H:m")>"5:00""。

IF | =TEXT(NOW()-B2,"H:m")>"5:00"

	A	B	C	D	E	F
1	岗位	上次交班时间	是否需要换班			
2	1#	=TEXT(NOW()-B2,"H:m")>"5:00"				
3	2#	8:50				
4	3#	1:30				
5	4#	7:45	输入公式			
6	5#	8:50				
7	6#	9:15				
8	7#	7:00				
9	8#	12:00				
10	9#	7:30				
11	10#	9:00				

3 按下Enter键，将返回TRUE或FALSE。如果结果是TRUE，表示已经到了换班时间。

C2 | =TEXT(NOW()-B2,"H:m")>"5:00"

	A	B	C	D	E	F
1	岗位	上次交班时间	是否需要换班			
2	1#	8:00	FALSE			
3	2#	8:50				
4	3#	1:30				
5	4#	7:45	计算结果			
6	5#	8:50				
7	6#	9:15				
8	7#	7:00				
9	8#	12:00				
10	9#	7:30				
11	10#	9:00				

4 拖动单元格C2的填充手柄，将公式向下填充至单元格C11，判断其他员工是否需要换班。

C2 | =TEXT(NOW()-B2,"H:m")>"5:00"

	A	B	C	D	E	F
1	岗位	上次交班时间	是否需要换班			
2	1#	8:00	FALSE			
3	2#	8:50	FALSE			
4	3#	1:30	TRUE			
5	4#	7:45	FALSE			
6	5#	8:50	FALSE	填充公式		
7	6#	9:15	FALSE			
8	7#	7:00	FALSE			
9	8#	12:00	FALSE			
10	9#	7:30	FALSE			
11	10#	9:00	FALSE			

● Level ★★★☆

2013 2010 2007

如何利用 DATE 函数将身份证号码转换为出生日期？

● 实例：将身份证号码转换为出生日期

根据身份证号码提取出生年月日，并转换为日期值，不能以文本形式存在。函数DATE的功能是返回特定日期的年、月、日。下面介绍使用DATE函数将身份证号码转换为出生日期的方法。

① 打开工作簿，单击要输入公式的单元格C1，将其选中。

	A	B	C
	姓名	身份证号	出生日期
2	张利军	432924197906060979	
3	谭文军	432924196805041264	
4	熊文干	432924197301101221	选择单元格
5	刘咏梅	432924196801120029	
6	姜璐	432924196802230844	
7	曹琼月	431126198605218448	
8	蒋崇志	432924197204070021	
9	李宁芳	432924198007192286	
10	樊平	432924198312225012	
11	郑会英	432924197602047038	

② 在编辑栏中，单击"插入函数"按钮 ƒₓ。

单击"插入函数"按钮

	A	B	C
	姓名	身份证号	出生日期
2	张利军	432924197906060979	
3	谭文军	432924196805041264	
4	熊文干	432924197301101221	
5	刘咏梅	432924196801120029	
6	姜璐	432924196802230844	
7	曹琼月	431126198605218448	
8	蒋崇志	432924197204070021	
9	李宁芳	432924198007192286	
10	樊平	432924198312225012	
11	郑会英	432924197602047038	

③ 打开"插入函数"对话框，单击"或选择类别"下拉按钮，在弹出的下拉列表中选择"日期与时间"选项。

④ 在"插入函数"对话框中，选择"选择函数"列表框中的DATE函数。

⑤ 单击"确定"按钮，打开"函数参数"对话框。

⑥ 在Year文本框中输入参数"MID(B2,7, 2+(LEN(B2)=18)*2)"。

⑦ 在Month文本框中输入参数"MID(B2, 9+(LEN(B2)=18)*2,2)"。

⑧ 在Day文本框中输入参数"MID(B2,11+ (LEN(B2)=18)*2,2)"。

⑨ 单击"确定"按钮，将返回第一个人的出生日期，结果是数值，但以日期格式显示。

⑩ 拖动单元格C2的填充手柄，将公式向下填充至单元格C11，转换其他人员的出生日期。

Question 090

如何利用 NOW 函数统计从发货至收到货款的时间？

● 实例：统计从发货至收到货款的时间

计算从发货至收到货款的时间。如果至今仍未收到货款，则显示从发货到现在的时间。下面介绍使用NOW函数统计从发货至收到货款的时间的方法。

① 打开工作簿，单击要输入公式的单元格 C2，将其选中。

	A	B	C
	C2		fx
1	发货时间	收款时间	发货到收款时间
2	8月4日	9月5日	
3	1月22日		
4	7月5日	8月1日	选择单元格
5	9月6日	9月18日	
6	7月7日	8月4日	
7	9月20日		
8	7月19日	8月9日	
9	7月15日	8月10日	
10	12月25日		
11	12月12日		

② 在单元格C2中输入公式 "=ROUNDUP (IF(B2<>"",B2-A2,NOW()-A2),0)"。

	A	B	C	D
	IF		fx	=ROUNDUP(IF(B2<>"",B2-A2,NOW()-A2),0)
1	发货时间	收款时间	发货到收款时间	
2	8月4日	9月5日	=ROUNDUP(IF(B2<>"",B2-A2,NOW()-A2),0)	
3	1月22日			
4	7月5日	8月1日		
5	9月6日	9月18日		
6	7月7日	8月4日	输入公式	
7	9月20日			
8	7月19日	8月9日		
9	7月15日	8月10日		
10	12月25日			
11	12月12日			

③ 按下Enter键，将返回第一批货发货至收到货款的时间。

	A	B	C	D
	C2		fx	=ROUNDUP(IF(B2<>"",B2-A2,NOW()-A2),0)
1	发货时间	收款时间	发货到收款时间	
2	8月4日	9月5日	32	
3	1月22日			
4	7月5日	8月1日	计算结果	
5	9月6日	9月18日		
6	7月7日	8月4日		
7	9月20日			
8	7月19日	8月9日		
9	7月15日	8月10日		
10	12月25日			
11	12月12日			

④ 拖动单元格C2的填充手柄，将公式向下填至单元格C11，统计其他时间。

	A	B	C	D
	C2		fx	=ROUNDUP(IF(B2<>"",B2-A2,NOW()-A2),0)
1	发货时间	收款时间	发货到收款时间	
2	8月4日	9月5日	32	
3	1月22日		88	
4	7月5日	8月1日	27	
5	9月6日	9月18日	12	
6	7月7日	8月4日	28	
7	9月20日		212	
8	7月19日	8月9日	21	
9	7月15日	8月10日	26	
10	12月25日		116	
11	12月12日		129	

● Level ★★★☆　　2013 2010 2007

如何利用 DATEVALUE 函数计算两个月之间相差的天数？

● 实例：计算两个月之间相差的天数

函数DATEVALUE的功能是返回文本字符串所代表的日期序列号。现需要计算工作表中每两个月之间相差的天数。下面介绍使用DATEVALUE函数计算两个月之间相差的天数的方法。

1 在名称框中输入要输入公式的单元格地址D3，按下Enter键，选中单元格D3。

	A	B	C	D	E	F
1	年	月	日	月相差天数		
2	2013年	12月	17日			
3	2014年	1月	28日			
4	2014年	2月	21日			
5	2014年	3月	8日			
6	2014年	4月	5日			
7	2014年	5月	21日			
8	2014年	6月	18日			
9	2014年	7月	29日			
10	2014年	8月	18日			
11	2014年	9月	23日			
12	2014年	10月	28日			
13	2014年	11月	18日			
14	2014年	12月	10日			

2 在单元格D3中输入公式"=DATEVALUE(A3&B3&C3)-DATEVALUE(A2&B2&C2)"。

输入公式

3 按下Enter键，将返回每两个月之间相差的天数。

D3 =DATEVALUE(A3&B3&C3)-DATEVALUE(A2&B2&C2)

	A	B	C	D
1	年	月	日	月相差天数
2	2013年	12月	17日	
3	2014年	1月	28日	42

计算结果

4 拖动单元格D3的填充手柄，将公式向下填充至单元格D14，计算其他天数。

	A	B	C	D
2	2013年	12月	17日	
3	2014年	1月	28日	42
4	2014年	2月	21日	24
5	2014年	3月	8日	15
6	2014年	4月	5日	28
7	2014年	5月	21日	46
8	2014年	6月	18日	28
9	2014年	7月	29日	41
10	2014年	8月	18日	20
11	2014年	9月	23日	36
12	2014年	10月	28日	35
13	2014年	11月	18日	21

填充公式

● Level ★★★☆   2013 2010 2007

如何利用 DATEVALUE 函数计算计划工作内容所需天数?

● 实例: 计算计划工作内容所需天数

每个月初都需要制定一个工作计划表,计划表中包含任务开始日期、计划内容、所需天数、任务完成日期等。下面介绍利用DATEVALUE函数计算计划工作内容所需天数的方法。

1 打开工作簿,单击要输入公式的单元格 D2,将其选中。

	B	C	D
1	开始日期	完成日期	所需天数
2	2014-8-1	2014-8-9	
3	2014-8-3	2014-8-18	
4	2014-8-11	2014-8-28	选择单元格

2 在单元格D2中输入公式"=DATE-VALUE(C2)-DATEVALUE(B2)"。

IF | fx =DATEVALUE(C2)-DATEVALUE(B2)

	B	C	D
1	开始日期	完成日期	所需天数
2	2014-8-1	2014-	=DATEVALUE(C2)-DATEVALUE(B2)
3	2014-8-3	2014-	
4	2014-8-11	2014-8-28	
			输入公式

3 按下Enter键,将返回第一个任务需要的天数。

D2 | fx =DATEVALUE(C2)-DATEVALUE(B2)

	B	C	D
1	开始日期	完成日期	所需天数
2	2014-8-1	2014-8-9	8
3	2014-8-3	2014-8-18	
4	2014-8-11	2014-8-28	计算结果

4 拖动单元格D2的填充手柄,将公式向下填充至单元格D4,计算出其他事项所需要的天数。

D2 | fx =DATEVALUE(C2)-DATEVALUE(B2)

	B	C	D
1	开始日期	完成日期	所需天数
2	2014-8-1	2014-8-9	8
3	2014-8-3	2014-8-18	15
4	2014-8-11	2014-8-28	17
			填充公式

● Level ★★★☆

2013 2010 2007

如何利用 YEAR 函数计算员工的年龄?

● 实例：计算员工的年龄

工作表中给出了公司员工的生日，要求利用YEAR函数计算员工的年龄。函数YEAR的功能是返回某日期对应的年份。下面介绍使用YEAR函数计算员工年龄的方法。

1 在名称框中输入要输入公式的单元格地址E2，按下Enter键，选中单元格E2。

E2			输入E2	f_x	
	A	B	C	D	E
1	员工编号	员工姓名	性别	出生日期	年龄
2	1189	张利军	男	1984/5/8	
3	1190	谭文军	男	1985/8/1	
4	1191	熊文干	女	1992/1/25	
5	1192	刘咏梅	女	1975/6/20	
6	1193	郑会英	男	1991/7/3	
7	1194	李小芳	女	1977/3/15	
8	1195	邓龙春	男	1987/3/16	
9					
10					

2 在单元格E2中输入公式"：=YEAR(TODAY()-D2)-1900"。

IF			× ✓	f_x	=YEAR(TODAY()-D2)-1900	
	A	B	C	D	E	F
1	员工编号	员工姓名	性别	出生日期	年龄	
2	1189	张利军	男	1984 =YEAR(TODAY()-D2)-1900		
3	1190	谭文军	男	1985/8/1		
4	1191	熊文干	女	1992/1/25		
5	1192	刘咏梅	女	1975/6/2 输入公式		
6	1193	郑会英	男	1991/7/3		
7	1194	李小芳	女	1977/3/15		
8	1195	邓龙春	男	1987/3/16		
9						

3 按下Enter键，将返回第一个员工的年龄。

E2			× ✓	f_x	=YEAR(TODAY()-D2)-1900	
	A	B	C	D	E	F
1	员工编号	员工姓名	性别	出生日期	年龄	
2	1189	张利军	男	1984/5/8	29	
3	1190	谭文军	男	1985/8/1		
4	1191	熊文干	女	1992/1/25		
5	1192	刘咏梅	女	1975/6/20	计算结果	
6	1193	郑会英	男	1991/7/3		
7	1194	李小芳	女	1977/3/15		
8	1195	邓龙春	男	1987/3/16		

4 拖动单元格E2的填充手柄，将公式向下填充至单元格E8，计算其他员工年龄。

E2			× ✓	f_x	=YEAR(TODAY()-D2)-1900	
	A	B	C	D	E	F
1	员工编号	员工姓名	性别	出生日期	年龄	
2	1189	张利军	男	1984/5/8	29	
3	1190	谭文军	男	1985/8/1	28	
4	1191	熊文干	女	1992/1/25	22	
5	1192	刘咏梅	女	1975/6/20	38	
6	1193	郑会英	男	1991/7/3	22	
7	1194	李小芳	女	1977/3/15	37	
8	1195	邓龙春	男	1987/3/16	27	
9						
10					填充公式	

● Level ★★★☆   [2013] [2010] [2007]

如何利用 MONTH 函数计算指定月份指定货品的进货数量?

● 实例：计算指定月份指定货品的进货数量

根据销货情况，购进7种货品，现需计算指定日期指定货品的进货数量。函数MONTH的功能是返回某日期对应的月份。下面介绍使用MONTH函数计算指定月份指定货品的进货数量的方法。

1 打开工作簿，单击要输入公式的单元格J2，将其选中。

	F	G	H	I	I
1	菜刀	文具盒	毛笔		4月购进笔筒、毛笔多少件：
2	44	22	34		
3	30	18	19		
4	24	38	18		选择单元格
5	15	41	34		6月购进炒锅、菜刀多少件：
6	37	12	16		
7		9	46	39	
8	8	31	41		9月购进洗衣机、洗衣粉多少件：
9	17	45	24		
10	49	31	12		
11	38	45	11		

2 在单元格J2中输入数组公式"=SUM(IF(MONTH(A2:A11)=4,IF((B1:H1="笔筒")+(B1:H1="毛笔"),B2:H11)))"。

IF ＝SUM(IF(MONTH(A2:A11)=4,IF((B1:H1="笔筒")+(B1:H1="毛笔"),B2:H11)))

	F	G	H	I	I
1	菜刀	文具盒	毛笔		4月购进笔筒、毛笔多少件：
2	44	22	34	=SUM(IF(MONTH(A2:A11)=4,IF((B1:H1="笔筒")+(B1:H1="毛笔"),B2:H11)))
3	30	18	19		
4	24	38	18		
5	15	41	34	6月购	输入数组公式 件：
6	37	12	16		
7		9	46	39	
8	8	31	41		9月购进洗衣机、洗衣粉多少件：
9	17	45	24		
10	49	31	12		

3 按下Ctrl+Shift+Enter组合键，将返回4月份笔筒和毛笔的进货数量。

J2   {=SUM(IF(MONTH(A2:A11)=4,IF((B1:H1="笔筒")+(B1:H1="毛笔"),B2:H11)))}

	F	G	H	I	I
1	菜刀	文具盒	毛笔		4月购进笔筒、毛笔多少件：
2	44	22	34		98
3	30	18	19		
4	24	38	18		计算结果
5	15	41	34		6月购进炒锅、菜刀多少件：
6	37	12	16		
7		9	46	39	
8	8	31	41		9月购进洗衣机、洗衣粉多少件：
9	17	45	24		
10	49	31	12		

Hint 提示说明

单元格J2中的公式可以更改为"=SUM((MONTH(A2:A11)=4)*((B1:H1="笔筒")+(B1:H1="毛笔"))*(B2:H11))"。

J2   输入公式   {=SUM((MONTH(A2:A11)=4)*((B1:H1="笔筒")+(B1:H1="毛笔"))*(B2:H11))}

	F	G	H	I	I
1	菜刀	文具盒	毛笔		4月购进笔筒、毛笔多少件：
2	44	22	34		98
3	30	18	19		
4	24	38	18		
5	15	41	34		6月购进炒锅、菜刀多少件：
6	37	12	16		
7		9	46	39	

④ 单击要输入公式的单元格J6，将其选中。

⑤ 在单元格J6中输入数组公式"=SUM(IF(MONTH(A2:A11)=6,IF((B1:H1="炒锅")+(B1:H1="菜刀"),B2:H11)))"。

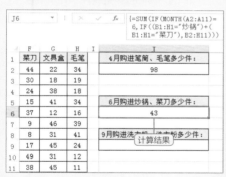

⑥ 按下Ctrl+Shift+Enter组合键，将返回6月份炒锅和菜刀的进货数量。

⑦ 单击要输入公式的单元格J9，将其选中。

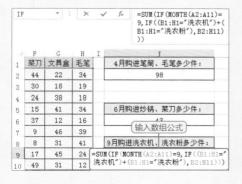

⑧ 在单元格J9中输入数组公式"=SUM(IF(MONTH(A2:A11)=9,IF((B1:H1="洗衣机")+(B1:H1="洗衣粉"),B2:H11)))"。

⑨ 按下Ctrl+Shift+Enter组合键，将返回9月份洗衣机与洗衣粉的进货数量。

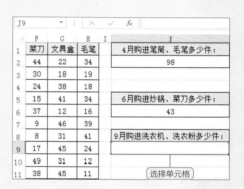

● Level ★★★☆   2013 2010 2007

如何利用 DAY 函数计算员工转正时间?

● 实例: 计算员工转正时间

公司规定,新员工试用三个月。每月从16日开始计算,到下月15日算一个月。现需统计每名员工的转正日期。下面介绍使用DAY函数计算员工转正时间的方法。

1 在名称框中输入C2,按Enter键,即可将单元格C2选中。

C2		输入C2	fx	
	A	B	C	D
1	姓名	进厂时间	转正时间	
2	彭宁海	2013/10/16		
3	陈艳娟	2013/9/23		
4	刘莉	2013/9/23		
5	周鑫	2013/8/23		
6	奉小三	2013/11/1		
7	赵春芳	2013/12/1		
8	汪波	2013/8/10		
9	刘三胜	2013/7/31		

2 在单元格C2中输入数组公式"=DATE(YEAR(B2),MONTH(B2)+3+(DAY(B2)>15),16)"。

IF		× ✓	fx	=DATE(YEAR(B2),MONTH(B2)+3+(DAY(B2)>15),16)	
	A	B	C	D	E
1	姓名	进厂时间	转正时间		
2	彭	=DATE(YEAR(B2),MONTH(B2)+3+(DAY(B2)>15),16)			
3	陈				
4	刘莉	2013/9/23			
5	周鑫	2013/8/23	输入数组公式		
6	奉小三	2013/11/1			
7	赵春芳	2013/12/1			
8	汪波	2013/8/10			
9	刘三胜	2013/7/31			
10	李玉宣	2013/6/10			
11	李之湘	2013/8/21			
12					

3 按下Enter键,将返回员工的转正时间。

C2		× ✓	fx	=DATE(YEAR(B2),MONTH(B2)+3+(DAY(B2)>15),16)	
	A	B	C	D	E
1	姓名	进厂时间	转正时间		
2	彭宁海	2013/10/16	2014/2/16		
3	陈艳娟	2013/9/23			
4	刘莉	2013/9/23			
5	周鑫	2013/8/23	计算结果		
6	奉小三	2013/11/1			
7	赵春芳	2013/12/1			
8	汪波	2013/8/10			
9	刘三胜	2013/7/31			
10	李玉宣	2013/6/10			
11	李之湘	2013/8/21			

4 拖动单元格C2的填充手柄,将公式向下填充至单元格C11,计算其他员工的转正时间。

C2		× ✓	fx	=DATE(YEAR(B2),MONTH(B2)+3+(DAY(B2)>15),16)	
	A	B	C	D	E
1	姓名	进厂时间	转正时间		
2	彭宁海	2013/10/16	2014/2/16		
3	陈艳娟	2013/9/23	2014/1/16		
4	刘莉	2013/9/23	2014/1/16		
5	周鑫	2013/8/23	2013/12/16		
6	奉小三	2013/11/1	2014/2/16		
7	赵春芳	2013/12/1	2014/3/16	填充公式	
8	汪波	2013/8/10	2013/11/16		
9	刘三胜	2013/7/31	2013/11/16		
10	李玉宣	2013/6/10	2013/9/16		
11	李之湘	2013/8/21	2013/12/16		
12					

● Level ★★★☆   2013 2010 2007

如何利用 TIMEVALUE 函数计算临时工工资?

● 实例：计算临时工工资

临时工的工资按日结算，标准为每天8小时，工资50元。现需根据B列中各临时工的工作时间计算当日工资，结果保留0位小数。下面介绍使用TIMEVALUE函数计算临时工工资的方法。

1 打开工作簿，单击选中要输入公式的单元格C2，将其选中。

	A	B	C	D
1	临时工	工作时间	工资（元）	
2	姜玉	7小时28分		
3	彭宁海	9小时15分		
4	陈艳娟	6小时18分	选择单元格	
5	刘莉	9小时20分		
6	周鑫	5小时5分		
7	奉小三	4小时30分		
8	赵春芳	8小时		
9	汪波	7小时28分		
10	刘三胜	7小时		

2 在单元格C2中输入公式"=ROUND(TIMEVALUE(SUBSTITUTE(SUBSTITUTE(B2,"分",""),"小时",":"))/(8/24)*50,)"。

=ROUND(TIMEVALUE(SUBSTITUTE(SUBSTITUTE(B2,"分",""),"小时",":"))/(8/24)*50,)

	A	B	C	D
1	临时工	工作时间	工资（元）	
2	=ROUND(TIMEVALUE(SUBSTITUTE(SUBSTITUTE(B2,"分", "",),"小时",":"))/(8/24)*50,)			
4	陈艳娟	6小时18分		
5	刘莉	9小时20分		
6	周鑫	5小时5分	输入公式	
7	奉小三	4小时30分		
8	赵春芳	8小时		
9	汪波	7小时28分		
10	刘三胜	7小时		
11	李玉宣	6小时28分		

3 按下Enter键，将返回临时工的工资。

=ROUND(TIMEVALUE(SUBSTITUTE(SUBSTITUTE(B2,"分",""),"小时",":"))/(8/24)*50,)

	A	B	C	D	E
1	临时工	工作时间	工资（元）		
2	姜玉	7小时28分	47		
3	彭宁海	9小时15分			
4	陈艳娟	6小时18分	计算结果		
5	刘莉	9小时20分			
6	周鑫	5小时5分			
7	奉小三	4小时30分			
8	赵春芳	8小时			
9	汪波	7小时28分			
10	刘三胜	7小时			
11	李玉宣	6小时28分			

4 拖动单元格C2的填充手柄，将公式向下填充至单元格C11，计算其他员工工资。

=ROUND(TIMEVALUE(SUBSTITUTE(SUBSTITUTE(B2,"分",""),"小时",":"))/(8/24)*50,)

	A	B	C	D	E
1	临时工	工作时间	工资（元）		
2	姜玉	7小时28分	47		
3	彭宁海	9小时15分	58		
4	陈艳娟	6小时18分	39		
5	刘莉	9小时20分	58		
6	周鑫	5小时5分	32	填充公式	
7	奉小三	4小时30分	28		
8	赵春芳	8小时	50		
9	汪波	7小时28分	47		
10	刘三胜	7小时	44		
11	李玉宣	6小时28分	40		

● Level ★★★☆ 2013 2010 2007

如何利用 MINUTE 函数计算奖金?

● 实例: 快速计算奖金

计算奖金的方法为,若早于18:00完成,半小时到1小时(不含)间奖励6元,1到1.5小时(不含)间奖励12元。若晚于18:00完成,1到30分钟内扣6元,30到60分钟内扣12元。下面介绍使用MINUTE函数计算奖金的方法。

1 在单元格C2中输入公式"=IF(HOUR (B2)>=18,-(ROUNDUP((HOUR(B2- "18:00")*60+MINUTE(B2))/30,0))*6, (ROUNDDOWN((HOUR("18:00"-B2)* 60+60-MINUTE(B2))/30,0))*6)"。

Hint 提示说明

单元格C2的公式也可以更改为"=IF(HOUR(B2) >=18,-ROUNDUP(((B2-"18:00")*24*60)/30, 0)*6,ROUNDDOWN((("18:00"-B2)*24*60)/ 30,0)*6)"。

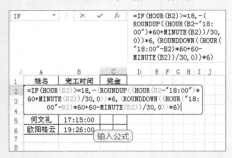

2 按下Enter键,返回员工当天的奖金。

3 拖动单元格C2的填充手柄,将公式向下填充至单元格C6,计算其他员工奖金。

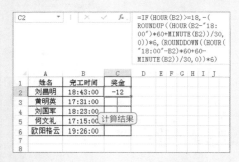

● Level ★★★☆ 2013 2010 2007

如何利用 WEEKDAY 函数计算奖金补助?

● 实例：计算奖金补助

某公司以前常在周六和周日加班，且未按加班方式计算工资，2012年9月起进行补休。现要求对工作表中所有离职人员的补助进行计算。从进厂日起到离职日止，每周六和周日补贴20元。下面介绍使用WEEKDAY函数计算奖金补助的方法。

① 打开工作簿，单击要输入公式的单元格 D2，将其选中。

② 在单元格D2中输入公式"=SUMPRODUCT(N(WEEKDAY(ROW(INDIRECT(B2&":"&C2))-1,2)>5))*20"。

	A	B	C	D
1	姓名	进厂日期	离职日期	周六、周日补助
2	唐涛	2013/10/2	2014/9/2	
3	乐志斌	2013/10/15	2014/9/3	
4	李月娟	2013/12/5	2014/9/1	
5	黄全军	2013/12/19	2014/9/4	
6	裴运成	2014/8/18	2014/9/10	
7	周维忠	2013/11/5	2014/9/12	
8	李红梅	2014/8/12	2014/9/15	
9	李艳军	2014/8/9	2014/9/17	
10	欧益新	2013/12/10	2014/9/10	
11	李杰	2014/1/10	2014/9/25	

选择单元格

=SUMPRODUCT(N(WEEKDAY(ROW(INDIRECT(B2&":"&C2))-1,2)>5))*20

输入公式

③ 按下Enter键，将返回第一个员工的补助金额。

=SUMPRODUCT(N(WEEKDAY(ROW(INDIRECT(B2&":"&C2))-1,2)>5))*20

	A	B	C	D
1	姓名	进厂日期	离职日期	周六、周日补助
2	唐涛	2013/10/2	2014/9/2	1920
3	乐志斌	2013/10/15	2014/9/3	
4	李月娟	2013/12/5	2014/9/1	
5	黄全军	2013/12/19	2014/9/4	
6	裴运成	2014/8/18	2014/9/10	
7	周维忠	2013/11/5	2014/9/12	
8	李红梅	2014/8/12	2014/9/15	
9	李艳军	2014/8/9	2014/9/17	
10	欧益新	2013/12/10	2014/9/10	
11	李杰	2014/1/10	2014/9/25	

计算结果

④ 拖动单元格D2的填充手柄，将公式向下填充至单元格D11，计算其他员工补助。

=SUMPRODUCT(N(WEEKDAY(ROW(INDIRECT(B2&":"&C2))-1,2)>5))*20

填充公式

	A	B	C	D
1	姓名	进厂日期	离职日期	周六、周日补助
2	唐涛	2013/10/2	2014/9/2	1920
3	乐志斌	2013/10/15	2014/9/3	1840
4	李月娟	2013/12/5	2014/9/1	1560
5	黄全军	2013/12/19	2014/9/4	1480
6	裴运成	2014/8/18	2014/9/10	140
7	周维忠	2013/11/5	2014/9/12	1760
8	李红梅	2014/8/12	2014/9/15	200
9	李艳军	2014/8/9	2014/9/17	240
10	欧益新	2013/12/10	2014/9/10	1560
11	李杰	2014/1/10	2014/9/25	1480

● Level ★★★☆　　2013 2010 2007

如何利用 EDATE 函数计算还款时间?

● 实例: 计算还款时间

根据借款时间和借款总时间计算还款日期。本例利用借款日期和月数作为EDATE函数参数,生成还款日期序列值,利用TEXT函数将日期序列值格式化为日期样式。下面介绍使用EDATE函数计算还款时间的方法。

1 打开工作簿,单击要输入公式的单元格 C2,将其选中。

	A	B	C	D
	C2 ▼ : × ✓ fx			
1	借款日期	借款时间 (月)	还款日期	
2	2013/8/23	8		
3	2013/7/4	9		
4	2013/8/22	10	选择单元格	
5	2014/3/31	5		
6	2014/4/13	6		
7	2014/3/12	11		
8	2014/10/2	15		
9	2014/9/19	6		
10	2014/8/26	4		
11	2014/5/20	7		

2 在单元格C2中输入公式 "=TEXT (EDATE (A2,B2),"yyyy-mm-dd")"。

	A	B	C	D
	IF ▼ : × ✓ fx	=TEXT(EDATE(A2,B2),"yyyy-mm-dd")		
1	借款日期	借款时间 (月)	还款日期	
2	2013/8/23	=TEXT(EDATE(A2,B2),"yyyy-mm-dd")		
3	2013/7/4			
4	2013/8/22	10		
5	2014/3/31	5	输入公式	
6	2014/4/13	6		
7	2014/3/12	11		
8	2014/10/2	15		
9	2014/9/19	6		
10	2014/8/26	4		
11	2014/5/20	7		

3 按下Enter键,将返回第一个借款的还款日期。

	A	B	C	D
	C2 ▼ : × ✓ fx	=TEXT(EDATE(A2,B2),"yyyy-mm-dd")		
1	借款日期	借款时间 (月)	还款日期	
2	2013/8/23	8	2014-04-23	
3	2013/7/4	9		
4	2013/8/22	10	计算结果	
5	2014/3/31	5		
6	2014/4/13	6		
7	2014/3/12	11		
8	2014/10/2	15		
9	2014/9/19	6		
10	2014/8/26	4		
11	2014/5/20	7		

4 拖动单元格C2的填充手柄,将公式向下填充至单元格C11,计算其他借款的还款时间。

	A	B	C	D
	C2 ▼ : × ✓ fx	=TEXT(EDATE(A2,B2),"yyyy-mm-dd")		
			填充公式	
1	借款日期	借款时间 (月)	还款日期	
2	2013/8/23	8	2014-04-23	
3	2013/7/4	9	2014-04-04	
4	2013/8/22	10	2014-06-22	
5	2014/3/31	5	2014-08-31	
6	2014/4/13	6	2014-10-13	
7	2014/3/12	11	2015-02-12	
8	2014/10/2	15	2016-01-02	
9	2014/9/19	6	2015-03-19	
10	2014/8/26	4	2014-12-26	
11	2014/5/20	7	2014-12-20	

● Level ★★★☆

2013 2010 2007

如何利用 EOMONTH 函数 统计两倍工资的加班小时数？

● 实例：统计两倍工资的加班小时数

工作表中是本月新员工资料，公司中因进度问题，每周六必须加班8小时，但工资以两倍计算。下面介绍使用EOMONTH函数统计两倍工资的加班小时数的方法。

1 打开工作簿，单击要输入公式的单元格 C2，将其选中。

	A	B	C
1	本月进厂员工	进厂日期	本月两倍工资加班时间（小时）
2	贺子秀	2014/9/17	
3	杨清秀	2014/9/12	
4	黄琴	2014/9/10	
5	范要平	2014/9/18	选择单元格
6	杨梅生	2014/9/21	
7	柏丽平	2014/9/22	
8	高斌	2014/9/13	
9	欧阳丽红	2014/9/24	
10	郑姝玲	2014/9/25	
11	乐丽萍	2014/9/26	

2 在单元格C2中输入 "=SUMPRODUCT(--(TEXT(ROW (INDIRECT (B2&":"&EOMONTH(B2,0))),"AAA")="六"))*8"。

fx =SUMPRODUCT(--(TEXT(ROW(INDIRECT(B2&":"&EOMONTH(B2,0))),"AAA")="六"))*8

	A	B	C
1	本月进厂员工	进厂日期	本月两倍工资加班时间（小时）
2	贺子秀	2014/9/17	=SUMPRODUCT(--(TEXT(ROW(
3	杨清秀	2014/9/12	INDIRECT(B2&":"&EOMONTH(B2,0))
4	黄琴	2014/9/10	,"AAA")="六"))*8
5	范要平	2014/9/18	
6	杨梅生	2014/9/21	
7	柏丽平	2014/9/22	
8	高斌	2014/9/13	输入公式
9	欧阳丽红	2014/9/24	
10	郑姝玲	2014/9/25	
11	乐丽萍	2014/9/26	

3 按下Enter键，返回加班时间，单位为小时。

fx {=SUMPRODUCT(--(TEXT(ROW(INDIRECT(B2&":"&EOMONTH(B2,0))),"AAA")="六"))*8}

	A	B	C
1	本月进厂员工	进厂日期	本月两倍工资加班时间（小时）
2	贺子秀	2014/9/17	16
3	杨清秀	2014/9/12	
4	黄琴	2014/9/10	
5	范要平	2014/9/18	计算结果
6	杨梅生	2014/9/21	
7	柏丽平	2014/9/22	
8	高斌	2014/9/13	
9	欧阳丽红	2014/9/24	
10	郑姝玲	2014/9/25	
11	乐丽萍	2014/9/26	

4 拖动单元格C2的填充手柄，将公式向下填充至单元格C11，计算其他员工的本月加班时间。

fx {=SUMPRODUCT(--(TEXT(ROW(INDIRECT(B2&":"&EOMONTH(B2,0))),"AAA")="六"))*8}

	A	B	C
1	本月进厂员工	进厂日期	本月两倍工资加班时间（小时）
2	贺子秀	2014/9/17	16
3	杨清秀	2014/9/12	24
4	黄琴	2014/9/10	24
5	范要平	2014/9/18	16
6	杨梅生	2014/9/21	8
7	柏丽平	2014/9/22	8
8	高斌	2014/9/13	24
9	欧阳丽红	2014/9/24	8
10	郑姝玲	2014/9/25	8
11	乐丽萍	2014/9/26	8
14			填充公式

101

● Level ★★★☆   2013 2010 2007

如何利用 NETWORKDAYS 函数计算员工的应付工资?

● 实例: 计算员工的应付工资

某公司业务扩大, 招了一批临时工, 工资的发放是按照工作日来计算的, 规定每个工作日付给员工65元, 下面介绍使用 NETWORKDAYS函数计算员工的应付工资。

---

1 选择单元格D2, 单击编辑栏中的"插入函数"按钮 *fx*。

	C	D	F
1	结束工作的日期	实际工作天数	应付工资
2	2014/6/8		
3	2014/4/12		
4	2014/5/26		
5	2014/6/4		
6	2014/6/8		
7			
8	2014/5/1	2014/5/3	2014/5/3
9			

单击"插入函数"按钮

2 打开"插入函数"对话框, 选择"或选择类别"下拉列表中的"日期与时间"选项。

插入函数

搜索函数(S):

请输入一条简短说明来描述您想做什么, 然后单击"转到"   转到(G)

或选择类别(C): 日期与时间

选择函数(N):

DATE
DATEVALUE
DAY
DAYS
DAYS360
EDATE
EOMONTH

常用函数
全部
财务
日期与时间
数字与三角函数
统计
查找与引用
数据库
文本
逻辑   选择"日期与时间"
信息
工程

DATE(year,mo
返回在 Micros

---

3 在"插入函数"对话框中选择"选择函数"列表框中的NETWORKDAYS函数。

插入函数

搜索函数(S):

请输入一条简短说明来描述您想做什么, 然后单击"转到"   转到(G)

或选择类别(C): 日期与时间

选择函数(N):

MINUTE
MONTH
NETWORKDAYS   选择NETWORKDAYS函数
NETWORKDAYS.INTL
NOW
SECOND
TIME

NETWORKDAYS(start_date,end_date,holidays)
返回两个日期之间的完整工作日数

4 单击"确定"按钮, 打开"函数参数"对话框, 单击"Start_date"文本框右侧的展开按钮, 在数据区域中选择单元格B2。

D2 = =NETWORKDAYS(B2)

	A	B	C	D	E
1	员工编号	开始工作的日期	结束工作的日期	实际工作天数	应付工资
2	D10023	2014/4/20	2014/6/8	RKDAYS(B2)	
3	D10024	2014/3/12	2014/4/12		
4	D10025	2014/4/19	2014/5/26		
5	D10026	2014/	2014/6/4		
6	D10027	选择单元格	2014/6/8		
7					
8	节假日	2014/4/4	2014/5/1	2014/5/3	2014/5/3
9					

函数参数

B2

5 按下Enter键，返回"函数参数"对话框，分别在End_date和Holidays文本框中输入"C2"和"$B$8:$D$9"。

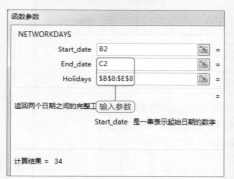

6 单击"确定"按钮，计算出第一名员工的实际工作天数。

	B 开始工作的日期	C 结束工作的日期	D 实际工作天数	E 应付工资
2	2014/4/20	2014/6/8	34	
3	2014/3/12	2014/4/12		
4	2014/4/19	2014/5/26		
5	2014/4/16	2014/6/4	计算结果	
6	2014/4/28	2014/6/8		
7				
8	2014/4/4	2014/5/1	2014/5/3	2014/5/3

D2 =NETWORKDAYS(B2,C2,$B$8:$E$8)

7 将单元格D2中的公式向下填充，计算出其他员工的实际工作天数。

D2 =NETWORKDAYS(B2,C2,$B$8:$E$8)

	B 开始工作的日期	C 结束工作的日期	D 实际工作天数	E 应付工资
2	2014/4/20	2014/6/8	34	
3	2014/3/12	2014/4/12	22	
4	2014/4/19	2014/5/26	25	
5	2014/4/16	2014/6/4	35	
6	2014/4/28	2014/6/8	29	
7				
8	2014/4/4	2014/5/1	2014/5/3	2014/5/3

填充公式

8 选择单元格E2，在编辑栏中输入公式"=D2*65"。

NETWOR... =D2*65 ——输入公式

	B 开始工作的日期	C 结束工作的日期	D 实际工作天数	E 应付工资
2	2014/4/20	2014/6/8	34	=D2*65
3	2014/3/12	2014/4/12	22	
4	2014/4/19	2014/5/26	25	
5	2014/4/16	2014/6/4	35	
6	2014/4/28	2014/6/8	29	
7				
8	2014/4/4	2014/5/1	2014/5/3	2014/5/3

9 按下Enter键，将返回第一名员工的应付工资。

E2 =D2*65

	B 开始工作的日期	C 结束工作的日期	D 实际工作天数	E 应付工资
2	2014/4/20	2014/6/8	34	2210
3	2014/3/12	2014/4/12	22	
4	2014/4/19	2014/5/26	25	
5	2014/4/16	2014/6/4	35	计算结果
6	2014/4/28	2014/6/8	29	
7				
8	2014/4/4	2014/5/1	2014/5/3	2014/5/3

10 将单元格E2中的公式向下填充，计算出其他员工的工资。

E2 =D2*65 填充公式

	B 开始工作的日期	C 结束工作的日期	D 实际工作天数	E 应付工资
2	2014/4/20	2014/6/8	34	2210
3	2014/3/12	2014/4/12	22	1430
4	2014/4/19	2014/5/26	25	1625
5	2014/4/16	2014/6/4	35	2275
6	2014/4/28	2014/6/8	29	1885
7				
8	2014/4/4	2014/5/1	2014/5/3	2014/5/3

● Level ★★★☆ 2013 2010 2007

如何利用 DAYS360 函数计算还款天数?

● 实例: 计算还款天数

DAYS360函数用于按照一年360天的算法, 即每个月以30天、一年共12个月的方法计算两个日期之间相差的天数。下面介绍使用DAYS360函数计算还款天数的方法。

① 选择单元格D2, 在"公式"选项卡中, 单击"函数库"功能区中的"日期和时间"按钮, 在弹出的列表中选择DAYS360函数。

② 打开"函数参数"对话框, 在Start_date文本框中输入"B2", 在End_date文本框中输入"C2", 在Method文本框中输入"False"。

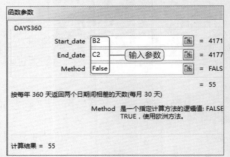

③ 单击"确定"按钮, 计算第一名人员的还款天数。

④ 拖动单元格D2中的填充手柄向下填充至单元格D10, 计算其他人员的还款天数。

Question

● Level ★★★☆   2013 2010 2007

如何利用 YEARFRAC 函数计算截至今天的利息？

● 实例：计算截至今天的利息

本例公式首先计算从借款日期至今天的时间占全年的百分比，然后用该百分比乘以金额与年利息，结果为截至今天的利息。下面介绍使用YEARFRAC函数计算截至今天的利息的方法。

① 选择要输入公式的单元格E2，在单元格E2中输入数组公式"=B2*D2*YEAR-FRAC(C2,NOW())"。

DAYS360		× ✓ fx	=B2*D2*YEARFRAC(C2,NOW())	
	A	B	C	D	E
1	借款人	金额	借款日期	利率（年）	截至今天的利息
2	蒋先唱	8800	2013/3/16	6.50%	=B2*D2*YEARFRAC(C2,NOW())
3	张云	7000	2013/1/22	6.50%	
4	黄君祥	9000	2013/5/12	6.50%	
5	蒋凤丽	4000	2013/8/31	6.50%	输入数组公式
6	何路忠	5000	2013/9/5	6.50%	
7	胡庆忠	6000	2013/4/24	6.50%	
8	周志平	2000	2013/9/27	6.50%	
9	汤福英	8000	2013/3/15	6.50%	
10	肖红	3000	2013/2/25	6.50%	
11	谢群英	5000	2013/2/13	6.50%	
12					
13					

② 按下Ctrl+Shift+Enter组合键，将返回第一名人员的借款金额截至今天的利息。

E2		× ✓ fx	{=B2*D2*YEARFRAC(C2,NOW())}	
	A	B	C	D	E
1	借款人	金额	借款日期	利率（年）	截至今天的利息
2	蒋先唱	8800	2013/3/16	6.50%	624.4333333
3	张云	7000	2013/1/22	6.50%	
4	黄君祥	9000	2013/5/12	6.50%	
5	蒋凤丽	4000	2013/8/31	6.50%	计算结果
6	何路忠	5000	2013/9/5	6.50%	
7	胡庆忠	6000	2013/4/24	6.50%	
8	周志平	2000	2013/9/27	6.50%	
9	汤福英	8000	2013/3/15	6.50%	
10	肖红	3000	2013/2/25	6.50%	
11	谢群英	5000	2013/2/13	6.50%	
12					
13					
14					

③ 拖动单元格E2中的填充手柄，将其向下填充至单元格E11，计算其他借款利息。

E2		× ✓ fx	{=B2*D2*YEARFRAC(C2,NOW())}	
	A	B	C	D	E
1	借款人	金额	借款日期	利率（年）	截至今天的利息
2	蒋先唱	8800	2013/3/16	6.50%	624.433
3	张云	7000	2013/1/22	6.50%	564.958
4	黄君祥	9000	2013/5/12	6.50%	547.625
5	蒋凤丽	4000	2013/8/31	6.50%	165.389
6	何路忠	5000	2013/9/5	6.50%	202.222
7	胡庆忠	6000	2013/4/24	6.50%	384.583
8	周志平	2000	2013/9/27	6.50%	72.944
9	汤福英	8000	2013/3/15	6.50%	569.111
10	肖红	3000	2013/2/25	6.50%	224.250
11	谢群英	5000	2013/2/13	6.50%	384.583
12					
13					
14					填充公式
15					
16					

Hint 提示说明

如果采用日利率，且日利率为0.018%，则本例的公式应更改为"=(TODAY()-C2)*0.018%*B2"。

E2		输入公式	=(TODAY()-C2)*0.018%*B2	
	A	B	C	D	E
1	借款人	金额	借款日期	利率（年）	截至今天的利息
2	蒋先唱	8800	2013/3/16	6.50%	633.600
3	张云	7000	2013/1/22	6.50%	
4	黄君祥	9000	2013/5/12	6.50%	
5	蒋凤丽	4000	2013/8/31	6.50%	
6	何路忠	5000	2013/9/5	6.50%	
7	胡庆忠	6000	2013/4/24	6.50%	
8	周志平	2000	2013/9/27	6.50%	
9	汤福英	8000	2013/3/15	6.50%	
10	肖红	3000	2013/2/25	6.50%	
11	谢群英	5000	2013/2/13	6.50%	
12					

● Level ★★★☆

2013 2010 2007

Question

104

如何利用 TIME 函数计算实时工资?

● 实例：设计实工工资计算表

现假设某企业工资以半小时为计时单位，不足半小时按半小时算，超过半小时不足一小时按一小时算。已知每半小时计工资10元。下面介绍使用TIME函数计算实时工资的方法。

1 选择单元格D5，在编辑栏中输入公式，按下Enter键，计算工作天数。

2 拖动单元格D5的填充手柄，将其向下填充至单元格D11，计算出其他员工的工作天数。

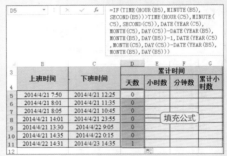

3 选择单元格E5，在编辑栏中输入公式，按下Enter键，计算小时数。

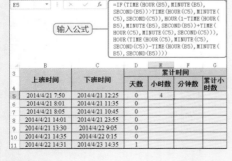

4 拖动单元格E5的填充手柄，将其向下拖动填充至单元格E11，计算出其他员工的小时数。

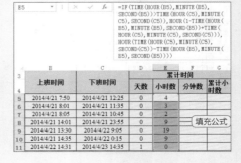

5 选择单元格F5，在编辑栏中输入公式，按下Enter键，计算分钟数。

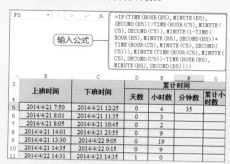

输入公式

=IF(TIME(HOUR(B5),MINUTE(B5),SECOND(B5))>TIME(HOUR(C5),MINUTE(C5),SECOND(C5)),MINUTE(1-TIME(HOUR(B5),MINUTE(B5),SECOND(B5))+TIME(HOUR(C5),MINUTE(C5),SECOND(C5))),MINUTE(TIME(HOUR(C5),MINUTE(C5),SECOND(C5))-TIME(HOUR(B5),MINUTE(B5),SECOND(B5))))

B	C	D	E	F	G
			累计时间		
上班时间	下班时间	天数	小时数	分钟数	累计小时数
2014/4/21 7:50	2014/4/21 12:25	0	4	35	
2014/4/21 8:01	2014/4/21 11:35	0	3		
2014/4/21 8:05	2014/4/21 10:45	0	2		
2014/4/21 14:01	2014/4/21 23:55	0	9		
2014/4/21 13:30	2014/4/22 9:05	0	19		
2014/4/21 14:35	2014/4/22 0:15	0	9		
2014/4/21 14:31	2014/4/23 14:35	1	0		

6 拖动单元格F5的填充手柄，将其向下填充至单元格F11，计算出其他员工分钟数。

F5 fx =IF(TIME(HOUR(B5),MINUTE(B5),SECOND(B5))>TIME(HOUR(C5),MINUTE(C5),SECOND(C5)),MINUTE(1-TIME(HOUR(B5),MINUTE(B5),SECOND(B5))+TIME(HOUR(C5),MINUTE(C5),SECOND(C5))),MINUTE(TIME(HOUR(C5),MINUTE(C5),SECOND(C5))-TIME(HOUR(B5),MINUTE(B5),SECOND(B5))))

B	C	D	E	F	G
			累计时间		
上班时间	下班时间	天数	小时数	分钟数	累计小时数
2014/4/21 7:50	2014/4/21 12:25	0	4	35	
2014/4/21 8:01	2014/4/21 11:35	0	3	34	
2014/4/21 8:05	2014/4/21 10:45	0	2	40	
2014/4/21 14:01	2014/4/21 23:55	0	填充公式	54	
2014/4/21 13:30	2014/4/22 9:05	0	19	35	
2014/4/21 14:35	2014/4/22 0:15	0	9	40	
2014/4/21 14:31	2014/4/23 14:35	1	0	4	

7 选择单元格G5，在编辑栏中输入公式"=D5*24+E5+IF(F5=0,0,IF(F5<=30,0.5,1))"，按下Enter键，计算出累计工作时间。

G5 输入公式 fx =D5*24+E5+IF(F5=0,0,IF(F5<=30,0.5,1))

D	E	F	G	H
工资计时表				
	累计时间			计时工资额(元)
天数	小时数	分钟数	累计小时数	
0	4	35	5	
0	3	34		
0	2	40		
0	9	54		
0	19	35		
0	9	40		
1	0	4		

8 拖动单元格G5的填充手柄，将其向下填充至单元格G11，计算出其他员工的累计工作时间。

G5 fx =D5*24+E5+IF(F5=0,0,IF(F5<=30,0.5,1))

D	E	F	G	H
工资计时表				
	累计时间			计时工资额(元)
天数	小时数	分钟数	累计小时数	
0	4	35	5	
0	3	34	4	
0	2	40	3	
0	9	54	10	填充公式
0	19	35	20	
0	9	40	10	
1	0	4	24.5	

9 选择单元格H5，在编辑栏中输入公式"=G5*C$2*2"，按下Enter键，计算出计时工资额。

H5 输入公式 fx =G5*C$2*2

D	E	F	G	H
工资计时表				
	累计时间			计时工资额(元)
天数	小时数	分钟数	累计小时数	
0	4	35	5	100
0	3	34	4	
0	2	40	3	
0	9	54	10	
0	19	35	20	
0	9	40	10	
1	0	4	24.5	

10 拖动单元格H5的填充手柄，将其向下填充至单元格H11，计算出其他员工的计时工资。

H5 fx =G5*C$2*2

D	E	F	G	H
工资计时表				
	累计时间			计时工资额(元)
天数	小时数	分钟数	累计小时数	
0	4	35	5	100
0	3	34	4	80
0	2	40	3	60
0	9	54	填充公式	200
0	19	35	20	400
0	9	40	10	200
1	0	4	24.5	490

● Level ★★★☆

2013 2010 2007

如何利用 WEEKDAY 函数计算星期?

● 实例：设计备忘日推算表

在实际工作中，往往会有一些特定的日期是需要人们备忘的。其中有些是固定日期，但若需知道具体是星期几，在没有日历的情况下推算起来比较困难。下面介绍用Weekday函数设计备忘日推算表的方法。

1 选择单元格C2，单击编辑栏中的"插入函数"按钮 *f*。

	A	B	C			F
			单击"插入函数"按钮			
1			备忘日推算表			
2		输入年份				
3		节日名称	定义日期		具体日期	星期数
4			月	日		
5		元旦	1	1		
6		劳动节	5	1		
7		青年节	5	4		
8		国庆节	10	1		
9		圣诞节	12	25		
10		母亲节	5月第2个星期日			
11		父亲节	6月第3个星期日			
12		感恩节	11月第4个星期四			

2 打开"插入函数"对话框，在"或选择类别"下拉列表中选择"日期与时间"选项。

插入函数

搜索函数(S)：
请输入一条简短说明来描述您想做什么，然后单击"转到" [转到(G)]

或选择类别(C)：常用函数
选择函数(N)：　常用函数
DATE　　　　财务
YEAR　　　　日期与时间
DAYS360　　数字与三角函数
NETWORKDA　统计
IF　　　　　　查找与引用
INDEX　　　　数据库
DVAR　　　　文本
DATE(year,mo　逻辑
返回在 Micros　信息
　　　　　　　工程

选择"日期与时间"选项

3 在"插入函数"对话框中，选择"选择函数"列表框中的Year函数。

插入函数

搜索函数(S)：
请输入一条简短说明来描述您想做什么，然后单击"转到" [转到(G)]

或选择类别(C)：日期与时间

选择函数(N)：
TODAY
WEEKDAY
WEEKNUM
WORKDAY
WORKDAY.INTL
YEAR ← 选择YEAR函数
YEARFRAC

YEAR(serial_number)
返回日期的年份值，一个 1900-9999 之间的数字。

4 单击"确定"按钮，打开"函数参数"对话框，在Serial_number文本框中输入"NOW()"或者"TODAY()"。

函数参数

YEAR

Serial_number [Now()] ← 输入参数

返回日期的年份值，一个 1900-9999 之间的数字。

Serial_number Microsoft E

计算结果 = 可变的

5 单击"确定"按钮，单元格C2显示当前的年份。

7 打开"函数参数"对话框，在Year文本框中输入"$C$2"，在Month文本框中输入"C5"，在Day文本框中输入"D5"。

9 拖动单元格E5的填充手柄向下填充至单元格E9，计算出其他节日的具体日期。

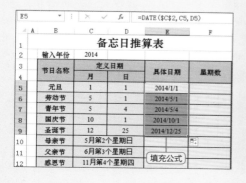

6 选择单元格E5，在"公式"选项卡中，单击"函数库"功能区的"日期和时间"按钮，在弹出的列表中选择DATE函数。

8 单击"确定"按钮，单元格E5中计算出2014年元旦的日期。

10 选择单元格F5，在编辑栏中单击"插入函数"按钮，打开"插入函数"对话框，选择WEEKDAY函数。

11 单击"确定"按钮，打开"函数参数"对话框，分别输入E5和1。

函数参数

WEEKDAY

Serial_number E5 [输入参数] = 41

Return_type 1 = 1

= 4

返回代表一周中的第几天的数值，是一个1到7之间的整数。

Return_type 从 星期日=1 到 星期六=7，用1
从 星期一=0 到 星期六=6 时，用

12 单击"确定"按钮，单元格F5中显示2014年元旦的具体星期数。

F5 =WEEKDAY(E5,1)

备忘日推算表

节日名称	定义日期		具体日期	星期数
	月	日		
元旦	1	1	2014/1/1	星期三
劳动节	5	1	2014/5/1	
青年节	5	4	2014/5/4	[计算结果]
国庆节	10	1	2014/10/1	

输入年份 2014

13 选择单元格E10，在编辑栏中输入公式"=DATE(C2,5,1)+IF(WEEKDAY(DATE(C2,5,1))>1,7-WEEKDAY(DATE(C2,5,1))+1+(2-1)*7,1-WEEKDAY(DATE(C2,5,1))+(2-1)*7)"，按下Enter键，计算母亲节的具体日期。

E10 [输入公式] =DATE(C2,5,1)+IF(WEEKDAY(DATE(C2,5,1))>1,7-WEEKDAY(DATE(C2,5,1))+1+(2-1)*7,1-WEEKDAY(DATE(C2,5,1))+(2-1)*7)

备忘日推算表

输入年份 2014

节日名称	定义日期		具体日期	星期数
	月	日		
元旦	1	1	2014/1/1	星期三
劳动节	5	1	2014/5/1	
青年节	5	4	2014/5/4	
国庆节	10	1	2014/10/1	
圣诞节	12	25	2014/12/25	
母亲节	5月第2个星期日		2014/5/11	

14 选择单元格E11，在编辑栏中输入公式"=DATE(C2,6,1)+IF(WEEKDAY(DATE(C2,6,1))>1,7-WEEKDAY(DATE(C2,6,1))+1+(3-1)*7,1-WEEKDAY(DATE(C2,6,1))+(3-1)*7)"，按下Enter键，计算父亲节的具体日期。

E11 [输入公式] =DATE(C2,6,1)+IF(WEEKDAY(DATE(C2,6,1))>1,7-WEEKDAY(DATE(C2,6,1))+1+(3-1)*7,1-WEEKDAY(DATE(C2,6,1))+(3-1)*7)

备忘日推算表

输入年份 2014

节日名称	定义日期		具体日期	星期数
	月	日		
元旦	1	1	2014/1/1	星期三
劳动节	5	1	2014/5/1	
青年节	5	4	2014/5/4	
国庆节	10	1	2014/10/1	
圣诞节	12	25	2014/12/25	
母亲节	5月第2个星期日		2014/5/11	

15 选择单元格E12，在编辑栏中输入公式"=DATE(C2,11,1)+IF(WEEKDAY(DATE(C2,11,1))>5,7-WEEKDAY(DATE(C2,11,1))+5+(4-1)*7,5-WEEKDAY(DATE(C2,11,1))+(4-1)*7)"，按下Enter键，计算感恩节具体日期。

E12 [输入公式] =DATE(C2,11,1)+IF(WEEKDAY(DATE(C2,11,1))>5,7-WEEKDAY(DATE(C2,11,1))+5+(4-1)*7,5-WEEKDAY(DATE(C2,11,1))+(4-1)*7)

备忘日推算表

输入年份 2014

节日名称	定义日期		具体日期	星期数
	月	日		
元旦	1	1	2014/1/1	星期三
劳动节	5	1	2014/5/1	
青年节	5	4	2014/5/4	
国庆节	10	1	2014/10/1	
圣诞节	12	25	2014/12/25	
母亲节	5月第2个星期日		2014/5/11	
父亲节	6月第3个星期日		2014/6/15	

16 拖动单元格F5的填充手柄，将其向下填充复制至单元格F12，计算其他节日的星期数。

备忘日推算表

输入年份 2014

节日名称	定义日期		具体日期	星期数
	月	日		
元旦	1	1	2014/1/1	星期三
劳动节	5	1	2014/5/1	星期四
青年节	5	4	2014/5/4	星期日
国庆节	10	1	2014/10/1	星期三
圣诞节	12	25	2014/12/25	星期四
母亲节	5月第2个星期日		2014/5/11	星期日
父亲节	6月第3个星期日		2014/6/15	星期日
感恩节	11月第4个星期四		2014/11/27	星期四

[填充公式]

● Level ★★★☆ 2013 2010 2007

如何利用 MONTH 函数计算指定月份的产量?

● 实例：设计出货单

根据出货清单，统计某产品在某个月的产量和、某两种产品的总产值、统计某特定时段某特定产品的产量、某产品在一定数量值上的月份数、统计总产品数。下面介绍使用MONTH函数计算指定月份的产量的方法。

① 选择单元格F2，在编辑栏中输入数组公式"=SUM(IF(($A$3:$A$16="B201")*(MONTH($B$3:$B$16)=2),($D$3:$D$16),0))"。

② 按Shift+Ctrl+Enter组合键，计算B201在2月份的总产量。

产品数量		F	G	H
	B201的2月份的产量	=SUM(IF(($A$3:$A$16="B201")*		
112	A101的1月份的产量	MONTH($B$3:$B$16)=2),($D$3:		
124	B201和C301总产量	$D$16),0))		
158				
175	1月份之前A101的产量和1月份之后不包括			
201	A101的产品产量之和			
251				
271	A101的产量大于200的次数			
281				
307	产品编号中不重复的编号总数			

输入数组公式

第二张：631 计算结果

③ 选择单元格F3，在编辑栏中输入数组公式"=SUM(IF(($A$3:$A$16="A101")*(MONTH($B$3:$B$16)=1),($D$3:$D$16),0))"。

④ 按下Shift+Ctrl+Enter组合键，计算A101产品在1月份的总产量。

输入数组公式

631 / 552 计算结果 不包括

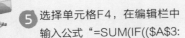

5 选择单元格F4，在编辑栏中输入公式"=SUM(IF(($A$3:$A$16="B201")+($A$3:$A$16="C301"),($D$3:$D$16))*($C$3:$C$16)))"，按下Shift+Ctrl+Enter组合键，计算B201和C301两种产品的总产量。

	F4		f_x	{=SUM(IF(($A$3:$A$16="B201")+($A$3:$A$16="C301"),($D$3:$D$16))*($C$3:$C$16)))}

输入公式

	D	E	F	G	H
1	产品数量	B201的2月份的产量	631		
2	112	A101的1月份的产量	552		
3	124	B201和C301总产量	88600		
4	158				
5	175	1月份之前A101的产量和1月份之后不包括			
6	201	A101的产品产量之和			

6 选择单元格E8，在编辑栏中输入公式"=SUM(IF((MONTH($B$3:$B$16)>=1)<>($A$3:$A$16="A101"),$D$3:$D$16)))"，按下Shift+Ctrl+Enter组合键，计算1月份之前A101的产量和1月份之后不包括A101的总产量。

	E8		f_x	{=SUM(IF((MONTH($B$3:$B$16)>=1)<>($A$3:$A$16="A101"),$D$3:$D$16)))}

输入公式

	D	E	F	G	H
1	产品数量	B201的2月份的产量	631		
2	112	A101的1月份的产量	552		
3	124	B201和C301总产量	88600		
4	158				
5	175	1月份之前A101的产量和1月份之后不包括			
6	201	A101的产品产量之和			

7 选择E10单元格，在编辑栏中输入公式"=SUM(IF(($A$3:$A$16="A101")*($D$3:$D$16>200),1,0))"，按下Shift+Ctrl+Enter组合键，计算产品A101有几次产量大于200。

	E10		f_x	{=SUM(IF(($A$3:$A$16="A101")*($D$3:$D$16>200),1,0))}

输入公式

	D	E	F	G	H
1	产品数量	B201的2月份的产量	631		
2	112	A101的1月份的产量	552		
3	124	B201和C301总产量	88600		
4	158				
5	175	1月份之前A101的产量和1月份之后不包括			
6	201	A101的产品产量之和			

8 选择单元格E12，在编辑栏中输入公式"=SUM(1/COUNTIF($A$3:$A$16,$A$3:$A$16))"，按下Shift+Ctrl+Enter组合键，统计产品编号中不重复的编号总数。

	E12		f_x	{=SUM(1/COUNTIF($A$3:$A$16,$A$3:$A$16))}

输入公式

	D	E	F	G	H
1	产品数量	B201的2月份的产量	631		
2	112	A101的1月份的产量	552		
3	124	B201和C301总产量	88600		
4	158				
5	175	1月份之前A101的产量和1月份之后不包括			
6	201	A101的产品产量之和			
7	251	3004			

9 选择单元格E14，在编辑栏中输入公式"=SUM(IF(MATCH(MONTH($B$3:$B$16),MONTH($B$3:$B$16),0)=ROW($B$3:$B$16)-3,1))"，按下Shift+Ctrl+Enter组合键，统计出货单中共登记了几个月的产量。

	E14		f_x	{=SUM(IF(MATCH(MONTH($B$3:$B$16),MONTH($B$3:$B$16),0)=ROW($B$3:$B$16)-3,1))}

输入公式

	D	E	F	G	H
6	175	1月份之前A101的产量和1月份之后不包括			
7	201	A101的产品产量之和			
8	251	3004			
9	271	A101的产量大于200的次数			
10	281	2			
11	307	产品编号中不重复的编号总数			
12	324	4			

10 选择单元格A19，在编辑栏中输入公式"=IF(SUM(1/COUNTIF($A$3:$A$16,$A$3:$A$16))>=ROW(B1),INDEX($A$3:$A$16,SMALL(IF(ROW($A$3:$A$16)-2=MATCH($A$3:$A$16,$A$3:$A$16,0),ROW($A$3:$A$16)-2,"0"),ROW(B1))),"END")"，按下Shift+Ctrl+Enter组合键。

	A19		f_x	{=IF(SUM(1/COUNTIF($A$3:$A$16,$A$3:$A$16))>=ROW(B1),INDEX($A$3:$A$16,SMALL(IF(ROW($A$3:$A$16)-2=MATCH($A$3:$A$16,$A$3:$A$16,0),ROW($A$3:$A$16)-2,"0"),ROW(B1))),"END")}

输入公式

	A	B	C
18	没有重复的产品编号	总产量	排序结果
19	A101		
20			

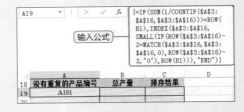

⑪ 拖动单元格A19的填充手柄向下填充至单元格A23，当出现END时说明已经没有新编号。

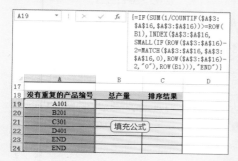

⑫ 选择单元格B19，在编辑栏中输入公式"=SUM(IF(($A$3:$A$16="A101"),($D$3:$D$16),0))"，按下Shift+Ctrl+Enter组合键，计算A101的总产量。

B19	fx	输入公式	{=SUM(IF(($A$3:$A16="A101"),($D$3:$D$16),0))}		
	A	B	C	D
12	B201	2014/2/21	33	324
13	C301	2013/11/30	48	351
14	C301	2013/11/17	47	397
15	D401	2013/11/20	62	410
16	D401	2013/11/29	65	430
18	没有重复的产品编号	总产量	排序结果	
19	A101	788		
20	B201			
21	C301			
	D401			

⑬ 选择单元格B20，在编辑栏中输入公式"=SUM(IF(($A$3:$A$16="B201"),($D$3:$D$16),0))"，按下Shift+Ctrl+Enter组合键，计算B201的总产量。

B20	fx	输入公式	{=SUM(IF(($A$3:$A$16="B201"),($D$3:$D$16),0))}		
	A	B	C	D
12	B201	2014/2/21	33	324
13	C301	2013/11/30	48	351
14	C301	2013/11/17	47	397
15	D401	2013/11/20	62	410
16	D401	2013/11/29	65	430
17				
18	没有重复的产品编号	总产量	排序结果	
19	A101	788		
20	B201	964		
21	C301			
	D401			

⑭ 选择单元格B21，在编辑栏中输入公式"=SUM(IF(($A$3:$A$16="C301"),($D$3:$D$16),0))"，按下Shift+Ctrl+Enter组合键，计算C301的总产量。

B21	fx	输入公式	{=SUM(IF(($A$3:$A16="C301"),($D$3:$D$16),0))}		
	A	B	C	D
12	B201	2014/2/21	33	324
13	C301	2013/11/30	48	351
14	C301	2013/11/17	47	397
15	D401	2013/11/20	62	410
16	D401	2013/11/29	65	430
17				
18	没有重复的产品编号	总产量	排序结果	
19	A101	788		
20	B201	964		
21	C301	1200		
	D401			

⑮ 选择单元格B22，在编辑栏中输入公式"=SUM(IF(($A$3:$A$16="D401"),($D$3:$D$16),0))"，按下Shift+Ctrl+Enter组合键，计算D401的总产量。

B22	fx	输入公式	{=SUM(IF(($A$3:$A$16="D401"),($D$3:$D$16),0))}		
	A	B	C	D
12	B201	2014/2/21	33	324
13	C301	2013/11/30	48	351
14	C301	2013/11/17	47	397
15	D401	2013/11/20	62	410
16	D401	2013/11/29	65	430
17				
18	没有重复的产品编号	总产量	排序结果	
19	A101	788		
20	B201	964		
21	C301	1200		
	D401	840		

⑯ 选择单元格区域"C19:C22"，在其中输入公式"=INDEX($A$19:$A$22,MATCH(LARGE($B$19:$B$22+ROW($B$19:$B$22),ROW()-18),$B$19:$B$22+ROW($B$19:$B$22),0))"，按下Shift+Ctrl+Enter组合键，排序列结果。

C19	fx	输入公式	{=INDEX($A$19:$A$22,MATCH(LARGE($B$19:$B$22+ROW($B$19:$B$22),ROW()-18),$B$19:$B$22+ROW($B$19:$B$22),0))}		
	A	B	C	D
15	D401	2013/11/20	62	410
16	D401	2013/11/29	65	430
17				
18	没有重复的产品编号	总产量	排序结果	
19	A101	788	C301	
20	B201	964	B201	
21	C301	1200	D401	
22	D401	840	A101	

● Level ★★★☆　　　2013　2010　2007

如何利用 WORKDAY 函数计算基金赎回入账日期？

● 实例：计算基金赎回入账日期

函数WORKDAY的功能是返回某日期之前或之后相隔指定工作日的某一日期的日期值。下面介绍使用WORKDAY函数计算基金赎回入账日期的方法。

1 选择单元格G2，在编辑栏中单击"插入函数"按钮 *f*，打开"插入函数"对话框，选择WORKDAY函数。

插入函数

搜索函数(S)：

请输入一条简短说明来描述您想做什么，然后单击"转到"　　　转到(G)

或选择类别(C)： 日期与时间　　▼

选择函数(N)：

TIME
TIMEVALUE
TODAY
WEEKDAY
WEEKNUM
WORKDAY　　　选择WORKDAY函数
WORKDAY.INTL

WORKDAY(start_date,days,holidays)
返回在指定的若干个工作日之前/之后的日期(一串数字)

2 单击"确定"按钮，打开"函数参数"对话框，分别输入"F2"和"5"。

函数参数

WORKDAY

Start_date F2　　　　　　输入参数　　　=

Days 5　　　　　　　　　　　　=

Holidays　　　　　　　　　　=

　　　　　　　　　　　　　　=

返回在指定的若干个工作日之前/之后的日期(一串数字)

　　　　Days 是 start_date 之前/之后非周

3 单击"确定"按钮，计算第一种基金赎回的入账日期。

| G2 | ▼ | : | × | ✓ | *fx* | =WORKDAY(F2,5) |

	D	E	F	G	H
1	份额	现值	赎回日期	入账日期	现总额
2	3558.7189	1.4900	2014/4/16	2014/4/23	5,302.49
3	3418.1568	1.5800	2014/4/17		5,400.69
4	3312.5745	1.7106	2014/4/18	计算结果	5,666.49
5	4204.4293	1.2710	2014/4/21		5,343.83
6	3765.2035	1.3495	2014/4/22		5,081.14
7					
8					
9					
10					
11					

4 拖动单元格G2的填充手柄，将其向下填充至单元格G6，计算出其他基金赎回的入账日期。

| G2 | ▼ | : | × | ✓ | *fx* | =WORKDAY(F2,5) |

	D	E	F	G	H
1	份额	现值	赎回日期	入账日期	现总额
2	3558.7189	1.4900	2014/4/16	2014/4/23	5,302.49
3	3418.1568	1.5800	2014/4/17	2014/4/24	5,400.69
4	3312.5745	1.7106	2014/4/18	2014/4/25	5,666.49
5	4204.4293	1.2710	2014/4/21	2014/4/28	5,343.83
6	3765.2035	1.3495	2014/4/22	2014/4/29	5,081.14
7					
8				填充公式	
9					
10					
11					

Chapter

07

查找与引用函数的
应用技巧

查 找与引用函数灵活地应用于单元格区域内数值的查找，同时还
可以进行相应的操作。使用这类函数，用户不必拘泥于数据的
具体位置，只需要了解数据所在区域即可，单元格数据的可操作性和
灵活性更强。本章采用以实例为引导的方式来讲解常用查找和引用函
数的应用技巧，如HLOOKUP函数、VLOOKUP函数、INDEX函数等。

Question 108

● Level ★★★☆   2013 2010 2007

如何利用 ADDRESS 函数返回产量最高的地址?

● 实例：返回产量最高的地址

现需根据单元格D1的选择项目引用相应工作表的产量合计，并查找出本组产量最高的地址。下面介绍使用ADDRESS函数返回产量最高的地址的方法。

1 选择工作表D组中的单元格D2，单击编辑栏中的"插入函数"按钮 *fx*，打开"插入函数"对话框，选择"查找与引用"类别中的INDIRECT函数。

插入函数	? X

搜索函数(S):

请输入一条简短说明来描述您想做什么，然后单击"转到"	转到(G)

或选择类别(C): 查找与引用 ▼

选择函数(N):

```
INDEX
INDIRECT     选择INDIRECT函数
LOOKUP
MATCH
OFFSET
ROW
ROWS
```

INDIRECT(ref_text,a1)
返回文字字符串所指定的引用

2 单击"确定"按钮，打开"函数参数"对话框，在Ref_text文本框中输入"ADDRESS(11,2,1,1,D1)"。

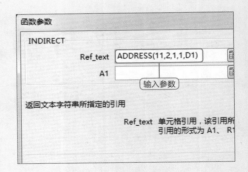

函数参数

INDIRECT

Ref_text ADDRESS(11,2,1,1,D1)

A1 [　　　　　　　] 输入参数

返回文字字符串所指定的引用

Ref_text 单元格引用，该引用所引用的形式为 A1、R1

3 单击"确定"按钮，公式将返回单元格D1所指定的工作表的合计产量。

D2	▼ : × ✓ *fx*	=INDIRECT((ADDRESS(11,2,1,1,D1)))

	A	B	C	D
1	机台	产量		B组
2	1#	3440		27820
3	2#	3080		
4	3#	3240		返回本组产量最高地址
5	4#	2980		
6	5#	2800		计算结果
7	6#	3380		
8	7#	3160		
9	8#	2800		
10	9#	2950		
11	合计	27830		
12				
13				

4 单击要输入公式所在的单元格D5，将其选中。

D5	▼ : × ✓ *fx*	

	A	B	C	D
1	机台	产量		B组
2	1#	3440		27820
3	2#	3080		
4	3#	3240		返回本组产量最高地址
5	4#	2980		
6	5#	2800		选择单元格
7	6#	3380		
8	7#	3160		
9	8#	2800		
10	9#	2950		
11	合计	27830		
12				
13				

5 在编辑栏中，单击"插入函数"按钮 f_x，打开"插入函数"对话框。

6 单击"或选择类别"下拉按钮，在弹出的下拉列表中选择"查找与引用"选项。

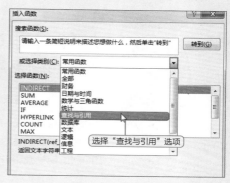

7 在"插入函数"对话框中，选择"选择函数"列表框中的ADDRESS函数。

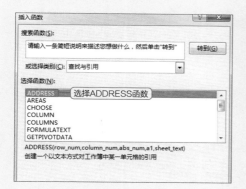

8 单击"确定"按钮打开"函数参数"对话框。在Row_num文本框中输入"MAX(IF(B2:B10=MAX(B2:B10),ROW(2:10)))"。

9 在Column_num文本框中输入"2"，然后按下Ctrl+Shift+Enter组合键。

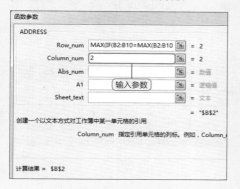

10 按下Ctrl+Shift+Enter组合键后，将返回单元格区域"B2:B10"中最大值的地址。

● Level ★★★☆

`2013` `2010` `2007`

如何利用 COLUMN 函数根据产量按降序对人员进行排名？

● 实例：根据产量按降序对人员进行排名

工作表中有每个人一周的产量，现需要根据产量按降序对人员进行排名。函数COLUMN的功能是返回引用的列标。下面介绍使用COLUMN函数根据产量按降序对人员进行排名的方法。

① 打开工作簿，单击要输入公式的单元格B10，将其选中。

② 在单元格B10中输入数组公式"=INDEX(1:1,RIGHT(LARGE(SUBTOTAL(9,OFFSET($A2:$A8,,COLUMN($B:$J)-1,,))*10+COLUMN($B:$J)-1,COLUMN(A1)))+1)"。

B10	▼	⋮	×	✓	fx	
▲	A	B	C	D	E	F
1	姓名	郑会英	李小芳	邓龙春	何泉波	李红春
2	星期一	56	72	60	44	56
3	星期二	50	51	54	44	51
4	星期三	43	59	69	49	42
5	星期四	77	63	71	59	48
6	星期五	47	72	75	52	56
7	星期六	80	42	47	44	75
8	星期日	63	57	80	79	68
10	按产量排名		选择单元格			
11						
12						

▲	A	B	C	D	E	F	G
1	姓名	郑会英	李小芳	邓龙春	何泉波	李红春	欧阳新
2	星期一	56	72	60	44	56	65
3	星期二	50	51	54	44	51	62
4	星期三	43	59	69	49	42	76
5	星期四	77	63	71	59	48	44
6	星期五	47	72	75	52	56	74
7	星期六	80	42	47	44	75	62
8	星期日	63	57	80	79	68	46
10	=INDEX(1:1,RIGHT(LARGE(SUBTOTAL(9,OFFSET($A2:$A8,, COLUMN($B:$J)-1,,))*10+ COLUMN($B:$J)-1,COLUMN(A1))) +1)				输入数组公式		

③ 按下Ctrl+Shift+Enter组合键，将返回最高产量者姓名。

④ 拖动单元格B10填充手柄，将公式向右填充至单元格J10，对其他员工进行排序。

B10	▼	⋮	×	✓	fx	{=INDEX(1:1,RIGHT(LARGE(SUBTOTAL(9,OFFSET($A2:$A8,, COLUMN($B:$J)-1,))*10+COLUMN($B:$J)-1,COLUMN(A1)))+1)}
▲	A	B	C	D	E	F	G
1	姓名	郑会英	李小芳	邓龙春	何泉波	李红春	欧阳新
2	星期一	56	72	60	44	56	65
3	星期二	50	51	54	44	51	62
4	星期三	43	59	69	49	42	76
5	星期四	77	63	71	59	48	44
6	星期五	47	72	75	52	56	74
7	星期六	80	42	47	44	75	62
8	星期日	63	57	80	79	68	46
10	按产量排名	谢格丽		计算结果			

✓	fx	{=INDEX(1:1,RIGHT(LARGE(SUBTOTAL(9,OFFSET($A2:$A8,,COLUMN($

C	D	E	F	G	H	I	J
李小芳	邓龙春	何泉波	李红春	欧阳新英	谢格丽	曹琼月	李小芳
72	60	44	56	65	53	60	75
51	54	44	51	62	61	66	48
59	69	49	42	76	65	41	75
63	71	59	48	44	75	70	76
72	75	52	56	74	79	57	43
42	47	44	75	62	78	65	71
57	80	79	68	46	51	74	40
邓龙春	曹琼月	欧阳新英	李小芳	李小芳	郑会英	李红春	何泉波
			填充公式				

● Level ★★★☆ 2013 2010 2007

如何利用 ROW 函数计算最高实发工资？

● 实例：计算最高实发工资

工作表B列为每名员工的标准工资，在后面有6项扣款项目。现需要计算所有员工的标准工资减去扣款后的实发工资，并取出最大值。下面介绍使用ROW函数计算最高实发工资的方法。

1 打开工作簿，单击要输入公式的单元格 C11，将其选中。

	A	B	C	D	E
1	姓名	标准工资	迟到扣款	早退扣款	住宿扣款
2	张利军	1800	14	38	47
3	谭文军	1500	32	43	30
4	熊文干	1600	30	15	
5	刘咏梅	2000		25	34
6	姜璐	2500	27	51	42
7	曹琼月	1800	60	30	
8	蒋崇志	1900	57	10	17
9	李宁芳	1600		29	26
10	樊平	1900	38	43	11
11	最高工资：				

选择单元格

2 在单元格C11中输入公式"=MAX(B2: B10-MMULT(C2:G10*1,ROW(1:5)^0))"。

输入公式

3 按下Ctrl+Shift+Enter组合键，公式将返回最高实发工资。

最高工资： 2210

计算结果

Hint 提示说明

本例因为扣款项目不多，也可直接输入一个常量数组，从而缩短公式，公式为"=MAX(B2:B10-MMULT(C2:G10*1,{1;1;1;1;1}))"。

简化公式 最高工资： 2210

● Level ★★★☆   2013 2010 2007

如何利用 AREAS 函数统计分公司数量?

● 实例: 统计分公司数量

函数AREAS的功能是返回引用中包含的区域个数。工作表中列出某集团下属公司的员工人数,现需要统计出该集团有多少个分公司。下面介绍使用AREAS函数统计分公司数量的方法。

1 打开工作簿,单击要输入公式的单元格 B9,将其选中。

2 在"公式"选项卡中,单击"函数库"功能区中的"查找与引用"按钮,在弹出的下拉列表中选择AREAS函数。

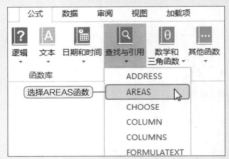

3 打开"函数参数"对话框,在Reference 文本框中输入"(A1:A6,B1:B6,C1:C6,D1: D6,E1:E6)"。

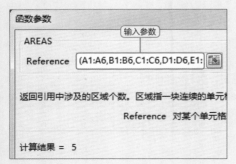

4 单击"确定"按钮,将返回分公司的数量。

Question

Level ★★★☆

`2013` `2010` `2007`

如何利用 ROWS 函数将每个人的跳远成绩重新分组？

● **实例：将每个人的跳远成绩重新分组**

工作表中有3个人在不同时间的3次跳远成绩。现需将每个人的跳远成绩集中在一起，方便查看。下面介绍使用ROWS函数将每个人的跳远成绩重新分组的方法。

1 在单元格F2中输入数组公式"=INDEX($C:$C,SMALL(IF($A$2:$A$10=$E2,ROW($2:$10),ROWS($1:$10)),COLUMN(A1)))"。

2 按下Ctrl+Shift+Enter组合键，将返回第一个人的第一次跳远成绩。

| AREAS | ▼ : × ✓ fx | =INDEX($C:$C, SMALL(IF($A$2:$A$10=$E2, ROW($2:$10), ROWS($1:$10)), COLUMN(A1))) |

	B	C	D	E	F	G	H
1	时间	跳远成绩		姓名		跳远成绩	
2	8:50	4.		=INDEX($C:$C, SMALL(IF($A$2:$A$10=$E2,ROW($2:$10), ROWS($1:$10)), COLUMN(A1)))			
3	8:55	3.					
4	9:00	4.10米		李苹			
5	9:05	4.06米			输入数组公式		
6	9:10	4.05米					
7	9:15	3.82米					
8	9:20	3.96米					
9	9:25	4.20米					
10	9:30	4.03米					
11							

| F2 | ▼ : × ✓ fx | [=INDEX($C:$C, SMALL(IF($A$2:$A$10=$E2, ROW($2:$10), ROWS($1:$10)), COLUMN(A1))] |

	B	C	D	E	F	G	H
1	时间	跳远成绩		姓名		跳远成绩	
2	8:50	4.20米		郑慈英	4.20米		
3	8:55	3.82米		邓富梅			
4	9:00	4.10米		李苹			
5	9:05	4.06米			计算结果		
6	9:10	4.05米					
7	9:15	3.82米					
8	9:20	3.96米					
9	9:25	4.20米					
10	9:30	4.03米					
11							

3 拖动单元格F2的填充手柄，将其向右填充至单元格H2，返回第一个人的三次成绩。

4 拖动选择单元格区域"F2:H2"的填充手柄，将其向下填充至单元格区域"F4:H4"，公式将三个人的跳远成绩重新分组。

| F2 | ▼ : × ✓ fx | [=INDEX($C:$C, SMALL(IF($A$2:$A$10=$E2, ROW($2:$10), ROWS($1:$10)), COLUMN(A1)))] |

	B	C	D	E	F	G	H
1	时间	跳远成绩		姓名		跳远成绩	
2	8:50	4.20米		郑慈英	4.20米	4.06米	3.96米
3	8:55	3.82米		邓富梅			
4	9:00	4.10米		李苹			
5	9:05	4.06米			填充公式		
6	9:10	4.05米					
7	9:15	3.82米					
8	9:20	3.96米					
9	9:25	4.20米					
10	9:30	4.03米					
11							

| F2 | ▼ : × ✓ fx | [=INDEX($C:$C, SMALL(IF($A$2:$A$10=$E2, ROW($2:$10), ROWS($1:$10)), COLUMN(A1)))] |

	B	C	D	E	F	G	H
1	时间	跳远成绩		姓名		跳远成绩	
2	8:50	4.20米		郑慈英	4.20米	4.06米	3.96米
3	8:55	3.82米		邓富梅	3.82米	4.05米	4.20米
4	9:00	4.10米		李苹	4.10米	3.82米	4.03米
5	9:05	4.06米					
6	9:10	4.05米			填充公式		
7	9:15	3.82米					
8	9:20	3.96米					
9	9:25	4.20米					
10	9:30	4.03米					
11							

如何利用 CHOOSE 函数根据产品质量决定处理办法？

● 实例：根据产品质量决定处理办法

公司规定：供货商送货时若不良率在0%到0.5%之间为"合格"；0.5%到1%之间为"允收"，若不良率在1%以上，则"退货"。下面介绍使用CHOOSE函数根据产品质量决定处理办法的方法。

---

1 选择单元格D2，在编辑栏中单击"插入函数"按钮 f_x。

单击"插入函数"按钮

	A	B	C	D	E
1	厂商	送货数量	不良品	处理办法	
2	金成鞋材厂	58190	830		
3	赛力电子厂	75940	580		
4	远大公司	62800	640		
5	景湘公司	73730	940		
6	玉和公司	64470	230		
7	三一材料厂	64110	450		
8	明一公司	64640	0		
9	惠民公司	71690	1280		
10					
11					

2 打开"插入函数"对话框，单击"或选择类别"下拉按钮，在弹出的下拉列表中选择"查找与引用"选项。

选择"查找与引用"选项

3 在"插入函数"对话框中，选择"选择函数"列表框中的CHOOSE函数。

选择CHOOSE函数

CHOOSE(index_num,value1,value2,...)
根据给定的索引值，从参数串中选出相应值或操作

4 单击"确定"按钮，打开"函数参数"对话框。在Index_num文本框中输入"(SUM(N(C2/B2>={0,0.005,0.01})))"。

CHOOSE
Index_num (SUM(N(C2/B2>={0,0.005,0.0 = 3
Value1 = 任意
Value2 输入参数 = 任意

=

根据给定的索引值，从参数串中选出相应值或操作

Index_num: 指出所选参数值在参数串中的位置。Index之间的数量，或者是返回值介于 1 到 254

5 在Value1文本框中输入""合格""，在Value2文本框中输入""允收""，在Value3文本框中输入""退货""。

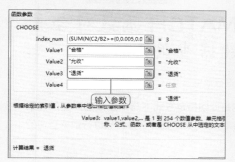

6 按下Enter键，将返回第一个供货商的货物处理方法。

7 拖动单元格D2的填充手柄，将其向下填充至单元格D9，判断其他厂商产品的处理方法。

	A	B	C	D	E	F
1	厂商	送货数量	不良品	处理办法		
2	金成鞋材厂	58190	830	退货		
3	赛力电子厂	75940	580	允收		
4	远大公司	62800	640	退货		
5	景湘公司	73730	940	退货		
6	玉和公司	64470	230	合格		
7	三一材料厂	64110	450	允收		
8	明一公司	64640	0	合格		
9	惠民公司	71690	1280	退货		
10						
11						

填充公式

公式：`=CHOOSE((SUM(N(C2/B2>={0,0.005,0.01}))),"合格","允收","退货")`

Hint 提示说明

单元格D2的公式可以更改为"`=LOOKUP(C2/B2,{0,"合格";0.005,"允收";0.01,"退货"})`"。

	A	B	C	D	E	F
1	厂商	送货数量	不良品	处理办法		
2	金成鞋材厂	58190	830	退货		
3	赛力电子厂	75940	580			
4	远大公司	62800	640			
5	景湘公司	73730	940			
6	玉和公司	64470	230			
7	三一材料厂	64110	450			
8	明一公司	64640	0			
9	惠民公司	71690	1280			

输入公式 `=LOOKUP(C2/B2,{0,"合格";0.005,"允收";0.01,"退货"})`

Hint 提示说明

本例因货品处理方式仅有三种，也可利用IF函数进行条件选择，公式为"`=IF(C2/B2>=0.01,"退货",IF(C2/B2>=0.005,"允收","合格"))`"。

输入公式 `=IF(C2/B2>=0.01,"退货",IF(C2/B2>=0.005,"允收","合格"))`

	A	B	C	D	E	F
1	厂商	送货数量	不良品	处理办法		
2	金成鞋材厂	58190	830	退货		
3	赛力电子厂	75940	580			
4	远大公司	62800	640			
5	景湘公司	73730	940			
6	玉和公司	64470	230			
7	三一材料厂	64110	450			
8	明一公司	64640	0			

Hint 提示说明

单元格D2的公式可以更改为"`=LOOKUP(C2/B2,{0,0.005,0.01},{"合格","允收","退货"})`"。

输入公式 `=LOOKUP(C2/B2,{0,0.005,0.01},{"合格","允收","退货"})`

	A	B	C	D	E	F
1	厂商	送货数量	不良品	处理办法		
2	金成鞋材厂	58190	830	退货		
3	赛力电子厂	75940	580			
4	远大公司	62800	640			
5	景湘公司	73730	940			
6	玉和公司	64470	230			
7	三一材料厂	64110	450			
8	明一公司	64640	0			
9	惠民公司	71690	1280			

● Level ★★★☆   2013 2010 2007

如何利用 MATCH 函数对合并区域进行数据查询？

● 实例：对合并区域进行数据查询

函数MATCH的功能是返回指定方式下与指定数值匹配的元素位置。下面介绍使用MATCH函数对合并区域进行数据查询的方法。

---

1 打开工作簿，单击要输入公式的单元格J2，将其选中。

J2	▼	:	×	✓	fx			
	G	H	I	J	K	L		
1	时间	品名	查询项目	结果				
2	一季度	洗衣机	销量					
3								
4	二季度	空调	销量	选择单元格			
5								
6	三季度	冰箱	销量					
7								
8	四季度	空调	销量					
9								
10								

2 在单元格J2中输入公式"=OFFSET(B1, MATCH(G2,A2:A13,0)-1+MATCH (H2,{"冰箱","空调","洗衣机"},0),MATCH (I2,C1:E1,0))"。

CHOOSE	▼	:	×	✓	fx	=OFFSET(B1,MATCH(G2,A2: A13,0)-1+MATCH(H2,{"冰箱 ","空调","洗衣机"},0), MATCH(I2,C1:E1,0))
	G	H	I	J	K	L
1	时间	品名	查询项目	结果		
2	=OFFSET(B1,MATCH(G2,A2:A13,0)-1+MATCH(H2,{"冰箱","空调					
3	","洗衣机"},0),MATCH(I2,C1:E1,0))					
	二季度	空调	销量			
5			输入公式			
6	三季度	冰箱	销量			
7						
8	四季度	空调	销量			
10						

---

3 按下Enter键，将返回单元格区域"G2:I2"中指定条件对应的数据。

J2	▼	:	×	✓	fx	=OFFSET(B1,MATCH(G2,A2: A13,0)-1+MATCH(H2,{"冰 箱","空调","洗衣机"},0), MATCH(I2,C1:E1,0))
	G	H	I	J	K	L	M
1	时间	品名	查询项目	结果			
2	一季度	洗衣机	销量	25			
3							
4	二季度	空调	销量	计算结果		
5							
6	三季度	冰箱	销量				
7							
8	四季度	空调	销量				
9							
10							

4 在名称框中输入J4，按下Enter键，选中单元格J4。

J4	▼	:	输入J4	fx			
	G	H	I	J	K	L	
1	时间	品名	查询项目	结果			
2	一季度	洗衣机	销量	25			
3							
4	二季度	空调	销量				
5							
6	三季度	冰箱	销量				
7							
8	四季度	空调	销量				
9							
10							

⑤ 在编辑栏中输入公式"=OFFSET(B1, MATCH(G4, A2:A13,0)-1+MATCH(H4,{"冰箱","空调","洗衣机"},0),MATCH(I4,C1:E1,0))"。

⑥ 按下Enter键，将返回单元格区域"G4:I4"中指定条件对应的数据。

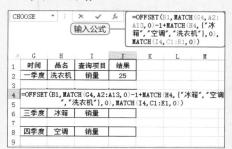

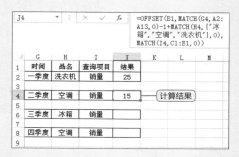

⑦ 选择单元格J6，在编辑栏中输入公式"=OFFSET(B1,MATCH(G6,A2:A13,0)-1+MATCH(H6,{"冰箱","空调","洗衣机"},0),MATCH(I6,C1:E1,0))"。

⑧ 按下Enter键，将返回单元格区域"G6:I6"中指定条件对应的数据。

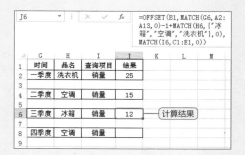

⑨ 在单元格J8中输入公式"=OFFSET(B1, MATCH(G8,A2:A13,0)-1+MATCH(H8,{"冰箱","空调","洗衣机"},0),MATCH(I8,C1:E1,0))"。

⑩ 按下Enter键，将返回单元格区域"G8:I8"中指定条件对应的数据。

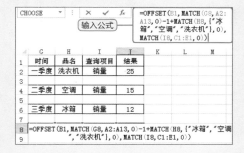

● Level ★★★☆   2013 2010 2007

如何利用 LOOKUP 函数标识各选手应得的奖牌？

● 实例：标识各选手应得的奖牌

工作表中是举重选手的举重成绩，现需要对第一名成绩标识"冠军"，第二名标识"亚军"，第三名标识"季军"。下面介绍使用LOOKUP函数标识各选手应得的奖牌的方法。

1 打开工作簿，单击要输入公式的单元格 C2，将其选中。

	A	B	C	D
1	姓名	成绩 (举重KG)	奖牌	
2	蒋先唱	89		
3	张云	98		
4	黄君祥	100	选择单元格	
5	邓景旺	108		
6	何路忠	98		
7	胡庆忠	96		
8	周志平	91		
9				
10				

2 在编辑栏中单击"插入函数"按钮 。

单击"插入函数"按钮

插入函数

	A	B	C	D
1	姓名	成绩 (举重KG)	奖牌	
2	蒋先唱	89		
3	张云	98		
4	黄君祥	100		
5	邓景旺	108		
6	何路忠	98		
7	胡庆忠	96		
8	周志平	91		
9				
10				

3 打开"插入函数"对话框，单击"或选择类别"下拉按钮，在弹出的下拉列表中选择"查找与引用"选项。

插入函数

搜索函数(S)：

请输入一条简短说明来描述您想做什么，然后单击"转到"   转到(G)

或选择类别(C)：常用函数

选择函数(N)：
常用函数
全部
财务
日期与时间
数学与三角函数
统计
查找与引用
数据库
文本
逻辑
信息
工程

CHOOSE
AREAS
ADDRESS
INDIRECT
SUM
AVERAGE
IF

CHOOSE(index...
根据给定的索引

选择"查找与引用"选项

4 在"插入函数"对话框中，选择"选择函数"列表框中的LOOKUP函数。

插入函数

搜索函数(S)：

请输入一条简短说明来描述您想做什么，然后单击"转到"   转到(G)

或选择类别(C)：查找与引用

选择函数(N)：
INDEX
INDIRECT
LOOKUP
MATCH
OFFSET
ROW
ROWS

选择LOOKUP函数

LOOKUP(...)
从单元格或单列或从数组中查找一个值。条件是向后兼容性

⑤ 单击"确定"按钮,打开"选定参数"对话框,选择第一个组合方式。

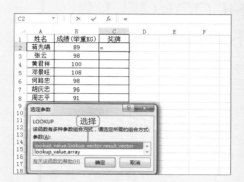

⑥ 单击"确定"按钮,打开"函数参数"对话框,在Lookup_value文本框中输入"SUM(N(IF(FREQUENCY(B\$2:B\$8,B\$2:B\$8),B\$2:B\$8,0)>B2))+1"。

⑦ 在Lookup_vector文本框中输入"ROW(\$1:\$4)"。

⑧ 在Result_vector文本框中输入"{"冠军","亚军","季军",""}"。

⑨ 按下Ctrl+Shift+Enter组合键,将返回第一名运动员能否获得奖牌。

⑩ 拖动单元格C2填充手柄,将公式向下填充至单元格C8,计算其他运动员的奖牌。

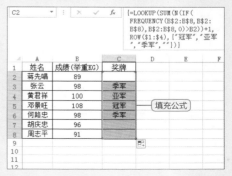

Question

● Level ★★★☆   2013 2010 2007

如何利用 HLOOKUP 函数
计算产品不同时期的单价？

● 实例：计算产品不同时期的单价

端子机3月前每台2.5万元，3月到8月1.9万元，8月后1.8万元；而裁线机5月前每台2.5万元，5月到10月2万元，8月后2.1万元，下面介绍使用HLOOKUP函数计算产品不同时期的单价的方法。

1 打开工作簿，单击要输入公式的单元格 C2，将其选中。

	A	B	C	D
1	展销会日期	品名	价格(万)	
2	2013/1/1	端子机		
3	2013/2/1	裁线机		
4	2013/3/1	端子机	选择单元格	
5	2013/4/1	裁线机		
6	2013/5/1	端子机		
7	2013/6/1	端子机		
8	2013/7/1	裁线机		
9	2013/8/1	端子机		
10	2013/9/1	裁线机		

2 在编辑栏中单击"插入函数"按钮 *f*。

单击"插入函数"按钮

	A	B	C	D
1	展销会日期	品名	价格(万)	
2	2013/1/1	端子机		
3	2013/2/1	裁线机		
4	2013/3/1	端子机		
5	2013/4/1	裁线机		
6	2013/5/1	端子机		
7	2013/6/1	端子机		
8	2013/7/1	裁线机		
9	2013/8/1	端子机		
10	2013/9/1	裁线机		

3 打开"插入函数"对话框，单击"或选择类别"下拉按钮，在弹出的下拉列表框中选择"查找与引用"选项。

4 在"插入函数"对话框中，选择"选择函数"列表框中的HLOOKUP函数。

5 单击"确定"按钮，打开"函数参数"对话框，在Lookup_value文本框中输入"MONTH(A2)"。

6 在Table_array文本框中输入"IF (B2="端子机",{0,3,8;25,19,18},{0,5,10;12.5,10,11})"。

7 在Row_index_num文本框中输入"2"。

8 单击"确定"按钮返回第一个产品的价格。

9 拖动单元格C2的填充手柄，将公式向下填充至单元格C13，计算其他产品价格。

Hint 提示说明

本例也可使用公式"=HLOOKUP(MONTH(A2),IF(B2="裁线机",{0,5,10;12.5,10,11},{0,3,8; 25,19,18},),2)"。

117

● Level ★★★☆　　　　2013　2010　2007

如何利用 VLOOKUP 函数查找多个项目？

● 实例：查找多个项目

单价表中每个产品都有产地、单价、保质期、是否送货4个属性。现要求根据每次销售产品查找其保质期、产地、送货与单价。下面介绍使用VLOOKUP函数查找多个项目的方法。

1 打开工作簿，选择"销售表"工作表，选中要输入公式的单元格C2。

⊿	A 时间	B 售出产品	C 保质期（单位，年）	D 产地	E 是否送货	F 单价
2	8:50	风干牛肉				
3	9:20	核桃				
4	10:00	莲子				
5	12:40	板栗	选择单元格			
6	14:10	黄河滩枣				
7	14:50	风干羊肉				
8	18:20	桂圆肉				
9	19:20	椰子片				
10	20:15	腐竹				
11	21:00	西湖藕粉				
12						
13						
14						
15						
16						
17						

2 在编辑栏中单击"插入函数"按钮 f_x 。

　　　　　　　　　　单击"插入函数"按钮

⊿	A 时间	B 售出产品	C 保质期（单位，年）	D 产地	E 是否送货	F 单价
2	8:50	风干牛肉				
3	9:20	核桃				
4	10:00	莲子				
5	12:40	板栗				
6	14:10	黄河滩枣				
7	14:50	风干羊肉				
8	18:20	桂圆肉				
9	19:20	椰子片				
10	20:15	腐竹				
11	21:00	西湖藕粉				
12						
13						
14						
15						
16						
17						

3 打开"插入函数"对话框，单击"或选择类别"下拉按钮，在弹出的下拉列表框中选择"查找与引用"选项。

插入函数

搜索函数(S)：

请输入一条简短说明来描述您想做什么，然后单击"转到"　　　转到(G)

或选择类别(C)：常用函数

选择函数(N)：

HLOOKUP	常用函数
LOOKUP	全部
CHOOSE	财务
AREAS	日期与时间
ADDRESS	数学与三角函数
INDIRECT	统计
SUM	查找与引用
	数据库
	文本
	逻辑
	工程

HLOOKUP(loo...　　　　　　　　　ge_lookup)

选择"查找与引用"选项　　中的值

搜索数组区域首...　　　　　　　　的列序号，
再进一步返回选定单元格的值

4 在"插入函数"对话框中，选择"选择函数"列表框中的VLOOKUP函数。

插入函数

搜索函数(S)：

请输入一条简短说明来描述您想做什么，然后单击"转到"　　　转到(G)

或选择类别(C)：查找与引用

选择函数(N)：

MATCH
OFFSET
ROW
ROWS
RTD
TRANSPOSE
VLOOKUP

选择VLOOKUP函数

VLOOKUP(lookup_value,table_array,col_index_num,range_lookup)

搜索表区域首列满足条件的元素，确定待检索单元格在区域中的行序号，再进一步返回选定单元格的值。默认情况下，表是以升序排序的

5 单击"确定"按钮，打开"函数参数"对话框，在Lookup_value文本框中输入"$B2"。

6 在Table_array文本框中输入"单价表!$A$2:$E$11"。

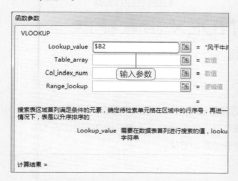

7 在Col_index_num文本框中输入"MATCH(C$1,单价表!$A$1:$E$1,0)"。

函数参数

VLOOKUP

Lookup_value	$B2		= "风干牛肉
Table_array	单价表!$A$2:$E$11		= {"黄河滩
Col_index_num	MATCH(C$1,单价表!$A$1:$E$		= 4
Range_lookup			= 逻辑值

输入参数   = 2

搜索表区域首列满足条件的元素，确定待检索单元格在区域中的行序号，再进一情况下，表是以升序排序的

Col_index_num 满足条件的单元格在数组区域 table_arr

计算结果 = 2

8 在Range_lookup文本框中输入"0"，然后单击"确定"按钮，查找产品的保质期。

	A	B	C	D	E
	时间	售出产品	保质期（单位：年）	产地	是否送货
2	8:50	风干牛肉	2		
3	9:20	核桃			
4	10:00	莲子	计算结果		
5	12:40	板栗			
6	14:10	黄河滩枣			
7	14:50	风干羊肉			
8	18:20	桂圆肉			
9	19:20	椰子片			
10	20:15	腐竹			
11	21:00	西湖藕粉			
12					
13					
14					

9 拖动单元格C2的填充手柄，向右填充至单元格F2，查找产品的相关信息。

C2   =VLOOKUP($B2,单价表!$A$2:$E$11,MATCH(C$1,单价表!$A$1:$E$1,0),0)

	A	B	C	D	E	F
1	时间	售出产品	保质期（单位：年）	产地	是否送货	单价
2	8:50	风干牛肉	2	内蒙古	否	80
3	9:20	核桃				
4	10:00	莲子				
5	12:40	板栗	填充公式			
6	14:10	黄河滩枣				
7	14:50	风干羊肉				
8	18:20	桂圆肉				
9	19:20	椰子片				
10	20:15	腐竹				
11	21:00	西湖藕粉				
12						
13						
14						
15						
16						
17						

10 拖动单元格区域"C2:F2"的填充手柄，向下填充至单元格F11，查找其他产品的相关信息。

C2   =VLOOKUP($B2,单价表!$A$2:$E$11,MATCH(C$1,单价表!$A$1:$E$1,0),0)

	A	B	C	D	E	F
1	时间	售出产品	保质期（单位：年）	产地	是否送货	单价
2	8:50	风干牛肉	2	内蒙古	否	80
3	9:20	核桃	1.5	云南	否	65
4	10:00	莲子	3	湖南	是	25
5	12:40	板栗	1	贵州	是	22
6	14:10	黄河滩枣	1	山西	否	35
7	14:50	风干羊肉	2	新疆	是	89
8	18:20	桂圆肉	1.2	广东	是	45
9	19:20	椰子片	0.6	海口	否	25
10	20:15	腐竹	1	重庆	否	18
11	21:00	西湖藕粉	1	杭州	否	26
12						
13						
14			填充公式			
15						
16						

● Level ★★★☆ [2013] [2010] [2007]

如何利用 INDEX 函数提取员工表中部分信息？

● 实例：提取员工表中部分信息

在员工表中每个员工的信息包括四项，现需要忽略部门项，将其他三个单元格的信息在D列中罗列出来。下面介绍使用INDEX函数提取员工表中四分之三信息的方法。

1 选择单元格D2，在"公式"选项卡中，单击"函数库"选项组中的"插入函数"按钮 *fx*。

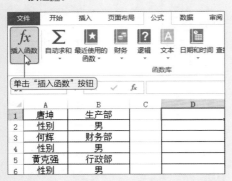

2 打开"插入函数"对话框，单击"或选择类别"下拉按钮，在弹出的下拉列表中选择"查找与引用"选项。

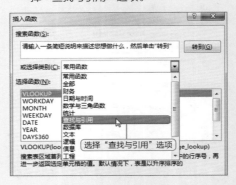

3 在"插入函数"对话框中，选择"选择函数"列表框中的INDEX函数。

4 单击"确定"按钮，打开"选定参数"对话框，选择第一个组合方式。

5 单击"确定"按钮,打开"函数参数"对话框,在 Array 文本框中输入"A:B",在 Row_num 文本框中输入"ROW(A2)*2/3"。

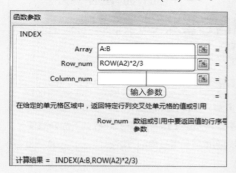

6 在Column_num文本框中输入"(MOD(ROW(A3),3)+1)/3+1",然后单击"确定"按钮。

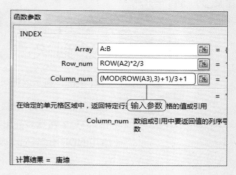

7 单击"确定"按钮,单元格D2中将显示单元格A1的值。

8 拖动单元格D2的填充手柄,向下填充至单元格D15,提取其他员工的信息。

Hint 提示说明

单元格D2的公式可更改为"=INDEX(A:B,ROW(A2)*2/3,1+GCD(ROW(),3)/3)"。

Hint 提示说明

函数 INDEX 有两种形式:数组形式和引用形式。数组形式时,函数INDEX的功能是返回指定单元格或单元格数组的值。引用形式时,函数INDEX的功能是返回指定单元格的引用。

● Level ★★★☆

2013 2010 2007

如何利用 INDEX 函数显示迟到次数最多者名单?

● 实例:显示迟到次数最多者名单

公司规定每月迟到最多者,不能评先进工作者。现要求根据A列和B列的数据罗列出不能评先进工作者的员工姓名。下面介绍使用INDEX函数显示迟到次数最多者名单的方法。

1 在名称框中输入要输入公式的单元格地址D2,按下Enter键,即可将单元格D2选中。

	A	B	C	D
1	时间	迟到人员		不能评先进工作者人员
2	1月	赵春芳		
3	2月	汪波		
4	3月	黄玉霞		
5	4月	黄玉霞		
6	5月	邓富梅		
7	6月	邓富梅		
8	7月	周泠梅		
9	8月	周泠梅		
10	9月	邓富梅		
11	10月	易昌云		
12	11月	周泠梅		
13	12月	黄玉霞		
14				
15				

输入D2

2 在单元格D2中输入数组公式"=INDEX(B:B,SMALL(IF((COUNTIF(B$2:B$13,B$2:B$13)=MAX(COUNTIF($B$2:$B$13,$B$2:$B$13)))*(MATCH($B$2:$B$13,$B$2:$B$13,0)=ROW($2:$13)-1),ROW($2:$13),1048576),ROW(A1)))&""。

输入数组公式

=INDEX(B:B,SMALL(IF((COUNTIF(B$2:B$13,B$2:B$13)=MAX(COUNTIF($B$2:$B$13,$B$2:$B$13)))*(MATCH($B$2:$B$13,$B$2:$B$13,0)=ROW($2:$13)-1),ROW($2:$13),1048576),ROW(A1)))&""

B	C	D	E
迟到人员		不能评先进工作者人员	
赵春	=INDEX(B:B,SMALL(IF((COUNTIF(B$2:B$13,B$2:B$13)=MAX(COUNTIF($B$2:$B$13,$B$2:$B$13)))*(MATCH($B$2:$B$13,$B$2:$B$13,0)=ROW($2:$13)-1),ROW($2:$13),1048576),ROW(A1)))&""
汪			
黄玉			
黄玉			
邓富梅			

3 按下Ctrl+Shift+Enter组合键,返回第一个不能评先进工作者姓名。

{=INDEX(B:B,SMALL(IF((COUNTIF(B$2:B$13,B$2:B$13)=MAX(COUNTIF($B$2:$B$13,$B$2:$B$13)))*(MATCH($B$2:$B$13,$B$2:$B$13,0)=ROW($2:$13)-1),ROW($2:$13),1048576),ROW(A1)))&

B	C	D	E
迟到人员		不能评先进工作者人员	
赵春芳		黄玉霞	
汪波			
黄玉霞		计算结果	
黄玉霞			
邓富梅			

4 拖动单元格D2的填充柄,向下填充至单元格D13,统计其他员工名单。

	A	B	C	D
1	时间	迟到人员		不能评先进工作者人员
2	1月	赵春芳		黄玉霞
3	2月	汪波		邓富梅
4	3月	黄玉霞		周泠梅
5	4月	黄玉霞		
6	5月	邓富梅		
7	6月	邓富梅		填充公式
8	7月	周泠梅		
9	8月	周泠梅		
10	9月	邓富梅		
11	10月	易昌云		

● Level ★★★☆   2013 2010 2007

如何利用 INDIRECT 函数计算每人产值和每组产值？

● 实例：计算每人产值和每组产值

本例公式利用IF函数判断C列的产量区域是否为空白，如果为空白则对该组的产值求和，否则计算当前人员的产值，用产量乘以单价。下面介绍使用INDIRECT函数计算每人产值和每组产值的方法。

1 打开工作簿，单击要输入公式的单元格E2，将其选中。

2 在单元格E2中输入公式"=SUM(IF(C2="",INDIRECT("E"&LOOKUP(1,0/ISERROR((0/$C$1:C1="")),ROW($C$2:C2))&":E"&(ROW()-1)),C2*D2))"。

	A	B	C	D	E	F	G
1	A组	型号	产量	单价	合计		
2	刘艳玲	A	361	11			
3	王天次	A	398	11			
4	刘日秀	A	233	11	选择单元格		
5	荆玲娟	A	416	11			
6	黄爱云	A	464	11			
7	B组						
8	许良丽	B	297	12			
9	何晓	B	258	12			
10	祝君志	B	231	12			
11	C组						
12	周国英	C	335	15			

输入公式

=SUM(IF(C2="",INDIRECT("E"&LOOKUP(1,0/ISERROR((0/$C$1:C1="")),ROW($C$2:C2))&":E"&(ROW()-1)),C2*D2))

A组	型号	产量	单价	合计
荆玲娟	A	416	11	
黄爱云	A	464	11	

3 按下Enter键，将返回第一名员工的产值。

	A	B	C	D	E	F
1	A组	型号	产量	单价	合计	
2	刘艳玲	A	361	11	3971	
3	王天次	A	398	11		
4	刘日秀	A	233	11	计算结果	
5	荆玲娟	A	416	11		
6	黄爱云	A	464	11		
7	B组					
8	许良丽	B	297	12		
9	何晓	B	258	12		
10	祝君志	B	231	12		
11	C组					
12	周国英	C	335	15		
13	黄池荣	C	228	15		
14	唐竹玉	C	388	15		
15	刘秀花	C	283	15		
16	贺怀会	C	408	15		

4 拖动单元格E2的填充手柄，将公式向下填充到单元格E16，计算其他员工产值。

	A	B	C	D	E	F
1	A组	型号	产量	单价	合计	
2	刘艳玲	A	361	11	3971	
3	王天次	A	398	11	4378	
4	刘日秀	A	233	11	2563	
5	荆玲娟	A	416	11	4576	
6	黄爱云	A	464	11	5104	
7	B组				20592	
8	许良丽	B	297	12	3564	
9	何晓	B	258	填充公式	3096	
10	祝君志	B	231	12	2772	
11	C组				9432	
12	周国英	C	335	15	5025	
13	黄池荣	C	228	15	3420	
14	唐竹玉	C	388	15	5820	
15	刘秀花	C	283	15	4245	
16	贺怀会	C	408	15	6120	

Question

21

● Level ★★★☆

2013 2010 2007

如何利用 OFFSET 函数进行 分类汇总并计算平均购买数量？

● 实例：分类汇总并计算最后三天的平均购买数量

现需要按产品名进行分类汇总，然后根据每日购买数量明细表计算最后三天的平均购买数量。下面介绍使用OFFSET函数进行分类汇总并计算最后三天的平均购买数量的方法。

① 打开工作簿，单击要输入公式的单元格 E2，将其选中。

	D	E	F	G
1		产品	数量	最后三天平均购买数量
2				
3				
4		选择单元格		
5				
6				
7				
8				
9				
10				
11				
12				

② 在单元格E2中输入公式"=OFFSET (B$1,MATCH(,COUNTIF(E$1:E1,B$ 2:B$12),),)&""""。

INDEX ✕ ✓ fx =OFFSET(B$1,MATCH(,COUNTIF(E$1:E1, B$2:B$12),),)&""

	D	E	F	G	H
1		产品	数量	最后三天平均购买数量	
2		=OFFSET(B$1,MATCH(,			
3		COUNTIF(E$1:E1,B$2:		输入公式	
4		B$12),),)&""			
5					
6					
7					
8					
9					
10					
11					
12					

③ 按下Ctrl+Shift+Enter组合键，将返回第一个产品名称。

E2 ✕ ✓ fx {=OFFSET(B$1,MATCH(,COUNTIF(E$1:E1, B$2:B$12),),)&""}

	D	E	F	G	H
1		产品	数量	最后三天平均购买数量	
2		大米			
3					
4					
5		计算结果			
6					
7					
8					
9					
10					
11					
12					

④ 拖动单元格E2的填充手柄，将公式向下拖动到单元格E11，将返回各产品名称。

E2 ✕ ✓ fx {=OFFSET(B$1,MATCH(,COUNTIF(E$1:E1, B$2:B$12),),)&""}

	D	E	F	G	H
1		产品	数量	最后三天平均购买数量	
2		大米			
3		鸡蛋			
4		白菜			
5		草鱼			
6		胡萝卜			
7		猪肉		填充公式	
8					
9					
10					
11					
12					

5 选择要输入公式的单元格F2。

	fx			
C	D	E	F	G
数量		产品	数量	最后三天平均购买数量
750		大米		
610		鸡蛋		
670		白菜	选择单元格	
510		草鱼		
610		胡萝卜		
620		猪肉		
620				
660				
790				
610				

6 在单元格F2中输入数组公式"=IF(SU MIF(B$2:B$11,E2,C$2:C$11)=0,"", SUMIF(B$2:B$11,E2,C$2:C$11))"。

	fx	=IF(SUMIF(B$2:B$11,E2,C$2:C$11)=0,"",SUMIF(B$2:B$11,E2,C$2:C$11))		
C	D	E	F	G
数量		产品	数量	最后三天平均购买数量
=IF(SUMIF(B$2:B$11,E2,C$2:C$11)=0,"",SUMIF(B$2:B$11,E2,C$2:C$11))				
670		白菜		
510		草鱼		
610		胡萝卜	输入数组公式	
620		猪肉		
620				
660				
790				
610				

7 按下Ctrl+Shift+Enter组合键，将返回第 一个产品的购买数量。

	fx	{=IF(SUMIF(B$2:B$11,E2,C$2:C$11)= 0,"",SUMIF(B$2:B$11,E2,C$2:C$11))		
C	D	E	F	G
数量		产品	数量	最后三天平均购买数量
750		大米	2040	
610		鸡蛋		
670		白菜	计算结果	
510		草鱼		
610		胡萝卜		
620		猪肉		
620				
660				
790				
610				

8 拖动单元格F2的填充手柄向下填充至单 元格F11，返回各产品的数量。

	fx	{=IF(SUMIF(B$2:B$11,E2,C$2:C$11) =0,"",SUMIF(B$2:B$11,E2,C$2: C$11))}		
C	D	E	F	G
数量		产品	数量	最后三天平均购买数
750		大米	2040	
610		鸡蛋	1400	
670		白菜	1120	
510		草鱼	620	
610		胡萝卜	660	填充公式
620		猪肉	610	
620				
660				
790				

9 在单元格G2中输入数组公式"=SUBT OTAL(1,OFFSET(INDIRECT("B"&M AX((A:A<>"")*ROW(1:1048576))),,,- 3,1))"。

	fx	=SUBTOTAL(1,OFFSET(INDIRECT("C"& MAX((A:A<>"")*ROW(1:1048576))),,,- 3,1))		
C	D	E	F	G
数量		产品	数量	最后三天平均购买数量
750		大米	2040	=SUBTOTAL(1,OFFSET(
610		鸡蛋	1400	INDIRECT("C"&MAX((A:
670		白菜	1120	A<>"")*ROW(1:1048576)
510		草鱼	620	)),,,-3,1))
610		胡萝卜	660	
620		猪肉	610	
620				输入数组公式
660				
790				
610				

10 按下Ctrl+Shift+Enter组合键，将返回最 后三天的平均购买数量。

	fx	{=SUBTOTAL(1,OFFSET(INDIRECT("C"& MAX((A:A<>"")*ROW(1:1048576))),,,- 3,1))}		
C	D	E	F	G
数量		产品	数量	最后三天平均购买数量
750		大米	2040	686.6666667
610		鸡蛋	1400	
670		白菜	1120	计算结果
510		草鱼	620	
610		胡萝卜	660	
620		猪肉	610	
620				
660				
790				
610				

Question

22

● Level ★★★☆

如何利用 HYPERLINK 函数选择产量最高的工作组?

● 实例：选择产量最高的工作组

本例中组别名称为字母升序，可以利用ROW函数配合CHAR函数生成工作表名。若工作表名无规律，则需使用常量数组列举所有工作表名。下面介绍使用HYPERLINK函数选择产量最高工作组的方法。

---

① 打开工作簿，选择"I组"工作表，在此工作表中进行编辑。

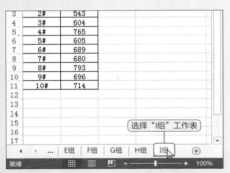

选择"I组"工作表

② 在"I组"工作表中，选择要输入公式的单元格D2。

选择单元格

③ 在编辑栏中单击"插入函数"按钮 *fx*。

单击"插入函数"按钮

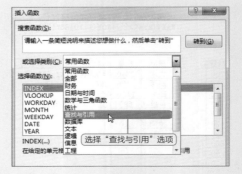

④ 打开"插入函数"对话框，单击"或选择类别"下拉按钮，在弹出的下拉列表中选择"查找与引用"选项。

选择"查找与引用"选项

5 在"插入函数"对话框中，选择"选择函数"列表框中的HYPERLINK函数。

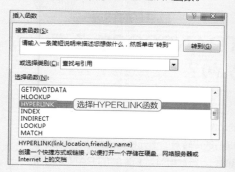

6 单击"确定"按钮，打开"函数参数"对话框。

7 在Link_location文本框中输入"#"&CHAR(64+MOD(MAX(SUBTOTAL(9,INDIRECT(CHAR(64+ROW(1:8))&"组!B2:B11"))*100+ROW(1:8)),100))&"组!A1"。

8 在Friendly_name文本框中输入""跳至最大产量""。

9 按下Ctrl+Shift+Enter组合键，单元格D2将显示"跳至最大产量"。

	A	B	C	D	E
1	机台	产量		跳至最大产量	
2	1#	600			
3	2#	702			
4	3#	607			
5	4#	672			
6	5#	649			
7	6#	646			
8	7#	507			
9	8#	738			
10	9#	531			

10 单击单元格D2的跳至最大产量，即可以选中产量最高工作组的单元格A1。

	A	B	C	D	E
1	机台	产量			
2	1#	739			
3	2#	688			
4	3#	794			
5	4#	696			
6	5#	666			
7	6#	629			
8	7#	578			
9	8#	675			
10	9#	568			
11	10#	523			

23

● Level ★★★☆

如何利用 TRANSPOSE 函数转置数据方向?

● 实例: 转置数据方向

函数TRANSPOSE的功能是转置单元格区域。在使用TRANSPOSE函数时,必须提前选择转置的单元格区域大小,保证新表格的行、列数与源表格的列、行数相同。下面介绍TRANSPOSE函数将数据转置方向的方法。

① 将光标定位于左上角的单元格A7上,按住鼠标左键不放,向该区域右下角的单元格E11拖曳,即可选择单元格区域 "A7:E11"。

A7

	A	B	C	D	E
1	组别	A组	B组	C组	D组
2	产量	568	765	724	628
3	不良数	13	13	8	16
4	单价	46	选择区域	44	46
5	金额	25530	33088	31504	28152
6					
7					
8					
9					
10					
11					

② 在 "公式" 选项卡中,单击 "函数库" 功能区中的 "查找与引用" 按钮,在弹出的下拉列表中选择TRANSPOSE函数。

选择TRANSPOSE函数

③ 打开 "函数参数" 对话框,在Array文本框中输入 "A1:E5"。

函数参数

TRANSPOSE

Array A1:E5 ← 输入参数 = {"组

= {"组

转置单元格区域

Array 工作表中的单元格

计算结果 = 组别

④ 按下Ctrl+Shift+Enter组合键,将返回单元格区域 "A1:E5" 的数据,但将原来的数据横纵互换。

	A	B	C	D	E
1	组别	A组	B组	C组	D组
2	产量	568	765	724	628
3	不良数	13	13	8	16
4	单价	46	计算结果	44	46
5	金额	25530	33088	31504	28152
6					
7	组别	产量	不良数	单价	金额
8	A组	568	13	46	25530
9	B组	765	13	46	33088
10	C组	724	8	44	31504
11	D组	628	16	46	28152

Chapter
08

财务函数的应用技巧

財 务函数作为Excel中的常用函数之一，为财务和会计核算提供了很多方便。通过使用这些函数，用户不仅可以完成一般财务会计的核算、财务管理及会计管理等工作，还可以轻松使用证券和国库类函数分析证券和国库券的购买情况。本章采用以实例为引导的方式来讲解常用财务函数的应用技巧，如FV函数、DB函数、DDB函数等。

● Level ★★★☆   2013 2010 2007

如何利用 FV 函数计算存款加利息金额？

● 实例：计算存款加利息金额

函数FV的功能是基于固定及等额分期付款方式返回某项投资的未来值。下面介绍使用FV函数计算存款加利息金额的方法。

1 选择单元格E2，在编辑栏中单击"插入函数"按钮，打开"插入函数"对话框，选择"财务"类别中的FV函数。

插入函数	? ×
搜索函数(S)：	
请输入一条简短说明来描述您想做什么，然后单击"转到"	转到(G)
或选择类别(C)：财务	▼
选择函数(N)：	

```
EFFECT
FV          选择FV函数
FVSCHEDULE
INTRATE
IPMT
IRR
ISPMT
```

FV(rate,nper,pmt,pv,type)
基于固定利率和等额分期付款方式，返回某项投资的未来值

2 单击"确定"按钮，打开"函数参数"对话框，分别输入"B2"，"D2"，"-C2"，"0"。

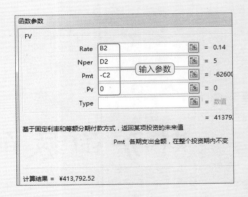

函数参数	
FV	
Rate	B2 = 0.14
Nper	D2 = 5
Pmt	-C2 = -62600
Pv	0 = 0
Type	= 数值

= 41379.

基于固定利率和等额分期付款方式，返回某项投资的未来值

　　　　Pmt 各期支出金额，在整个投资期内不变

计算结果 = ¥413,792.52

3 单击"确定"按钮，公式将计算出第一个人的存款加利息金额。

E2		⋮	×	✓	fx	=FV(B2,D2,-C2,0)

	A	B	C	D	E
1	姓名	利率	每年存款	存款年限	存款加利息
2	赵福	14.00%	62600	5	¥413,792.52
3	黄娟	13.50%	66400	8	
4	孙浩	15.60%	59300	9	
5	李秋	12.80%	68300	6	计算结果
6	周格	10.20%	48800	5	
7	刘梦	11.80%	49300	5	
8	苏星	13.00%	65200	3	
9					
10					
11					
12					
13					
14					
15					

4 拖动单元格E2的填充手柄，向下填充至单元格E8，计算其他人存款加利息金额。

E2		⋮	×	✓	fx	=FV(B2,D2,-C2,0)

	A	B	C	D	E
1	姓名	利率	每年存款	存款年限	存款加利息
2	赵福	14.00%	62600	5	¥413,792.52
3	黄娟	13.50%	66400	8	¥862,717.37
4	孙浩	15.60%	59300	9	¥1,021,234.65
5	李秋	12.80%	68300	6	¥565,577.43
6	周格	10.20%	48800	5	¥299,117.37
7	刘梦	11.80%	49300	5	¥311,953.10
8	苏星	13.00%	65200	3	¥222,129.88
9					
10					填充公式
11					
12					
13					
14					
15					

● Level ★★★☆

2013 2010 2007

如何利用 NPER 函数计算存款达到 5 万元需要几年?

● 实例：计算存款达到5万元需要几年

NPER函数用于基于固定利率及等额分期付款方式下计算某项投资的总期数。下面介绍使用NPER函数计算存款达到5万元需要的年数的方法。

1 选择单元格D2，在编辑栏中单击"插入函数"按钮 *fx*。

	A	B	C	D
1	年利息	存款	目标金额	需要的年数
2	13.75%	5000	50000	

D2 · ： × ✓ *fx*

单击"插入函数"按钮

2 打开"插入函数"对话框，选择"财务"类别中的NPER函数。

插入函数

搜索函数(S)：

请输入一条简短说明来描述您想做什么，然后单击"转到"   转到(G)

或选择类别(C)：财务

选择函数(N)：

NOMINAL
NPER　　选择NPER函数
NPV
ODDFPRICE
ODDFYIELD
ODDLPRICE
ODDLYIELD

NPER(rate,pmt,pv,fv,type)
基于固定利率和等额分期付款方式，返回某项投资或贷款的期数

3 单击"确定"按钮，打开"函数参数"对话框，分别输入"A2"，"0"，"–B2"，"C2"。

函数参数

NPER

Rate　A2　　= 0.1375
Pmt　0　　= 0
Pv　-B2　输入参数　= -5000
Fv　C2　　= 50000
Type　　= 数值

　　= 17.872

基于固定利率和等额分期付款方式，返回某项投资或贷款的期数

　　Fv 未来值，或在最后一次付款后可以获

4 单击"确定"按钮，将计算出存款达到5万元需要的年数。

D2 · ： × ✓ *fx* =NPER(A2,0,-

	A	B	C	D
1	年利息	存款	目标金额	需要的年数
2	13.75%	5000	50000	**17.8726521**

计算结果

Level ★★★☆

2013 2010 2007

如何利用 MIRR 函数计算投资后的修正内部收益率?

● 实例:计算投资后的修正内部收益率

已知某公司最初的投资额即资产原值,以及五年内的收益分别为。初期贷款是以年利率为6%贷得的,将所得收入用于再投资的年利率为10%,下面介绍使用MIRR函数计算投资后的修正内部收益率。

1 打开工作簿,单击要输入公式的单元格 B12,将其选中。

2 在"公式"选项卡中,单击"函数库"功能区中的"财务"按钮,在弹出的下拉列表中选择MIRR函数。

B12			ƒx		
	A		B		C
1	赛力电子有限公司				
2	类别		数据		
3	资产原值		-250,000		
4	第一年的收益		46,000		
5	第二年的收益		59,000		
6	第三年的收益		67,000		
7	第四年的收益		73,000		
8	第五年的收益		98,000		
9	贷款额的年利率	选择单元格	6%		
10	再投资收益的年利率		10%		
11					
12	投资三年后的修正内部收益率				
13	投资四年后的修正内部收益率				
14	投资五年后的修正内部收益率				

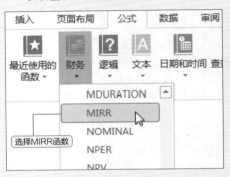

插入　页面布局　**公式**　数据　审阅

最近使用的函数　财务　逻辑　文本　日期和时间　查…

MDURATION
MIRR
NOMINAL
NPER
NPV

选择MIRR函数

3 打开"函数参数"对话框,在文本框中分别输入"B3:B6","B9","B10"。

函数参数

MIRR

Values　[B3:B6]

Finance_rate　[B9]　输入参数

Reinvest_rate　[B10]

返回在考虑投资成本以及现金再投资利率下一系列分期现金流的

Reinvest_rate　将各期收入净额再投资的

4 单击"确定"按钮,将返回投资三年后的内部收益率。

B12			ƒx	=MIRR(B3:B6,B9,B10)	
	A		B		C
1	赛力电子有限公司				
2	类别		数据		
3	资产原值		-250,000		
4	第一年的收益		46,000		
5	第二年的收益		59,000		
6	第三年的收益		67,000		
7	第四年的收益		73,000		
8	第五年的收益		98,000		
9	贷款额的年利率	计算结果	6%		
10	再投资收益的年利率		10%		
11					
12	投资三年后的修正内部收益率		-9%		
13	投资四年后的修正内部收益率				

5 选择单元格B13，在编辑栏中输入公式"=MIRR(B3:B7,B9,B10)"。

类别	数据
赛力电子有限公司	
资产原值	−250,000
第一年的收益	46,000
第二年的收益	59,000
第三年的收益	67,000
第四年的收益	73,000
第五年的收益	98,000
贷款额的年利率	6%
再投资收益的年利率	10%
投资三年后的修正内部收益率	−9%
投资四年后的修正内部收益率	=MIRR(B3:B7,B9,B10)
投资五年后的修正内部收益率	
投资五年后的修正内部收益率（基于15%的再投资收益率）	

输入公式 =MIRR(B3:B7,B9,B10)

6 单击"确定"按钮，将返回投资四年后的内部收益率。

类别	数据
赛力电子有限公司	
资产原值	−250,000
第一年的收益	46,000
第二年的收益	59,000
第三年的收益	67,000
第四年的收益	73,000
第五年的收益	98,000
贷款额的年利率	6%
再投资收益的年利率	10%
投资三年后的修正内部收益率	−9%
投资四年后的修正内部收益率	3%
投资五年后的修正内部收益率	
投资五年后的修正内部收益率（基于15%的再投资收益率）	

计算结果 B13 =MIRR(B3:B7,B9,B10)

7 选择单元格B14，在编辑栏中输入公式"=MIRR(B3:B8,B9,B10)"。

类别	数据
赛力电子有限公司	
资产原值	−250,000
第一年的收益	46,000
第二年的收益	59,000
第三年的收益	67,000
第四年的收益	73,000
第五年的收益	98,000
贷款额的年利率	6%
再投资收益的年利率	10%
投资三年后的修正内部收益率	−9%
投资四年后的修正内部收益率	3%
投资五年后的修正内部收益率	=MIRR(B3:B8,B9,B10)
投资五年后的修正内部收益率（基于15%的再投资收益率）	

输入公式 =MIRR(B3:B8,B9,B10)

8 单击"确定"按钮，将返回投资五年后的内部收益率。

类别	数据
赛力电子有限公司	
资产原值	−250,000
第一年的收益	46,000
第二年的收益	59,000
第三年的收益	67,000
第四年的收益	73,000
第五年的收益	98,000
贷款额的年利率	6%
再投资收益的年利率	10%
投资三年后的修正内部收益率	−9%
投资四年后的修正内部收益率	3%
投资五年后的修正内部收益率	10%
投资五年后的修正内部收益率（基于15%的再投资收益率）	

计算结果 B14 =MIRR(B3:B8,B9,B10)

9 选择单元格B15，在编辑栏中输入公式"=MIRR(B3:B8,B9,15%)"。

类别	数据
赛力电子有限公司	
资产原值	−250,000
第一年的收益	46,000
第二年的收益	59,000
第三年的收益	67,000
第四年的收益	73,000
第五年的收益	98,000
贷款额的年利率	6%
再投资收益的年利率	10%
投资三年后的修正内部收益率	−9%
投资四年后的修正内部收益率	3%
投资五年后的修正内部收益率	10%
投资五年后的修正内部收益率（基于15%的再投资收益率）	=MIRR(B3:B8,B9,15%)

输入公式 =MIRR(B3:B8,B9,15%)

10 单击"确定"按钮，将返回年利率提高到15%时投资五年后的内部收益率。

类别	数据
赛力电子有限公司	
资产原值	−250,000
第一年的收益	46,000
第二年的收益	59,000
第三年的收益	67,000
第四年的收益	73,000
第五年的收益	98,000
贷款额的年利率	6%
再投资收益的年利率	10%
投资三年后的修正内部收益率	−9%
投资四年后的修正内部收益率	3%
投资五年后的修正内部收益率	10%
投资五年后的修正内部收益率（基于15%的再投资收益率）	12%

计算结果 B15 =MIRR(B3:B8,B9,15%)

● Level ★★★☆　　　2013 2010 2007

如何利用 DB 函数以固定余额递减法计算资产折旧值？

● 实例：以固定余额递减法计算资产折旧值

本例公式根据资产原值、残值及折旧期限等信息计算每年的折旧值，且假定第一年以12个月计算折旧。下面介绍使用DB函数以固定余额递减法计算资产折旧值的方法。

① 选择单元格F2，在"公式"选项卡中，单击"函数库"功能区中的"财务"按钮，在弹出下拉列表中选择DB函数。

② 打开"函数参数"对话框，分别在文本框中输入"A\$2"，"B\$2"，"C\$2"，"ROW(A1)"，"12"。

插入	页面布局	公式	数据	
最近使用的函数 ▾	财务 ▾	逻辑 ▾	文本 ▾	日期和时间 ▾

COUPPCD
CUMIPMT
CUMPRINC
DB　　　——选择DB函数

函数参数

DB

Cost　A\$2　　　　　= 150000
Salvage　B\$2　　　　= 5000
Life　C\$2　　——输入参数——　= 6
Period　Row(A1)　　　= 1
Month　12　　　　　= 12

　　　　　　　　　= 64950

用固定余额递减法，返回指定期间内某项固定资产的折旧值

　　　Month　第一年的月份数，默认值为 12

计算结果 ＝ ￥64,950.00

③ 单击"确定"按钮，单元格F2中将返回第一年的折旧值。

④ 拖动单元格F2的填充手柄将公式向下填充至单元格F7，计算其他年的折旧值。

F2　　▾ : × ✓ fx　=DB(A\$2,B\$2,C\$2,ROW(A1),12)

	A	B	C	D	E	F
1	资产原值	资产残值	使用寿命		时间段	资产折旧值
2	150,000	5,000	6		第一年折旧值	￥64,950.00
3					第二年折旧值	
4					第三年折旧值	
5					第四年折旧值	计算结果
6					第五年折旧值	
7					第六年折旧值	

F2　　▾ : × ✓ fx　=DB(A\$2,B\$2,C\$2,ROW(A1),12)

	A	B	C	D	E	F
1	资产原值	资产残值	使用寿命		时间段	资产折旧值
2	150,000	5,000	6		第一年折旧值	￥64,950.00
3					第二年折旧值	￥36,826.65
4					第三年折旧值	￥20,880.71
5					第四年折旧值	￥11,839.36
6					第五年折旧值	￥6,712.92
7					第六年折旧值	￥3,806.22

填充公式

● Level ★★★☆   2013 2010 2007

如何利用 XIRR 函数计算不定期发生的内部收益率？

● 实例：计算不定期发生的内部收益率

工作表中为某面包店的不固定日期的营业收入，根据此表计算该店不定期发生的内部收益率。下面介绍使用XIRR函数计算不定期发生的内部收益率的方法。

1 打开工作簿，单击要输入公式的单元格 B9，将其选中。

2 单击编辑栏中的"插入函数"按钮 ，打开"插入函数"对话框，选择"财务"类别中的XIRR函数。

	A	B
1	面包店流水账	
2	数据	日期
3	-80,000	2014/2/1
4	10,600	2014/4/2
5	19,000	2014/6/3
6	20,500	2014/8/4
7	30,600	2014/9/5
8		
9	不定期发生的内部收益率	

搜索函数(S)：请输入一条简短说明来描述您想做什么，然后单击"转到" 转到(G)

或选择类别(C)：财务

选择函数(N)：
TBILLYIELD / VDB / XIRR / XNPV / YIELD / YIELDDISC / YIELDMAT

XIRR(values,dates,guess)
返回现金流计划的内部回报率

3 打开"函数参数"对话框，在文本框中分别输入"A3:A7"，"B3:B7"。

4 单击"确定"按钮，将返回不定期发生的内部收益率。

函数参数
XIRR
Values A3:A7 = {-80000;1060
Dates B3:B7 = {41671;4173
Guess = 任意
= 0.019438443
返回现金流计划的内部回报率
Values 是一系列按日期对应付款计

B9 =XIRR(A3:A7,B3:B7)

	A	B
1	面包店流水账	
2	数据	日期
3	-80,000	2014/2/1
4	10,600	2014/4/2
5	19,000	2014/6/3
6	20,500	2014/8/4
7	30,600	2014/9/5
9	不定期发生的内部收益率	1.94%

如何利用 DDB 函数以双倍余额递减法计算资产折旧值？

● 实例：以双倍余额递减法计算资产折旧值

某资产6年前原值120万元，至今年12月价值为10万元。现分别计算该资产第1年折旧值、第2年折旧值和第6年的折旧值。下面介绍使用DDB函数计算以双倍余额递减法计算资产折旧值的方法。

① 打开工作簿，单击要输入公式的单元格 F2，将其选中。

	A	B	C	D	E	F
1	资产原值	资产残值	使用寿命		时间段	资产折旧值
2	1,200,000	100,000	6		第1年折旧值	
3					第2年折旧值	
4					第6年折旧值	

选择单元格

② 在编辑栏中单击"插入函数"按钮 fx，打开"插入函数"对话框。

单击"插入函数"按钮

	A	B	使用			折旧值
1	资产原值	资产残值				
2	1,200,000	100,000	6		第1年折旧值	
3					第2年折旧值	
4					第6年折旧值	

③ 单击"或选择类别"下拉按钮，在弹出的下拉列表中选择"财务"选项。

插入函数

搜索函数(S)：

请输入一条简短说明来描述您想做什么，然后单击"转到"   转到(G)

或选择类别(C)：常用函数

选择函数(N)：

常用函数
全部
XIRR   财务   选择"财务"选项
DB   日期与时间
MIRR   数学与三角函数
NPER   统计
FV   查找与引用
HYPERLINK 数据库
INDEX   文本
        逻辑
XIRR(values,da 信息
返回现金流计划 工程

④ 在"插入函数"对话框中，选择"选择函数"列表框中的DDB函数。

插入函数

搜索函数(S)：

请输入一条简短说明来描述您想做什么，然后单击"转到"   转到(G)

或选择类别(C)：财务

选择函数(N)：

COUPPCD
CUMIPMT
CUMPRINC
DB
DDB   选择DDB函数
DISC
DOLLARDE

DDB(cost,salvage,life,period,factor)
用双倍余额递减法或其他指定方法，返回指定期间内某项固定资产的折旧值

⑤ 打开"函数参数"对话框,分别输入"A$2", "B$2","C$2","1","2"。

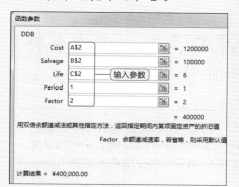

⑥ 单击"确定"按钮,将返回第1年折旧值。

⑦ 选择单元格F3,在编辑栏中输入公式 "=DDB(A$2,B$2,C$2*12,2,2)"。

⑧ 单击"确定"按钮,将返回第2年折旧值。

⑨ 选择单元格F4,在编辑栏中输入公式 "=DDB(A$2,B$2,C$2,6,2)"。

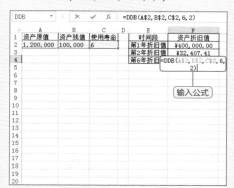

⑩ 单击"确定"按钮,将返回第6年折旧值。

● Level ★★★☆ 2013 2010 2007

如何利用VDB函数以双倍余额递减法计算资产折旧值?

● 实例：使用双倍余额递减法计算任何期间的资产折旧值

某资产购入价120万元，6年后报废，残值为10万元。现需分别计算其第7到12月、前300天及最后3个月的折旧值。下面介绍使用VDB函数以双倍余额递减法计算任何期间的资产折旧值的方法。

1 打开工作簿，单击要输入公式的单元格F2，将其选中。

	A	B	C	D	E	F
1	资产原值	资产残值	使用寿命		时间段	资产折旧值
2	1,200,000	100,000	6		第7到12月	
3					前300天	
4					最后3个月	

选择单元格

2 在编辑栏中单击"插入函数"按钮。

	A	B	C	E	F
1	资产原值	资产残值	使用	单击"插入函数"按钮 折旧值
2	1,200,000	100,000	6	第7到12月	
3				前300天	
4				最后3个月	

3 打开"插入函数"对话框，单击"或选择类别"下拉按钮，在弹出的下拉列表中选择"财务"选项。

插入函数

搜索函数(S)：

请输入一条简短说明来描述您想做什么，然后单击"转到"   转到(G)

或选择类别(C)：常用函数

选择函数(N)：

IRR
EFFECT   日期与时间   选择"财务"选项
NOMINAL   数字与三角函数
FVSCHEDULE   统计
COUPDAYBS   查找与引用
ODDFYIELD   数据库
TBILLYIELD   文本
             逻辑
IRR(values,gue 信息
返回一系列现金 工程

4 在"插入函数"对话框中，选择"选择函数"列表框中的VDB函数，然后单击"确定"按钮。

插入函数

搜索函数(S)：

请输入一条简短说明来描述您想做什么，然后单击"转到"   转到(G)

或选择类别(C)：财务

选择函数(N)：

TBILLYIELD
VDB   选择VDB函数
XIRR
XNPV
YIELD
YIELDDISC
YIELDMAT

VDB(cost,salvage,life,start_period,end_period,factor,no_switch)
返回某项固定资产用余额递减法或其他指定方法计算的特定或部分时期的折旧额

5 打开"函数参数"对话框,依次输入:"A\$2","B\$2","C\$2*12","7","12"。

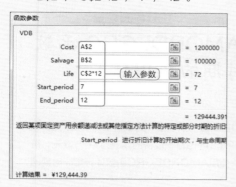

6 单击"确定"按钮,将返回第7到12月资产折旧值。

7 选择单元格F3,在编辑栏中输入公式"=VDB(A\$2,B\$2,C\$2*365,1,300,2)"。

8 单击"确定"按钮,将返回前300天资产折旧值。

9 选择单元格F4,在编辑栏输入公式"=VDB(A\$2,B\$2,C\$2*12,C2*12-3,C2*12,)"。

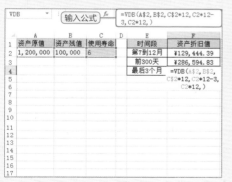

10 单击"确定"按钮,将返回最后3个月资产折旧值。

● Level ★★★☆　　　2013　2010　2007

如何利用 AMORDEGRC 函数计算第一时期的折旧值？

● 实例：计算第一时期的折旧值

某工厂在2011年1月20日新进一批设备，购买价格为6万欧元，第一时期结束日期为2012年8月19日，设备的残值为1.6万欧元，折旧率为10%。下面介绍使用AMORDEGRC函数计算第一时期的折旧值的方法。

1 打开工作簿，在名称框中输入目标单元格地址B9，按下Enter键，即可选定第B列和第9行交汇处的单元格。

2 在"公式"选项卡中，单击"函数库"功能区中的"财务"按钮，在弹出的下拉列表中选择AMORDEGRC函数。

3 打开"函数参数"对话框，依次输入"B1"，"B2"，"B3"，"B4"，"B5"，"B6"，"B7"。

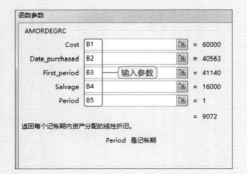

4 单击"确定"按钮，将返回设备的折旧值。

● Level ★★★☆

2013 2010 2007

如何利用 SLN 函数计算线性折旧值?

● 实例:计算线性折旧值

某单位购买一台设备,购买价格为3万元,使用寿命为5年,资产残值为2000元。本例公式依照直线折旧法计算每年折旧值。下面介绍使用SLN函数计算线性折旧值的方法。

1 选择单元格B4,单击编辑栏中的"插入函数"按钮 *f*。

B4	▼ : × ✓ *fx*
	单击"插入函数"按钮
	A	插入函数
1	资产原值	30000
2	残值	2000
3	使用年限	5
4	**平均每年的折旧值:**	
5		
6		
7		
8		
9		

2 在打开的"插入函数"对话框中,选择"财务"类别中的SLN函数。

插入函数

搜索函数(S):

请输入一条简短说明来描述您想做什么,然后单击"转到" | 转到(G)

或选择类别(C):财务

选择函数(N):

PRICEMAT
PV
RATE
RECEIVED
RRI
SLN ← 选择SLN函数
SYD

SLN(cost,salvage,life)
返回固定资产的每期线性折旧费

3 单击"确定"按钮,打开"函数参数"对话框,依次输入"B1","B2","B3"。

函数参数

SLN

Cost | B1 [输入参数] 圈 = 3000

Salvage | B2 圈 = 2000

Life | B3 圈 = 5

= 5600

返回固定资产的每期线性折旧费

Life 固定资产进行折旧计算的周

计算结果 = ¥5,600.00

4 单击"确定"按钮,将返回设备的折旧值。

B4	▼ : × ✓ *fx*	=SLN(B1, B2,B3)
	A	B	C
1	资产原值	30000	
2	残值	2000	
3	使用年限	5	
4	**平均每年的折旧值:**	¥5,600.00	
5			
6		计算结果	
7			
8			
9			

如何利用 SYD 函数计算资产折旧值？

● 实例：以年限总和折旧法计算资产折旧值

某资产购入价20万元，7年后报废，其残值为5000元。现需分别计算其每年的折旧值。下面介绍使用SYD函数计算资产折旧值的方法。

① 打开工作簿，单击要输入公式的单元格F2，将其选中。

	A	B	C	D	E	F
	F2			× ✓ fx		
1	资产原值	资产残值	使用寿命		折旧时间	折旧值
2	200,000	5,000	7		第一年	
3					第二年	
4					第三年	
5					第四年	选择单元格
6					第五年	
7					第六年	
8						
9				前三年折旧值汇总		
10				前半年折旧值		
11						
12						
13						
14						
15						
16						
17						

② 在编辑栏中，单击"插入函数"按钮 fx，打开"插入函数"对话框。

	A	B	C	D	E	F
	F2			× ✓ fx		
				单击"插入函数"按钮		值
1	资产原值	资产残值	使用寿			
2	200,000	5,000	7		第一年	
3					第二年	
4					第三年	
5					第四年	
6					第五年	
7					第六年	
8						
9				前三年折旧值汇总		
10				前半年折旧值		
11						
12						
13						
14						
15						
16						
17						

③ 单击"或选择类别"下拉按钮，在弹出的下拉列表中选择"财务"选项。

插入函数

搜索函数(S)：

请输入一条简短说明来描述您想做什么，然后单击"转到"　　转到(G)

或选择类别(C)：常用函数 ▼

选择函数(N)：　　　　常用函数
　　　　　　　　　　全部
SLN　　　　　　　　财务
AMORDEGRC　　　　日期与时间　选择"财务"选项
VDB　　　　　　　　数学与三角函数
IRR　　　　　　　　统计
EFFECT　　　　　　查找与引用
NOMINAL　　　　　数据库
FVSCHEDULE　　　　文本
　　　　　　　　　　逻辑
SLN(cost,salva　　　信息
返回固定资产的　　　工程

④ 在"插入函数"对话框中，选择"选择函数"列表框中的SYD函数。

插入函数

搜索函数(S)：

请输入一条简短说明来描述您想做什么，然后单击"转到"　　转到(G)

或选择类别(C)：财务 ▼

选择函数(N)：
SYD　　　选择SYD函数
TBILLEQ
TBILLPRICE
TBILLYIELD
VDB
XIRR
XNPV

SYD(cost,salvage,life,per)
返回某项固定资产按年限总和折旧法计算的每期折旧金额

5 单击"确定"按钮,打开"函数参数"对话框,在Cost、Salvage和Life文本框中分别输入"A$2","B$2","C$2"。

6 在Per文本框中输入"ROW(A1)"。

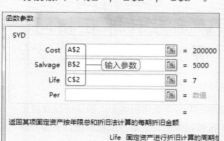

7 按下Enter键,将返回第一年折旧值。

	A	B	C	D	E	F
	SYD			fx	=SYD(A$2,B$2,C$2,ROW(A1))	
1	资产原值	资产残值	使用寿命		折旧时间	折旧值
2	200,000	5,000	7		第一年	2,ROW(A1))
3					第二年	
4					第三年	
5					第四年	计算结果
6					第五年	
7					第六年	
8						
9				前三年折旧值汇总		
10				前半年折旧值		

8 拖动单元格F2右下角的填充手柄,将其向下填充至单元格F7,计算其他折旧值。

	A	B	C	D	E	F
	F2			fx	=SYD(A$2,B$2,C$2,ROW(A1))	
1	资产原值	资产残值	使用寿命		折旧时间	折旧值
2	200,000	5,000	7		第一年	¥48,750.00
3					第二年	¥41,785.71
4					第三年	¥34,821.43
5					第四年	¥27,857.14
6					第五年	¥20,892.86
7					第六年	¥13,928.57
8						
9				前三年折旧值汇总		
10				前半年折旧值		填充公式

9 如果需要对前三年的折旧值汇总,则使用公式"=SUMPRODUCT(SYD(A$2,B$2,C$2,ROW(1:3)))"。

	A	B	C	D	E	F
	F9	输入公式	fx	=SUMPRODUCT(SYD(A$2,B$2,C$2,ROW(1:3)))		
1	资产原值	资产残值	使用寿命		折旧时间	折旧值
2	200,000	5,000	7		第一年	¥48,750.00
3					第二年	¥41,785.71
4					第三年	¥34,821.43
5					第四年	¥27,857.14
6					第五年	¥20,892.86
7					第六年	¥13,928.57
8						
9				前三年折旧值汇总		¥125,357.14
10				前半年折旧值		

10 如果需要计算前半年的折旧值,可以使用公式"=SUMPRODUCT(SYD(A2,B2,C2*12,ROW(1:6)))"。

	A	B	C	D	E	F
	F10	输入公式	fx	=SUMPRODUCT(SYD(A2,B2,C2*12,ROW(1:6)))		
1	资产原值	资产残值	使用寿命		折旧时间	折旧值
2	200,000	5,000	7		第一年	¥48,750.00
3					第二年	¥41,785.71
4					第三年	¥34,821.43
5					第四年	¥27,857.14
6					第五年	¥20,892.86
7					第六年	¥13,928.57
8						
9				前三年折旧值汇总		¥125,357.14
10				前半年折旧值		¥26,710.08

● Level ★★★☆　　　2013 2010 2007

如何利用 PV 函数计算在相同收益条件下哪一个项目投资少?

● 实例: 计算在相同收益条件下哪一个项目投资少

工作表中列出了七个项目的投资年限和利润率。现需计算收益金额为10万元时，哪一个投资投入的资金最少及其金额。下面介绍使用PV函数计算在相同收益条件下哪一个投资少的方法。

1 在单元格E2中输入数组公式 "=INDEX(A2:A8,MATCH(MAX(PV(B2:B8,C2:C8,0,100000)),PV(B2:B8,C2:C8,0,100000),0))"。

2 按下Ctrl+Shift+Enter组合键，将返回相同收益条件下投资最少的项目名称。

	A	B	C	D	E	F	G
SYD			fx		=INDEX(A2:A8,MATCH(MAX(PV(B2:B8,C2:C8,0,100000)),PV(B2:B8,C2:C8,0,100000),0))		
1	项目	利率	投资年限		哪一个最合算	投资金额	
2	A	14.0			=INDEX(A2:A8,MATCH(MAX(PV(B2:B8,C2:C8,0,100000)),PV(B2:B8,C2:C8,0,100000),0))		
3	B	12.8					
4	C	13.5					
5	D	12.50%	6		输入数组公式		
6	E	15.20%	5				
7	F	13.20%	5				
8	G	11.50%	3				

	A	B	C	D	E	F	G
E2			fx		{=INDEX(A2:A8,MATCH(MAX(PV(B2:B8,C2:C8,0,100000)),PV(B2:B8,C2:C8,0,100000),0))}		
1	项目	利率	投资年限		哪一个项目最合算	投资金额	
2	A	14.00%	5		C		
3	B	12.80%	8				
4	C	13.50%	9		计算结果		
5	D	12.50%	6				
6	E	15.20%	5				
7	F	13.20%	5				
8	G	11.50%	3				

3 在单元格F2中输入数组公式 "=MAX(PV(B2:B8,C2:C8,0,100000))"。

4 按下Ctrl+Shift+Enter组合键，得到该项目的投资额。

	A	B	C	D	E	F	G
SYD			fx		=MAX(PV(B2:B8,C2:C8,0,100000))		
1	项目	利率	投资年限		哪一个项目最合算	投资金额	
2	A	14.00%	5		C	=MAX(PV(B2:B8,C2:C8,0,100000))	
3	B	12.80%	8				
4	C	13.50%	9				
5	D	12.50%	6		输入数组公式		
6	E	15.20%	5				
7	F	13.20%	5				
8	G	11.50%	3				

	A	B	C	D	E	F	G
F2			fx		{=MAX(PV(B2:B8,C2:C8,0,100000))}		
1	项目	利率	投资年限		哪一个项目最合算	投资金额	
2	A	14.00%	5		C	-31991.7	
3	B	12.80%	8				
4	C	13.50%	9				
5	D	12.50%	6		计算结果		
6	E	15.20%	5				
7	F	13.20%	5				
8	G	11.50%	3				

● Level ★★★☆

2013 2010 2007

如何利用 NPV 函数判断投资是否可行？

● 实例：判断投资是否可行

某公司计划初期投资现金25万元，以后几年的收益分别为9，12，13，14万元。贴现率为8%，标准回收期为3年。在考虑复利的情况下，下面介绍使用NPV函数判断投资是否可行的方法。

1 选择单元格D2，在编辑栏中输入公式"=$B$2"。

	A	B	C	D
1	说明	数据	输入公式	净现值
2	期初投资	-250000	0	=$B$2
3	第一年收益	90000	1	
4	第二年收益	120000	2	
5	第三年收益	130000	3	
6	第四年收益	140000	4	
7	标准回收期（年）	3	实际回收期	
8	判断是否可行			

2 按下Enter键，将返回期初净现值。

	A	B	C	D
1	说明	数据	计算年限	净现值
2	期初投资	-250000	0	-250000
3	第一年收益	90000	1	
4	第二年收益	120000	2	计算结果
5	第三年收益	130000	3	
6	第四年收益	140000	4	
7	标准回收期（年）	3	实际回收期	
8	判断是否可行			

3 选择单元格D3，在编辑栏中输入公式"=NPV(8%,B3)+$B$2"。

	A	B	C	D
1	说明	数据	计算年 输入公式	现值
2	期初投资	-250000	0	-250000
3	第一年收益	90000	=NPV(8%,B3)+$B$2	
4	第二年收益	120000	2	
5	第三年收益	130000	3	
6	第四年收益	140000	4	
7	标准回收期（年）	3	实际回收期	
8	判断是否可行			

4 按下Enter键，将返回第一年收益。

	A	B	C	D
1	说明	数据	计算年限	净现值
2	期初投资	-250000	0	-250000
3	第一年收益	90000	1	-166667
4	第二年收益	120000	2	
5	第三年收益	130000	3	计算结果
6	第四年收益	140000	4	
7	标准回收期（年）	3	实际回收期	
8	判断是否可行			

5 选择单元格D4，在编辑栏中输入公式"=NPV(8%,B3:B4)+$B$2"。

SYD	▼	:	×	✓	f_x	=NPV(8%,B3:B4)+$B$2

	A	B	C	D
1	说明	数据	计算年 输入公式	现值
2	期初投资	−250000	0	−250000
3	第一年收益	90000	1	−166667
4	第二年收益	120000	=NPV(8%,B3:B4)+$B$2	
5	第三年收益	130000	3	
6	第四年收益	140000	4	
7	标准回收期（年）	3	实际回收期	
8	判断是否可行			
9				
10				
11				
12				
13				

6 按下Enter键，将返回第二年收益。

D4	▼	:	×	✓	f_x	=NPV(8%,B3:B4)+$B$2

	A	B	C	D
1	说明	数据	计算年限	净现值
2	期初投资	−250000	0	−250000
3	第一年收益	90000	1	−166667
4	第二年收益	120000	2	−63786
5	第三年收益	130000	3	
6	第四年收益	140000	4	计算结果
7	标准回收期（年）	3	实际回收期	
8	判断是否可行			
9				
10				
11				
12				
13				

7 选择单元格D5，在编辑栏中输入公式"=NPV(8%,B3:B5)+$B$2"。

SYD	▼	:	×	✓	f_x	=NPV(8%,B3:B5)+$B$2

	A	B	C	D
1	说明	数据	计算年 输入公式	现值
2	期初投资	−250000	0	−250000
3	第一年收益	90000	1	−166667
4	第二年收益	120000	2	−63786
5	第三年收益	130000	=NPV(8%,B3:B5)+$B$2	
6	第四年收益	140000	4	
7	标准回收期（年）	3	实际回收期	
8	判断是否可行			
9				
10				
11				
12				
13				

8 按下Enter键，将返回第三年收益。

D5	▼	:	×	✓	f_x	=NPV(8%,B3:B5)+$B$2

	A	B	C	D
1	说明	数据	计算年限	净现值
2	期初投资	−250000	0	−250000
3	第一年收益	90000	1	−166667
4	第二年收益	120000	2	−63786
5	第三年收益	130000	3	39412
6	第四年收益	140000	4	
7	标准回收期（年）	3	实际回收期	
8	判断是否可行			计算结果
9				
10				
11				
12				
13				

9 选择单元格D6，在编辑栏中输入公式"=NPV(8%,B3:B6)+$B$2"。

SYD	▼	:	×	✓	f_x	=NPV(8%,B3:B6)+$B$2

	A	B	C	D
1	说明	数据	计算年 输入公式	现值
2	期初投资	−250000	0	−250000
3	第一年收益	90000	1	−166667
4	第二年收益	120000	2	−63786
5	第三年收益	130000	3	39412
6	第四年收益	140000	=NPV(8%,B3:B6)+$B$2	
7	标准回收期（年）	3	实际回收期	
8	判断是否可行			
9				
10				
11				
12				
13				

10 按下Enter键，将返回第四年收益。

D6	▼	:	×	✓	f_x	=NPV(8%,B3:B6)+$B$2

	A	B	C	D
1	说明	数据	计算年限	净现值
2	期初投资	−250000	0	−250000
3	第一年收益	90000	1	−166667
4	第二年收益	120000	2	−63786
5	第三年收益	130000	3	39412
6	第四年收益	140000	4	142316
7	标准回收期（年）	3	实际回收期	
8	判断是否可行			计算结果
9				
10				
11				
12				
13				

⑪ 选择单元格D7，在编辑栏中输入公式"=-D4/(B5/(1+8%)^3)+C4"。

⑫ 按下 Enter 键，将返回实际回收期值。

⑬ 单击要输入公式的单元格D8，将其选中。

⑭ 在"公式"选项卡中，单击"函数库"功能区中的"逻辑"按钮，在弹出的下拉列表中选择IF函数。

⑮ 打开"函数参数"对话框，在文本框中依次输入"B7>D7"，""可行""，""不可行""。

⑯ 单击"确定"按钮，将判断是否可行。

● Level ★★★☆　　　2013　2010　2007

如何利用 XNPV 函数判断能否收回投资？

● 实例：判断能否收回投资

一家服装品牌专卖店，已知初期投资及之后各年收益，每年贴现率为6%。下面介绍使用XNPV函数判断能否收回投资方法。

1 选择单元格D2，在编辑栏中单击"插入函数"按钮 *fx*。

D2	▼	:	×	✓	*fx*

单击"插入函数"按钮

	A	B		
1	说明	数据		第四年的净现值
2	2010年5月6日	−200000		
3	2011年4月12日	30000		能否收回投资
4	2012年8月2日	50000		
5	2013年7月14日	75000		
6	2014年1月24日	95000		
7	贴现率	6%		
8				
9				
10				
11				

2 打开"插入函数"对话框，单击"或选择类别"下拉按钮，在弹出的下拉列表中选择"财务"选项。

插入函数　　　　　　　　　　　　　　　? ✕

搜索函数(S)：

请输入一条简短说明来描述您想做什么，然后单击"转到"	转到(G)

或选择类别(C)：常用函数 ▼

选择函数(N)：

常用函数
全部
财务　　选择"财务"选项
日期与时间
数学与三角函数

IF
SYD
SLN
AMORDEGRO
VDB
IRR
EFFECT

统计
查找与引用
数据库
文本
逻辑
信息
工程

IF(logical_test,
判断是否满足某
值。

返回另一个

3 在"插入函数"对话框中，选择"选择函数"列表框中的XNPV函数。

插入函数　　　　　　　　　　　　　　　? ✕

搜索函数(S)：

请输入一条简短说明来描述您想做什么，然后单击"转到"	转到(G)

或选择类别(C)：财务

选择函数(N)：

TBILLYIELD
VDB
XIRR
XNPV　　选择XNPV函数
YIELD
YIELDDISC
YIELDMAT

XNPV(rate,values,dates)
返回现金流计划的净现值

4 单击"确定"按钮，在打开的"函数参数"对话框中依次输入"B7"，"B2:B6"，"A2:A6"。

函数参数

XNPV

Rate	B7		= 0.06
Values	B2:B6　　输入参数		= {-200000;300
Dates	A2:A6		= {40304;40645

= 11026.25859

返回现金流计划的净现值

　　　　Rate 是应用于现金流的贴现率

计算结果 = 11026.25859

⑤ 单击"确定"按钮，将返回第四年的净现值。

⑥ 选择单元格D4，在编辑栏中，单击"插入函数"按钮。

⑦ 打开"插入函数"对话框，单击"或选择类别"下拉按钮，在弹出的下拉列表中选择"逻辑"选项。

⑧ 在"插入函数"对话框中，选择"选择函数"列表框中的IF函数。

⑨ 单击"确定"按钮，打开"函数参数"对话框，在文本框中依次输入"D2>0"，""能""，""不能""。

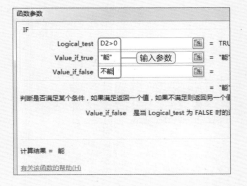

⑩ 单击"确定"按钮，将判断能否收回投资。

● Level ★★★☆ 2013 2010 2007

如何利用 COUPNUM 函数计算利息支付次数？

● 实例：计算利息支付次数

某公司在2013年6月12日购买某证券，已知该证券的到期日为2015年2月8日，同时要求按季度支付利息，日基准为0，下面介绍使用COUPNUM函数计算利息支付次数的方法。

1 打开工作簿，在名称框中输入目标单元格的地址如B5，按下Enter键，即可选定第B列和第5行交汇处的单元格。

B5	▼	：	输入B5	f_x	
	A		B		C
1	成交日		2013/6/12	
2	到期日		2015/2/8	
3	年付息次数		4	
4	基准		0	
5	利息支付次数			
6				
7				
8				
9				
10				

2 在"公式"选项卡中，单击"函数库"功能区中的"财务"按钮，在弹出的下拉列表中选择COUPNUM函数。

页面布局	公式	数据	审阅	视图	加载项

财务　逻辑　文本　日期和时间　查找与引用　数学和三角函数

COUPDAYSNC
COUPNCD
COUPNUM ← 选择COUPNUM函数
COUPPCD
CUMIPMT
CUMPRINC
DB

3 打开"函数参数"对话框，在文本框中依次输入"B1"，"B2"，"B3"，"B4"。

函数参数

COUPNUM

Settlement	B1		= 41437
Maturity	B2	输入参数	= 42043
Frequency	B3		= 4
Basis	B4		= 0

= 7

返回结算日与到期日之间可支付的票息数

Basis　是所采用的日算类型

4 单击"确定"按钮，将返回利息支付的次数。

B5	▼	：	×	✓	f_x	=COUPNUM(B1,B2,B3,B4)
	A		B		C	
1	成交日		2013/6/12			
2	到期日		2015/2/8			
3	年付息次数		4			
4	基准		0			
5	利息支付次数		7			
6						
7			计算结果			
8						
9						
10						

● Level ★★★☆   2013 2010 2007

如何利用 RATE 函数 计算增长率？

● 实例：根据投资金额、时间和目标收益计算增长率

某项投资需要30万元，投资期为5年，假设收益为58万元，现需要计算其年增长率。函数RATE的功能是返回年金的各期利率。下面介绍使用RATE函数计算增长率的方法。

1 打开工作簿，在名称框中输入目标单元格的地址D2，按下Enter键，即可选定第D列和第2行交汇处的单元格。

D2	▼	输入D2	✓	fx

	B	C	D
1	投资项目时间（年）	收益金额	年增长率
2	5	580000	
3			

2 在"公式"选项卡中，单击"函数库"功能区中的"财务"按钮，在弹出的下拉列表中选择RATE函数。

插入　页面布局　**公式**　数据　审阅　视图

最近使用的函数　财务　逻辑　文本　日期和时间　查找与引用

PPMT
PRICE
PRICEDISC
PRICEMAT
PV
RATE　← 选择RATE函数

3 打开"函数参数"对话框，在文本框中依次输入 "B2"，"0"，"-A2"，"C2"。

函数参数
RATE

Nper B2 = 5
Pmt 0 = 0   输入参数
Pv -A2 = -300000
Fv C2 = 580000
Type = 数值

= 0.140936164...
返回投资或贷款的每期实际利率。例如，当利率为 6% 时，使用 6%/4 计算一...
Fv 未来值，或在最后一次付款后可以获得...

4 单击"确定"按钮，将返回增长率。

| D2 | ▼ | × ✓ | fx | =RATE(B2,0,-A2, C2) |

	A	B	C	D
1	投资金额	投资项目时间（年）	收益金额	年增长率
2	300000	5	580000	14%
3				
5				← 计算结果

● Level ★★★☆   2013 2010 2007

如何利用 CUMIPMT 函数计算某段时间的利息？

● 实例：根据贷款、利率和时间计算某段时间的利息

贷款50万元，年利息为8.5%。假设贷款时间为3年，按月支付。现需计算第一年到第二年共需要支付多少利息。下面介绍使用CUMIPMT函数计算某段时间的利息的方法。

1 打开工作簿，在名称框中输入目标单元格的地址C4，按下Enter键，即可选定第C列和第4行交汇处的单元格。

	B	C
1	贷款	500000
2	年利息	8.50%
3	贷款时期（年）	3
4	第一年和第二年的利息	

名称框：输入C4

2 在"公式"选项卡中，单击"函数库"功能区中的"财务"按钮，在弹出的下拉列表中选择CUMIPMT函数。

插入　页面布局　公式　数据　审阅　视图

最近使用的函数　财务　逻辑　文本　日期和时间　查找与引用

COUPDAYSNC
COUPNCD
COUPNUM
COUPPCD
CUMIPMT ← 选择CUMIPMT函数
CUMPRINC

3 打开"函数参数"对话框，在文本框中依次输入"C3/12"，"C3*12"，"C1"，"1"，"24"，"0"。

函数参数

CUMIPMT

Rate	C3/12	= 0.25
Nper	C3*12	= 36
Pv	C1 ← 输入参数	= 500000
Start_period	1	= 1
End_period	24	= 24

= -2966765.291

返回两个付款期之间为贷款累积支付的利息

End_period 是计算的最后一期

4 单击"确定"按钮，将返回第一、第二年的利息总数。

| C4 | | × ✓ fx | =CUMIPMT(C3/12, C3*12,C1, 1, 24, 0) |

	B	C	D
1	贷款	500000	
2	年利息	8.50%	
3	贷款时期（年）	3	
4	第一年和第二年的利息	-2966765.291	

计算结果

● Level ★★★☆ `2013` `2010` `2007`

如何利用 CUMIPRINC 函数计算需偿还的本金？

● 实例：根据贷款、利率和时间计算需偿还的本金

贷款60万元，年利息为7.8%。假设贷款时间为5年，按月支付。现需计算第一年到第二年总共需要支付多少本金。下面介绍使用CUMIPRINC函数计算需偿还的本金的方法。

① 打开工作簿，在名称框中输入目标单元格的地址D2，按下Enter键，即可选定第D列和第2行交汇处的单元格。

D2	▼	输入D2	f_x	
	B	C		D
1	年利息	贷款时期（年）		第一年和第二年的本金
2	7.80%	5		
3				
4				
5				
6				
7				
8				
9				
10				
11				

② 在"公式"选项卡中，单击"函数库"功能区中的"财务"按钮，在弹出的下拉列表框中选择CUMIPRINC函数。

页面布局　公式　数据　审阅　视图　加载项

财务　逻辑　文本　日期和时间　查找与引用　数学和三角函数

COUPNUM
COUPPCD
CUMIPMT
CUMPRINC　　选择CUMIPRINC函数
DB
DDB

③ 打开"函数参数"对话框，分别输入"B2/12"，"C2*12"，"A2"，"1"，"24"，"0"。

函数参数

CUMPRINC

Rate	B2/12		= 0.0065
Nper	C2*12		= 60
Pv	A2　输入参数		= 600000
Start_period	1		= 1
End_period	24		= 24

= -212456.2615

返回两个付款期之间为贷款累积支付的本金

End_period 是计算的最后一期

④ 单击"确定"按钮，将返回第一、第二年的利息总数。

D2	▼	:	×	✓	f_x	=CUMPRINC(B2/12, C2*12, A2, 1, 24, 0)

	A	B	C	D
1	贷款	年利息	贷款时期（年）	第一年和第二年的本金
2	600,000	7.80%	5	-212456.2615
3				
4				计算结果
5				
6				
7				
8				
9				
10				
11				
12				
13				

● Level ★★★☆

2013 2010 2007

如何利用 PMT 函数计算贷款的年偿还额和月偿还额?

● 实例: 计算贷款的年偿还额和月偿还额

2014年年底向银行贷款30万购房,贷款期限为10年,该银行的贷款年利率为8.5%,计算年偿还额和月偿还额。下面介绍使用PMT函数计算贷款的年偿还额和月偿还额的方法。

1 选择单元格B4, 在编辑栏中, 单击"插入函数"按钮 *f*。

2 打开"插入函数"对话框,单击"或选择类别"下拉按钮,在弹出的下拉列表中选择"财务"选项。

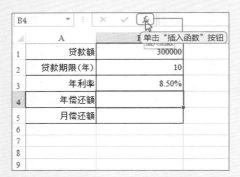

3 在"插入函数"对话框中,选择"选择函数"列表框中的PMT函数。

4 单击"确定"按钮,打开"函数参数"对话框,分别输入"B3","B2","B1"。

5 单击"确定"按钮，将返回年偿还额。

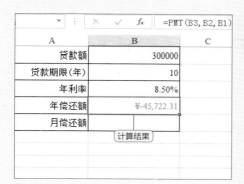

6 在"公式"选项卡中，单击"函数库"功能区中的"插入函数"按钮 fx。

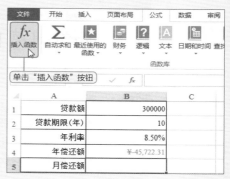

7 打开"插入函数"对话框，单击"或选择类别"下拉按钮，在弹出的下拉列表中选择"财务"选项。

8 在"插入函数"对话框中，选择"选择函数"列表框中的PMT函数。

9 单击"确定"按钮，打开"函数参数"对话框，在文本框中依次输入"B3/12"，"B2*12"，"B1"。

10 单击"确定"按钮，将返回月偿还额。

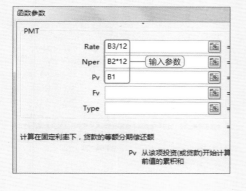

● Level ★★★☆

Question 42

2013 2010 2007

如何利用 PPMT 函数计算第一个月和最后一个月应付本金?

● 实例: 计算第一个月和最后一个月应付本金

某公司2014年年底向银行贷款60万元, 贷款期限为20年, 该银行的贷款年利率为8.7%。下面介绍使用PPMT函数计算第一个月应付的本金以及最后一个月应付的本金金额的方法。

1 选择单元格B4, 在编辑栏中, 单击"插入函数"按钮 *fx*。

	A	
1	贷款额	600000
2	贷款期限（年）	20
3	年利率	8.7%
4	第一个月应付的本金	
5	最后一个月应付的本金	
6		

单击"插入函数"按钮

2 打开"插入函数"对话框, 单击"或选择类别"下拉按钮, 在弹出的下拉列表中选择"财务"选项。

插入函数

搜索函数(S):

请输入一条简短说明来描述您想做什么, 然后单击"转到"   转到(G)

或选择类别(C): 常用函数

选择函数(N):
常用函数
全部
PMT   财务   选择"财务"选项
CUMPRINC   日期与时间
CUMIPMT   数学与三角函数
RATE   统计
COUPNUM   查找与引用
IF   数据库
XNPV   文本
逻辑
PMT(rate,nper   信息
计算在固定利率   工程

3 在"插入函数"对话框中, 选择"选择函数"列表框中的PPMT函数。

插入函数

搜索函数(S):

请输入一条简短说明来描述您想做什么, 然后单击"转到"   转到(G)

或选择类别(C): 财务

选择函数(N):
ODDLYIELD
PDURATION
PMT
PPMT   选择PPMT函数
PRICE
PRICEDISC
PRICEMAT

PPMT(rate,per,nper,pv,fv,type)
返回在定期偿还、固定利率条件下给定期次某项投资回报(或贷款偿还)的本金部分

4 单击"确定"按钮, 打开"函数参数"对话框, 分别输入"B3/12","1","B2*12","B1"。

函数参数

PPMT

Rate   B3/12   = 0.00725
Per   1   = 1
Nper   B2*12   输入参数   = 240
Pv   B1   = 600000
Fv   = 数值

= -933.1375433

返回在定期偿还、固定利率条件下给定期次某项投资回报(或贷款偿还)的本金

Pv 从该项投资(或贷款)开始计算时已经入账前值的累积和

5 单击"确定"按钮，将返回第一个月应付的本金。

6 在"公式"选项卡中，单击"函数库"选项组中的"插入函数"按钮。

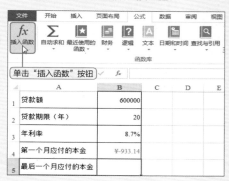

7 打开"插入函数"对话框，单击"或选择类别"下拉按钮，在弹出的下拉列表中选择"财务"选项。

8 在"插入函数"对话框中，选择"选择函数"列表框中的PPMT函数。

9 单击"确定"按钮，打开"函数参数"对话框，在文本框中分别输入"B3/12"，"180"，"B2*12"，"B1"。

10 单击"确定"按钮，将返回月份偿还额。

● Level ★★★☆   2013 2010 2007

如何利用 IPMT 函数计算第一个月和最后一个月的应付利息?

● 实例：计算第一个月和最后一个月的应付利息

某公司2014年年底向银行贷款100万元，贷款期限为25年，该银行的贷款年利率为8%，下面介绍使用IPMT函数计算该单位第一个月应付的利息以及最后一个月应付的利息的方法。

---

1 选择单元格B4，在编辑栏中，单击"插入函数"按钮 ƒₓ。

	A	
		单击"插入函数"按钮
1	贷款额	1000000
2	贷款期限（年）	25
3	年利率	8%
4	第一个月应付的利息	
5	最后一个月应付的利息	
6		
7		

2 打开"插入函数"对话框，单击"或选择类别"下拉按钮，在弹出的下拉列表中选择"财务"选项。

插入函数

搜索函数(S)：

请输入一条简短说明来描述您想做什么，然后单击"转到"   转到(G)

或选择类别(C)：常用函数

选择函数(N)：

PMT
CUMPRINC
CUMIPMT
RATE
COUPNUM
IF
XNPV

常用函数
全部
财务   选择"财务"选项
日期与时间
数学与三角函数
统计
查找与引用
数据库
文本
逻辑
信息
工程

PMT(rate,nper...
计算在固定利率...

3 在"插入函数"对话框中，选择"选择函数"列表框中的IPMT函数。

插入函数

搜索函数(S)：

请输入一条简短说明来描述您想做什么，然后单击"转到"   转到(G)

或选择类别(C)：财务

选择函数(N)：

EFFECT
FV
FVSCHEDULE
INTRATE
IPMT   选择IPMT函数
IRR
ISPMT

IPMT(rate,per,nper,pv,fv,type)
返回在定期偿还、固定利率条件下给定期次内某项投资回报（或贷款偿还）的利息部分

4 单击"确定"按钮，打开"函数参数"对话框，在文本框中分别输入"B3/12"，"1"，"B2*12"，"B1"。

函数参数

IPMT

Rate B3/12   = 0.006666667
Per   1   输入参数   = 1
Nper B2*12   = 300
Pv   B1   = 1000000
Fv   = 数值

= -6666.666667

返回在定期偿还、固定利率条件下给定期次内某项投资回报（或贷款偿还）的利息部

Pv 从该项投资（或贷款）开始计算时已经入账的当前值的累积和

5 单击"确定"按钮，将返回第一个月应付的利息。

7 打开"插入函数"对话框，单击"或选择类别"下拉按钮，在弹出的下拉列表中选择"财务"选项。

9 单击"确定"按钮，打开"函数参数"对话框，在文本框中分别输入"B3/12"，"B2*12"，"B2*12"，"B1"。

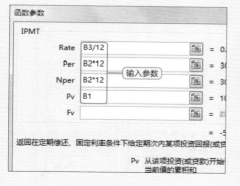

6 在"公式"选项卡中，单击"函数库"选项组中的"插入函数"按钮。

8 在"插入函数"对话框中，选择"选择函数"列表框中的IPMT函数。

10 单击"确定"按钮，将返回最后一个月应付的利息。

Question

● Level ★★★☆

如何利用 PRICEMAT 函数计算证券的价格？

● 实例：计算证券的价格

2014年1月1日以￥85购买了面值为￥100的有价证券，此证券发行日为2013年1月1日，到期日为2015年1月1日，已知年收益率及利率，下面介绍使用PRICEMAT函数计算购买此证券是否合算。

---

1 选择单元格B7，单击编辑栏中的"插入函数"按钮，打开"插入函数"对话框。

B7	▼	:	×	✓	fx

单击"插入函数"按钮

	A	
1	结算日	2014/1/1
2	到期日	2015/1/1
3	发行日	2013/1/1
4	利率	3%
5	年收益率	5%
6	基准	2
7	证券价格	
8		
9		

2 在"或选择类别"下拉列表中选择"财务"选项，在"选择函数"列表框中选择PRICEMAT函数，单击"确定"按钮。

插入函数

搜索函数(S):

请输入一条简短说明来描述您想做什么，然后单击"转到"   转到(G)

或选择类别(C)：财务

选择函数(N)：

PPMT
PRICE
PRICEDISC
PRICEMAT ← 选择PRICEMAT函数
PV
RATE
RECEIVED

PRICEMAT(settlement,maturity,issue,rate,yld,basis)
返回每张票面为 100 元且在到期日支付利息的债券的现价

---

3 打开"函数参数"对话框，在文本框中分别输入"B1"，"B2"，"B3"，"B4"，"B5"，"B6"。

函数参数

PRICEMAT

Settlement	B1		= 41640
Maturity	B2		= 42005
Issue	B3	输入参数	= 41275
Rate	B4		= 0.03
Yld	B5		= 0.05

= 97.92330359

返回每张票面为 100 元且在到期日支付利息的债券的现价

Yld 是债券的年收益

4 单击"确定"按钮，将返回证券的价格。

B7	▼	:	×	✓	fx	=PRICEMAT(B1,B2,B3,B4,B5,B6)

	A	B	C
1	结算日	2014/1/1	
2	到期日	2015/1/1	
3	发行日	2013/1/1	
4	利率	3%	
5	年收益率	5% 计算结果	
6	基准	2	
7	证券价格	97.92	

● Level ★★★☆ `2013` `2010` `2007`

如何利用 EFFECT 函数计算实际年利率？

● 实例：计算实际年利率

某银行规定，利息支付方式为按月的复利方式计算，在此之前的年利率为4.5%，现要求计算其实际的年利率。下面介绍使用EFFECT函数计算实际年利率的方法。

1 打开工作簿，在名称框中输入目标单元格的地址B4，按下Enter键，即可选定第B列和第4行交汇处的单元格。

	A	B	C
		输入B4	fx
1	说明	数据	
2	年利率	4.50%	
3	期数	12	
4	实际的年利率		

2 在"公式"选项卡中，单击"函数库"功能区中的"财务"按钮，在弹出的下拉列表框中选择EFFECT函数。

3 打开"函数参数"对话框，在文本框中依次输入"B2"，"B3"。

函数参数

EFFECT
Nominal_rate B2 输入参数 =
Npery B3 =
=
返回年有效利率
Npery 是每年的复利计算期
计算结果 = 4.59%

4 单击"确定"按钮，将返回实际年利率。

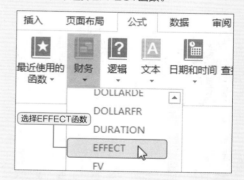

计算结果

● Level ★★★☆ 　　　　2013　2010　2007

如何利用 ACCRINTM 函数计算一次性证券利息?

● 实例：计算一次性证券利息

A和B两种证券，价值均为1000元，已知两种证券的发行日、到期日及年利率。A和B均以基准为2计算，下面介绍使用ACCRINTM函数计算一次性证券利息的方法。

① 打开工作簿，单击要输入公式的单元格 B7，将其选中。

| B7 | ▼ | : | × | ✓ | fx |
	A	B	C	D
1		**A证券**	**B证券**	
2	发行日	2013/1/1	2014/12/30	
3	到期日	2015/12/30	2024/12/30	
4	利率	5%	6%	
5	票面价值	1000	1000	
6	基准	2	2	
7	到期利息			
8				
9		选择单元格		
10				
11				

② 在编辑栏中，单击"插入函数"按钮。

单击"插入函数"按钮

| B7 | ▼ | : | × | ✓ | fx |
	A	B	C
1		**A证券**	**B证券**
2	发行日	2013/1/1	2014/12/30
3	到期日	2015/12/30	2024/12/30
4	利率	5%	6%
5	票面价值	1000	1000
6	基准	2	2
7	到期利息		
8			
9			
10			
11			

③ 打开"插入函数"对话框，单击"或选择类别"下拉按钮，在弹出的下拉列表中选择"财务"选项。

插入函数

搜索函数(S):

请输入一条简短说明来描述您想做什么，然后单击"转到"　　转到(G)

或选择类别(C): 全部

选择函数(N):
- 常用函数
- 全部
- ABS　　财务 ← 选择"财务"选项
- ACCRINT　日期与时间
- ACCRINTM　数学与三角函数
- ACOS　　统计
- ACOSH　查找与引用
- ACOT　　数据库
- ACOTH　文本
　　　　逻辑
ABS(number)　信息
返回给定数值的　工程

④ 在"插入函数"对话框中，选择"选择函数"列表框中的ACCRINTM函数。

插入函数

搜索函数(S):

请输入一条简短说明来描述您想做什么，然后单击"转到"　　转到(G)

或选择类别(C): 财务

选择函数(N):
- ABS
- ACCRINT
- ACCRINTM ← 选择ACCRINTM函数
- ACOS
- ACOSH
- ACOT
- ACOTH

ACCRINTM(issue,settlement,rate,par,basis)
返回在到期日支付利息的债券的应计利息

5 单击"确定"按钮，打开"函数参数"对话框，在文本框中依次输入"B2"，"B3"，"B4"，"B5"，"B6"。

7 单击单元格C7，将其选中。

9 打开"函数参数"对话框，在文本框中依次输入"C2"，"C3"，"C4"，"C5"，"C6"。

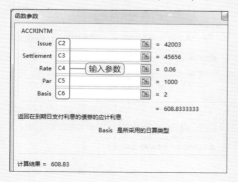

6 单击"确定"按钮，将返回A证券的到期利息。

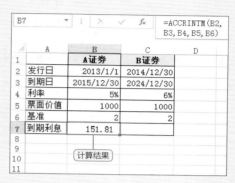

8 在"公式"选项卡中，单击"函数库"功能区中的"财务"按钮，在弹出的下拉列表框中选择ACCRINTM函数。

10 单击"确定"按钮，将返回B证券的到期利息。

● Level ★★★☆   2013 2010 2007

如何利用 YIELDMAT 函数计算债券的到期收益率？

● 实例：计算债券的到期收益率

有A和B两种债券，现已知其结算日、到期日、发行日，票面利率均为3%，债券价格均为85，日计数基准均为30/360。下面介绍使用YIELDMAT函数计算债券的到期收益率的方法。

1 打开工作簿，单击要输入公式的单元格B8，将其选中。

▲	A	B	C	D
1		**A债券**	**B债券**	
2	结算日	2013/1/1	2014/1/1	
3	到期日	2015/12/30	2016/1/1	
4	发行日	2012/1/1	2012/1/1	
5	利率	3.00%	3.00%	
6	债券价格	85	85	
7	基准	2	2	
8	收益率			
9				
10		选择单元格		
11				
12				
13				

2 在编辑栏中，单击"插入函数"按钮，打开"插入函数"对话框。

▲	A	B	单击"插入函数"按钮	D
1		**A债券**	**B债券**	
2	结算日	2013/1/1	2014/1/1	
3	到期日	2015/12/30	2016/1/1	
4	发行日	2012/1/1	2012/1/1	
5	利率	3.00%	3.00%	
6	债券价格	85	85	
7	基准	2	2	
8	收益率			
9				
10				
11				
12				
13				

3 单击"或选择类别"下拉按钮，在弹出的下拉列表中选择"财务"选项。

4 在"插入函数"对话框中，选择"选择函数"列表框中的YIELDMAT函数。

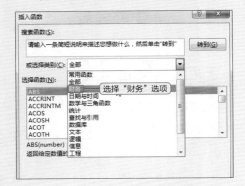

5 单击"确定"按钮，打开"函数参数"对话框，在文本框中依次输入"B2""B3"，"B4""B5""B6""B7"。

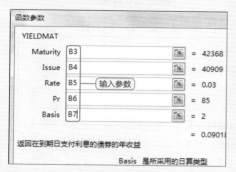

6 单击"确定"按钮，将返回A债券的收益率。

7 单击要输入公式的单元格C8，将其选中。

8 单击"编辑"栏中的"插入函数"按钮f_x，打开"插入函数"对话框，选择"财务"类别中的YIEDMAT函数，然后单击"确定"按钮。

9 打开"函数参数"对话框，在文本框中依次输入"C2""C3""C4""C5""C6""C7"。

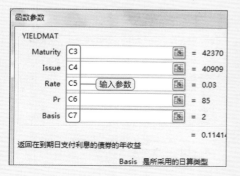

10 单击"确定"按钮，将返回B债券的收益率。

● Level ★★★☆   2013 2010 2007

如何利用 YIELD 函数计算收益率?

● 实例: 计算收益率

2013年1月12日购买了A、B两种债券, 到期日均为2016年12月30日, 按年付息; 日计数基准为2; 已知票面利率及成交价, 清偿价值均为100元; 下面介绍使用YIELD函数计算收益率的方法。

1 打开工作簿, 单击要输入公式的单元格 B9, 将其选中。

	A	B	C	D
1		**A债券**	**B债券**	
2	结算日	2013/1/12	2013/1/12	
3	到期日	2016/12/30	2016/12/30	
4	利率	4%	7%	
5	债券价格	98	85	
6	债券清偿价值	100	100	
7	付息次数	1	1	
8	基准	2	2	
9	债券的收益率			
10				
11		选择单元格		
12				

2 在 "公式" 选项卡中, 单击 "函数库" 功能区中的 "插入函数" 按钮。

3 打开 "插入函数" 对话框, 单击 "或选择类别" 下拉按钮, 在弹出的下拉列表中选择 "财务" 选项。

4 在 "插入函数" 对话框中, 选择 "选择函数" 列表框中的YIELD函数。

5 单击"确定"按钮,打开"函数参数"对话框,在文本框中依次输入"B2","B3","B4","B5","B6","B7","B8"。

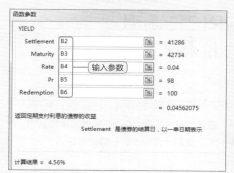

7 选择单元格C9,单击"编辑"栏中的"插入函数"按钮 fx。

9 打开"函数参数"对话框,在文本框中依次输入"C2","C3","C4","C5","C6","C7","8"。

6 单击"确定"按钮,将返回A债券的收益率。

8 打开"插入函数"对话框,选择"财务"类别中的YIELD函数,然后单击"确定"按钮。

10 单击"确定"按钮,将返回B债券的收益率。

● Level ★★★☆   2013 2010 2007

如何利用 PRICE 函数
计算债券的价格？

● 实例：计算债券的价格

2014年1月12日从证券市场购入A债券和B债券，已知发行日、到期日、面值；按年付息；日计数基准为0；若企业要求的年收益率为5%，下面介绍使用PRICE函数计算债券的价格的方法。

1 打开工作簿，单击要输入公式的单元格 B9，将其选中。

	A	B	C	D
1		A债券	B债券	
2	结算日	2014/1/1	2014/1/1	
3	到期日	2023/1/1	2023/1/1	
4	利率	4.0%	4.5%	
5	年收益率	5%	5%	
6	清偿债券价值	100	100	
7	年付息次数	1	1	
8	基准	0	0	
9	债券价格			
10				
11				
12		选择单元格		
13				
14				
15				

2 在编辑栏中，单击"插入函数"按钮 fx，打开"插入函数"对话框。

单击"插入函数"按钮

	A	B	C
1		A债券	B债券
2	结算日	2014/1/1	2014/1/1
3	到期日	2023/1/1	2023/1/1
4	利率	4.0%	4.5%
5	年收益率	5%	5%
6	清偿债券价值	100	100
7	年付息次数	1	1
8	基准	0	0
9	债券价格		
10			
11			
12			
13			
14			
15			

3 单击"或选择类别"下拉按钮，在弹出的下拉列表中选择"财务"选项。

插入函数

搜索函数(S)：

请输入一条简短说明来描述您想做什么，然后单击"转到"   转到(G)

或选择类别(C)：全部

选择函数(N)：

常用函数
全部
财务
日期与时间   选择"财务"选项
数字与三角函数
统计
查找与引用
数据库
文本
逻辑
信息
工程

ABS(number)
返回给定数值的

ABS
ACCRINT
ACCRINTM
ACOS
ACOSH
ACOT
ACOTH

4 在"插入函数"对话框中，选择"选择函数"列表框中的PRICE函数。

插入函数

搜索函数(S)：

请输入一条简短说明来描述您想做什么，然后单击"转到"   转到(G)

或选择类别(C)：财务

选择函数(N)：

PPMT
PRICE   选择PRICE函数
PRICEDISC
PRICEMAT
PV
RATE
RECEIVED

PRICE(settlement,maturity,rate,yld,redemption,frequency,basis)
返回每张票面为100元且定期支付利息的债券的现价

⑤ 单击"确定"按钮，打开"函数参数"对话框，分别输入"B2"，"B3"，"B4"，"B5"，"B6"，"B7"，"B8"。

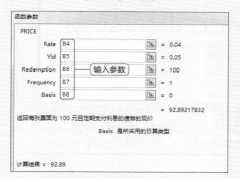

⑥ 单击"确定"按钮，将返回A债券的价格。

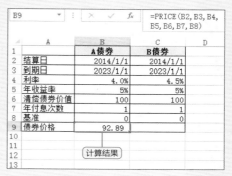

⑦ 单击单元格C7，将其选中。

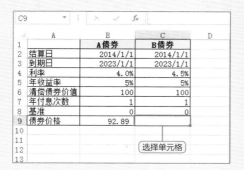

⑧ 打开"插入函数"对话框，选择"财务"类别，在"选择函数"列表框中选择PRICE函数，然后单击"确定"按钮。

⑨ 打开"函数参数"对话框，在文本框中依次输入"C2"，"C3"，"C4"，"C5"，"C6"，"C7"，"C8"。

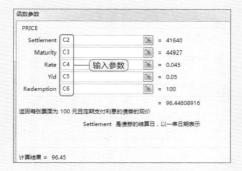

⑩ 单击"确定"按钮，将返回B债券的价格。

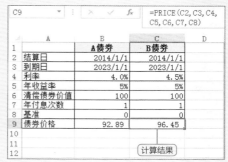

● Level ★★★☆ 2013 2010 2007

如何利用 ACCRINT 函数计算定期付息债券应计利息?

● 实例：计算定期付息债券应计利息

2013年1月1日分别购买了A和B两种债券，已知票面利率、面值、日计数基准，首次计息日均为2014年1月1日，按年付息，下面介绍使用ACCRINT函数计算定期付息债券应计利息的方法。

1 打开工作簿，单击要输入公式的单元格 B9，将其选中。

2 在"公式"选项卡中，单击"函数库"功能区中的"插入函数"按钮 *fx*。

3 打开"插入函数"对话框，单击"或选择类别"下拉按钮，在弹出的下拉列表中选择"财务"选项。

4 在"插入函数"对话框中，选择"选择函数"列表框中的ACCRINT函数。

5 单击"确定"按钮，打开"函数参数"对话框，分别输入"B2"，"B3"，"B4"，"B5"，"B6"，"B7"，"B8"。

6 单击"确定"按钮，将返回A债券的价格。

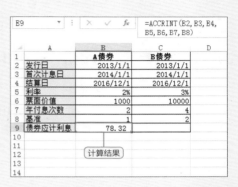

7 单击单元格C7，将其选中。

8 在"公式"选项卡中，单击"函数库"功能区中的"财务"按钮，在弹出的下拉列表中选择ACCRINT函数。

9 打开"函数参数"对话框，分别输入"C2"，"C3"，"C4"，"C5"，"C6"，"C7"，"C8"。

10 单击"确定"按钮，将返回B债券的价格。

● Level ★★★☆   2013 2010 2007

如何利用 PRICEDISC 函数计算有价证券的价格?

● 实例：计算有价证券的价格

2013年1月1日与2014年12月1日分别购买了A证券和B证券，已知到期日、贴现率、日基准计数、清偿价值，下面介绍使用PRICEDISC函数计算有价证券的价格的方法。

1 打开工作簿，单击要输入公式的单元格B7，将其选中。

B7	▼ : × ✓ fx		
	A	B	C	D
1		**A证券**	**B证券**	
2	结算日	2013/1/1	2014/12/1	
3	到期日	2016/1/1	2017/1/1	
4	贴现率	3%	4%	
5	清偿价值	90	90	
6	基准	2	2	
7	证券价格			
8				
9				
10		选择单元格		
11				
12				
13				

2 在编辑栏中，单击"插入函数"按钮 ƒ。

B7	▼ : × ✓ ƒ		
		单击"插入函数"按钮	
	A	B	C
1		**A证券**	B证券
2	结算日	2013/1/1	2014/12/1
3	到期日	2016/1/1	2017/1/1
4	贴现率	3%	4%
5	清偿价值	90	90
6	基准	2	2
7	证券价格		
8			
9			
10			
11			
12			
13			

3 打开"插入函数"对话框，单击"或选择类别"下拉按钮，在弹出的下拉列表中选择"财务"选项。

插入函数   ? x

搜索函数(S)：

请输入一条简短说明来描述您想做什么，然后单击"转到"   转到(G)

或选择类别(C)：全部 ▼

选择函数(N)：

| 常用函数 |
| 全部 |
ABS	财务	选择"财务"选项
ACCRINT	日期与时间
ACCRINTM	数学与三角函数
ACOS	统计
ACOSH	查找与引用
ACOT	数据库
ACOTH	文本
	逻辑
ABS(number)	信息
返回给定数值的	工程

4 在"插入函数"对话框中，选择"选择函数"列表框中的PRICEDISC函数。

插入函数   ? x

搜索函数(S)：

请输入一条简短说明来描述您想做什么，然后单击"转到"   转到(G)

或选择类别(C)：财务 ▼

选择函数(N)：

| PPMT |
| PRICE |
| PRICEDISC | 选择PRICEDISC函数 |
| PRICEMAT |
| PV |
| RATE |
| RECEIVED |

PRICEDISC(settlement,maturity,discount,redemption,basis)
返回每张票面为 100 元的已贴现债券的现价

5 单击"确定"按钮，打开"函数参数"对话框，分别输入"B2"，"B3"，"B4"，"B5"，"B6"。

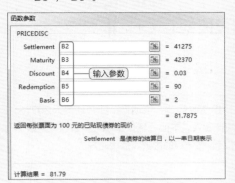

6 单击"确定"按钮，将返回A证券价格。

7 单击单元格C7，将其选中。在"公式"选项卡中，单击"函数库"功能区中的"插入函数"按钮。

8 在弹出的"插入函数"对话框中，选择"财务"类别，在"选择函数"列表框中选择PRICEDISC函数。

9 打开"函数参数"对话框，在文本框中依次输入"C2"，"C3"，"C4"，"C5"，"C6"。

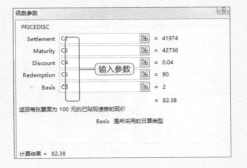

10 单击"确定"按钮，将返回B证券的价格。

Question **152**

● Level ★★★☆

2013 2010 2007

如何利用 IRR 函数计算投资收益？

● 实例：计算投资收益

工作表中为某项目的预投资收益表，该项目前期预计投入20万元，已知开始五年的预计收入，下面介绍使用IRR函数计算出该项目投资两年后、三年后、五年后的内部收益率的方法。

① 打开工作簿，单击要输入公式的单元格 B9，将其选中。

② 在编辑栏中，单击"插入函数"按钮 ƒ，打开"插入函数"对话框。

B9	▼ : × ✓ ƒx	
	A	B
1	类别	金额（元）
2	前期投入	−200,000
3	第一年收入	23,000
4	第二年收入	61,000
5	第三年收入	79,000
6	第四年收入	109,000
7	第五年收入	148,000
8		
9	投资三年后内部收益率	
10	投资五年后内部收益率	
11	投资两年后内部收益率	选择单元格
12		
13		

B9	▼ : × ✓ ƒx	
		单击"插入函数"按钮
	A	金额（元）
1	类别	
2	前期投入	−200,000
3	第一年收入	23,000
4	第二年收入	61,000
5	第三年收入	79,000
6	第四年收入	109,000
7	第五年收入	148,000
8		
9	投资三年后内部收益率	
10	投资五年后内部收益率	
11	投资两年后内部收益率	
12		
13		

③ 单击"或选择类别"下拉按钮，在弹出的下拉列表中选择"财务"选项。

④ 在"插入函数"对话框中，选择"选择函数"列表框中的IRR函数。

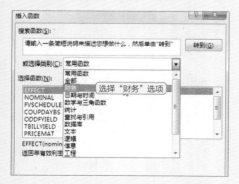

5 单击"确定"按钮，打开"函数参数"对话框，在 Values 文本框中输入"B2:B5"。

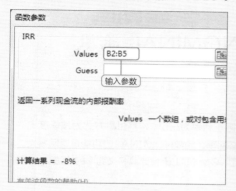

6 单击"确定"按钮，将返回投资三年后内部收益率。

B9		fx	=IRR(B2:B5)
	A 类别		B 金额（元）
1			
2	前期投入		−200,000
3	第一年收入		23,000
4	第二年收入		61,000
5	第三年收入		79,000
6	第四年收入		109,000
7	第五年收入		148,000
8			
9	投资三年后内部收益率		−8%
10	投资五年后内部收益率		
11	投资两年后内部收益率		计算结果

7 选择单元格B10，在编辑栏中输入公式"=IRR(B2:B7)"。

IRR	输入公式	=IRR(B2:B7)
	A 类别	B 金额（元）
1		
2	前期投入	−200,000
3	第一年收入	23,000
4	第二年收入	61,000
5	第三年收入	79,000
6	第四年收入	109,000
7	第五年收入	148,000
8		
9	投资三年后内部收益率	−8%
10	投资五年后内部收益率	=IRR(B2:B7)
11	投资两年后内部收益率	

8 单击"确定"按钮，将返回投资五年后内部收益率。

B10		fx	=IRR(B2:B7)
	A 类别		B 金额（元）
1			
2	前期投入		−200,000
3	第一年收入		23,000
4	第二年收入		61,000
5	第三年收入		79,000
6	第四年收入		109,000
7	第五年收入		148,000
8			
9	投资三年后内部收益率		−8%
10	投资五年后内部收益率		23%
11	投资两年后内部收益率		计算结果

9 选择单元格B11，在编辑栏中输入公式"=IRR(B2:B4,-10%)"。

10 单击"确定"按钮，将返回投资两年后内部收益率。

B11		fx	=IRR(B2:B4,-10%)
	A 类别	B 金额（元）	C
1			
2	前期投入	−200,000	
3	第一年收入	23,000	
4	第二年收入	61,000	
5	第三年收入	79,000	
6	第四年收入	109,000	
7	第五年收入	148,000	
8			
9	投资三年后内部收益率	−8%	
10	投资五年后内部收益率	23%	
11	投资两年后内部收益率	−39%	
14		计算结果	

● Level ★★★☆   2013 2010 2007

如何利用 NOMINAL 函数计算名义利率？

● 实例：计算名义利率

某银行规定贷款的实际年利率为5.8%，其付息方式为按季度支付，现要求计算其名义利率。函数NOMINAL的功能是返回名义年利率，下面介绍使用NOMINAL函数计算名义利率的方法。

1 选择单元格B3，在"公式"选项卡中，单击"函数库"功能区中的"插入函数"按钮 fx 。

文件	开始	插入	页面布局	公式	数据

fx 插入函数 | Σ 自动求和 | 最近使用的函数 | 财务 | 逻辑 | 文本 | 日期和时间

函数库

单击"插入函数"按钮

	A	B	C	D
1	实际年利率	5.80%		
2	期数	4		
3	名义利率			
4				
5				

2 打开"插入函数"对话框，选择"或选择类别"中的"财务"类别，在"选择函数"列表框中选择NOMINAL函数。

插入函数

搜索函数(S)：

请输入一条简短说明来描述您想做什么，然后单击"转到"   转到(G)

或选择类别(C)：财务

选择函数(N)：

ISPMT
MDURATION
MIRR
NOMINAL   选择NOMINAL函数
NPER
NPV
ODDFPRICE

NOMINAL(effect_rate,npery)
返回年度的单利

3 打开"函数参数"对话框，在文本框中依次输入"B1"，"B2"。

函数参数

NOMINAL

Effect_rate   B1   = 0.0
                输入参数
Npery   B2   = 4

= 0.0

返回年度的单利

Npery 是每年的复利计算期数

4 单击"确定"按钮，将返回名义利率。

B3 fx =NOMINAL(B1,B2)

	A	B	C	D
1	实际年利率	5.80%		
2	期数	4		
3	名义利率	5.68%		
4				
5		计算结果		
6				
7				
8				
9				
10				
11				
12				

● Level ★★★☆   2013 2010 2007

如何利用 FVSHEDULE 函数计算存款的未来值?

● 实例：计算存款的未来值

2015年年初存入银行存款100000元，该银行的月利率是变动的，已知各季度利益。下面介绍使用FVSHEDULE函数计算存款的未来值的方法。

1 打开工作簿，单击要输入公式的单元格E2，将其选中。

2 在"公式"选项卡中，单击"函数库"功能区中的"财务"按钮，在弹出的下拉列表中选择"FVSHEDULE"函数。

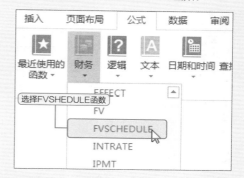

3 打开"函数参数"对话框，在文本框中依次输入"E1"，"B2:B13"。

函数参数

FVSHEDULE

Principal E1 ＝ 10000
Schedule B2:B13 ＝ {0.003

＝ 10425

返回在应用一系列复利后，初始本金的终值

　　　　Principal 是现值

计算结果 ＝ 104250.5073

4 单击"确定"按钮，将返回一年后的存款额。

E2 =FVSCHEDULE(E1,B2:B13)

月份	月利率		存款额	￥100,000
1	0.38%		一年后的存款额	104250.5073
2	0.38%			
3	0.38%			计算结果

Question

● Level ★★★☆   2013 2010 2007

如何利用 RECEIVED 函数
计算一次性付息证券的金额?

● 实例：计算一次性付息证券的金额

有A和B两种证券，已知到期日、贴现率、日基准计数，均购买了50000元，购买日期均是2015年。下面介绍使用RECEIVED函数计算一次性付息证券的金额的方法。

---

① 打开工作簿，单击要输入公式的单元格B7，将其选中。

B7	▼	:	×	✓	fx	

	A	B	C
1		A证券	B证券
2	结算日	2015/1/1	2015/1/1
3	到期日	2017/1/1	2019/1/1
4	投资额	50000	50000
5	贴现率	2%	5%
6	基准	2	2
7	到期金额		
8			
9		选择单元格	
10			
11			
12			

② 在"公式"选项卡中，单击"函数库"功能区中的"插入函数"按钮 fx。

单击"插入函数"按钮

	A	B	C
1		A证券	B证券
2	结算日	2015/1/1	2015/1/1
3	到期日	2017/1/1	2019/1/1
4	投资额	50000	50000
5	贴现率	2%	5%
6	基准	2	2

③ 打开"插入函数"对话框，单击"或选择类别"下拉按钮，在弹出的下拉列表框中选择"财务"选项。

④ 在"插入函数"对话框中，选择"选择函数"列表框中的RECEIVED函数。

插入函数

搜索函数(S):

请输入一条简短说明来描述您想做什么，然后单击"转到"   转到(G)

或选择类别(C): 财务

选择函数(N):

PRICEMAT
PV
RATE
RECEIVED   选择RECEIVED函数
RRI
SLN
SYD

RECEIVED(settlement,maturity,investment,discount,basis)
返回完全投资型债券在到期日收回的金额

5 单击"确定"按钮,打开"函数参数"对话框,在文本框中依次输入"B2","B3","B4","B5","B6"。

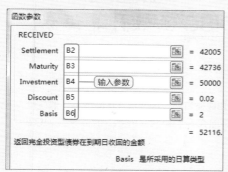

6 单击"确定"按钮,将返回A证券价格。

	B	C	D
	A证券	B证券	
	2015/1/1	2015/1/1	
	2017/1/1	2019/1/1	
	50000	50000	
	2%	5%	
	2	2	
	52116.50935		

fx =RECEIVED(B2,B3,B4,B5,B6)

计算结果

7 在名称框中输入目标单元格的地址C7,按下Enter键,即可选定第C列和第7行交汇处的单元格。

	A	B	C
1		A证券	B证券
2	结算日	2015/1/1	2015/1/1
3	到期日	2017/1/1	2019/1/1
4	投资额	50000	50000
5	贴现率	2%	5%
6	基准	2	2
7	到期金额	52116.50935	
8			
9			
10			
11			
12			

C7 输入C7 fx

8 在"公式"选项卡中,单击"函数库"功能区中的"财务"按钮,在弹出的下拉列表中选择"RECEIVED"函数。

9 打开"函数参数"对话框,在文本框中依次输入"C2","C3","C4","C5","C6"。

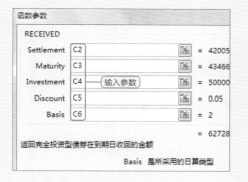

10 单击"确定"按钮,将返回B证券的价格。

	B	C	D
	A证券	B证券	
	2015/1/1	2015/1/1	
	2017/1/1	2019/1/1	
	50000	50000	
	2%	5%	
	2	2	
	52116.50935	62728.69838	

fx =RECEIVED(C2,C3,C4,C5,C6)

计算结果

如何利用 DISC 函数计算证券的贴现率?

● 实例: 计算证券的贴现率

有A和B两种证券,已知成交日期、到期日、成交价格、清偿价值,日计基准均为2。下面介绍使用DISC函数计算证券的贴现率的方法。

① 打开工作簿,单击要输入公式的单元格B7,将其选中。

B7	▼	: × ✓ *fx*	
	A	B	C
1		A债券	B债券
2	结算日	2013/1/1	2014/12/12
3	到期日	2019/1/1	2022/12/12
4	证券价格	90	95
5	清偿价值	98	100
6	基准	2	2
7	贴现率		
8			
9		选择单元格	
10			
11			
12			
13			

② 在编辑栏中,单击"插入函数"按钮 *fx*,打开"插入函数"对话框。

单击"插入函数"按钮

B7	▼	: × ✓ *fx*	
	A	B	C
1		A债券	B债券
2	结算日	2013/1/1	2014/12/12
3	到期日	2019/1/1	2022/12/12
4	证券价格	90	95
5	清偿价值	98	100
6	基准	2	2
7	贴现率		
8			
9			
10			
11			
12			
13			

③ 单击"或选择类别"下拉按钮,在弹出的下拉列表中选择"财务"选项。

插入函数

搜索函数(S):

请输入一条简短说明来描述您想做什么,然后单击"转到"   转到(G)

或选择类别(C): 常用函数

选择函数(N):

常用函数
全部
COUPDAYBS   财务   选择"财务"选项
ODDFYIELD   日期与时间
TBILLYIELD 数学与三角函数
PRICEMAT   统计
DOLLARDE   查找与引用
HLOOKUP   数据库
LOOKUP   文本
            逻辑
COUPDAYBS(s 信息
返回从票息期开 工程

④ 在"插入函数"对话框中,选择"选择函数"列表框中的DISC函数。

插入函数

搜索函数(S):

请输入一条简短说明来描述您想做什么,然后单击"转到"   转到(G)

或选择类别(C): 财务

选择函数(N):

DB
DDB
DISC   选择DISC函数
DOLLARDE
DOLLARFR
DURATION
EFFECT

DISC(settlement,maturity,pr,redemption,basis)
返回债券的贴现率

5 单击"确定"按钮,打开"函数参数"对话框,在文本框中依次输入"B2","B3","B4","B5","B6"。

6 单击"确定"按钮,将返回A证券价格。

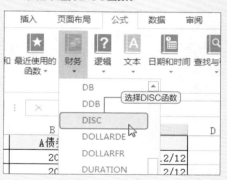

7 在名称框中输入目标单元格的地址C7,按下Enter键,即可选定第C列和第7行交汇处的单元格。

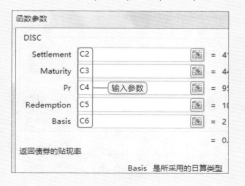

8 在"公式"选项卡中,单击"函数库"功能区中的"财务"按钮,在弹出的下拉列表框中选择DISC函数。

9 打开"函数参数"对话框,在文本框中依次输入"C2","C3","C4","C5","C6"。

10 单击"确定"按钮,将返回B证券的价格。

● Level ★★★☆

2013 2010 2007

如何利用 INTRATE 函数计算一次性付息证券的利率？

● 实例：计算一次性付息证券的利率

有A和B两种证券，已知到期日、投资额、清偿价值。两种证券的日基准计数均为1，购买日期均为2014年。下面介绍使用INTRATE函数计算一次性付息证券的利率的方法。

① 打开工作簿，单击要输入公式的单元格 B7，将其选中。

	B	C
1	A证券	B证券
2 结算日	2014/1/1	2014/1/1
3 到期日	2029/1/1	2019/1/1
4 投资额	2000	15000
5 清偿价值	10000	20000
6 基准	1	1
7 证券利率		

选择单元格

② 在"公式"选项卡中，单击"函数库"功能区中的"插入函数"按钮。

单击"插入函数"按钮

	B	C
1	A证券	B证券
2 结算日	2014/1/1	2014/1/1
3 到期日	2029/1/1	2019/1/1
4 投资额	2000	15000
5 清偿价值	10000	20000

③ 打开"插入函数"对话框，单击"或选择类别"下拉按钮，在弹出的下拉列表中选择"财务"选项。

④ 在"插入函数"对话框中，选择"选择函数"列表框中的INTRATE函数。

5 单击"确定"按钮，打开"函数参数"对话框，在文本框中依次输入"B2"，"B3"，"B4"，"B5"，"B6"。

6 单击"确定"按钮，将返回A证券价格。

7 在名称框中输入目标单元格的地址C7，按下Enter键，即可选定第C列和第7行交汇处的单元格。

8 在"公式"选项卡中，单击"函数库"功能区中的"财务"按钮，在弹出的下拉列表框中选择INTRATE函数。

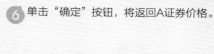

9 打开"函数参数"对话框，在文本框中依次输入"C2"，"C3"，"C4"，"C5"，"C6"。

10 单击"确定"按钮，将返回B证券的价格。

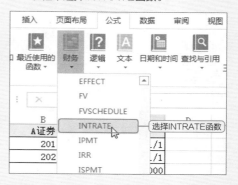

● Level ★★★☆

2013 2010 2007

如何利用 YIELDISC 函数计算折价发行债券的收益率?

● 实例: 计算折价发行债券的收益率

工作表中是某企业于2014年1月1日购买的A和B两种债券,已知到期日、成交价格。两种债券的日基准计数均为2,清偿价值为100元。下面介绍使用YIELDISC函数计算折价发行债券的收益率的方法。

1 打开工作簿,单击要输入公式的单元格B7,将其选中。

▲	A	B	C
1		A债券	B债券
2	结算日	2014/1/1	2014/1/1
3	到期日	2018/1/1	2020/1/1
4	证券价格	92	90
5	清偿价值	100	100
6	基准	2	2
7	收益率		
8			
9		选择单元格	
10			
11			
12			
13			

2 在编辑栏中,单击"插入函数"按钮,打开"插入函数"对话框。

单击"插入函数"按钮

▲	A	B	C
1		A债券	B债券
2	结算日	2014/1/1	2014/1/1
3	到期日	2018/1/1	2020/1/1
4	证券价格	92	90
5	清偿价值	100	100
6	基准	2	2
7	收益率		
8			
9			
10			
11			
12			
13			

3 单击"或选择类别"下拉按钮,在弹出的下拉列表中选择"财务"选项。

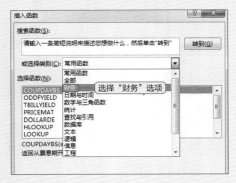

4 在"插入函数"对话框中,选择"选择函数"列表框中的YIELDISC函数。

插入函数

搜索函数(S):

请输入一条简短说明来描述您想做什么,然后单击"转到" [转到(G)]

或选择类别(C): 财务 ▼

选择函数(N):

TBILLYIELD
VDB
XIRR
XNPV
YIELD
YIELDDISC   选择YIELDDISC函数
YIELDMAT

YIELDDISC(settlement,maturity,pr,redemption,basis)
返回已贴现债券的年收益,如短期国库券

5 单击"确定"按钮，打开"函数参数"对话框，在文本框中依次输入"B2"，"B3"，"B4"，"B5"，"B6"。

6 单击"确定"按钮，将返回A债券的到期收益率。

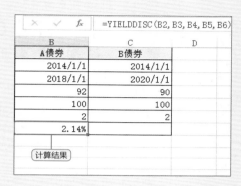

7 在名称框中输入目标单元格的地址C7，按下Enter键，即可选定第C列和第7行交汇处的单元格。

8 在"公式"选项卡中，单击"函数库"功能区中的"财务"按钮，在弹出的下拉列表中选择YIELDISC函数。

9 打开"函数参数"对话框，在文本框中依次输入"C2"，"C3"，"C4"，"C5"，"C6"。

10 单击"确定"按钮，将返回B债券的到期收益率。

● Level ★★★☆

2013 2010 2007

Question 152

如何利用 COUPPCD 函数计算结算日之前的付息日？

● 实例：计算结算日之前的付息日

有A和B两种债券，已知结算日和到期日。两种债券均每季度付息一次，日基准计数均为2。下面介绍使用COUPPCD函数计算结算日之前的付息日的方法。

① 打开工作簿，单击要输入公式的单元格 B6，将其选中。

② 在"公式"选项卡中，单击"函数库"功能区中的"插入函数"按钮。

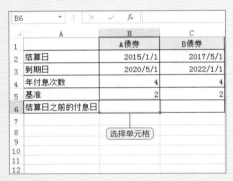

③ 打开"插入函数"对话框，单击"或选择类别"下拉按钮，在弹出的下拉列表中选择"财务"选项。

④ 在"插入函数"对话框中，选择"选择函数"列表框中的COUPPCD函数。

⑤ 单击"确定"按钮，打开"函数参数"对话框，在文本框中依次输入"B2"，"B3"，"B4"，"B5"。

⑥ 单击"确定"按钮，将返回A债券结算日之前的付息日。

fx	=COUPPCD(B2, B3, B4, B5)	
B	C	
A债券	B债券	
2015/1/1	2017/5/1	
2020/5/1	2022/1/1	
计算结果 4	4	
2	2	
2014/11/1		

⑦ 在名称框中输入目标单元格的地址C6，按下Enter键，即可选定第C列和第6行交汇处的单元格。

C6	输入C6	fx	
	A	B	C
1		A债券	B债券
2	结算日	2015/1/1	2017/5/1
3	到期日	2020/5/1	2022/1/1
4	年付息次数	4	4
5	基准	2	2
6	结算日之前的付息日	2014/11/1	
7			
8			
9			
10			
11			

⑧ 在"公式"选项卡中，单击"函数库"功能区中的"财务"按钮，在弹出的下拉列表框中选择COUPPCD函数。

⑨ 打开"函数参数"对话框，在文本框中依次入"C2"，"C3"，"C4"，"C5"。

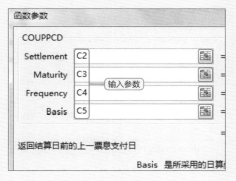

⑩ 单击"确定"按钮，将返回B债券结算日之前的付息日。

fx	=COUPPCD(C2, C3, C4, C5)		
B	C	D	
A债券	B债券		
2015/1/1	2017/5/1		
2020/5/1	2022/1/1		
4	计算结果 4		
2	2		
2014/11/1	2017/4/1		

如何利用 COUPNCD 函数计算结算日之后的付息日？

● 实例：计算结算日之后的付息日

有A和B两种债券，已知结算日、到期日，两种债券均每季度付息一次，日基准计数均为2。下面介绍使用COUPNCD函数计算结算日之后的付息日的方法。

---

1 打开工作簿，单击要输入公式的单元格 B6，将其选中。

2 在编辑栏中，单击"插入函数"按钮，打开"插入函数"对话框。

	A	B	C
		A债券	B债券
1			
2	结算日	2014/10/1	2014/12/1
3	到期日	2019/8/1	2020/10/1
4	年付息次数	4	4
5	基准	2	2
6	结算日之后的付息日		

选择单元格

单击"插入函数"按钮

	A	B	C
		A债券	B债券
1			
2	结算日	2014/10/1	2014/12/1
3	到期日	2019/8/1	2020/10/1
4	年付息次数	4	4
5	基准	2	2
6	结算日之后的付息日		

---

3 单击"或选择类别"下拉按钮，在弹出的下拉列表中选择"财务"选项。

4 在"插入函数"对话框中，选择"选择函数"列表框中的COUPNCD函数。

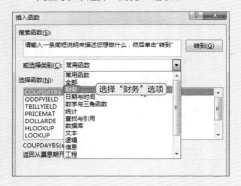

插入函数

搜索函数(S)：

请输入一条简短说明来描述您想做什么，然后单击"转到"　　转到(G)

或选择类别(C)：常用函数

选择函数(N)：

选择"财务"选项

COUPDAYBS
ODDFYIELD
TBILLYIELD
PRICEMAT
DOLLARDE
HLOOKUP
LOOKUP

常用函数
全部
财务
日期与时间
数学与三角函数
统计
查找与引用
数据库
文本
逻辑
信息
工程

COUPDAYBS(s...

返回从票息期开...

插入函数

搜索函数(S)：

请输入一条简短说明来描述您想做什么，然后单击"转到"　　转到(G)

或选择类别(C)：财务

选择函数(N)：

AMORLINC
COUPDAYBS
COUPDAYS
COUPDAYSNC
COUPNCD
COUPNUM
COUPPCD

选择COUPNCD函数

COUPNCD(settlement,maturity,frequency,basis)

返回结算日后的下一票息支付日

5 单击"确定"按钮，打开"函数参数"对话框，在文本框中依次输入"B2"，"B3"，"B4"，"B5"。

6 单击"确定"按钮，将返回A债券结算日之后的付息日。

7 在名称框中输入目标单元格的地址C6，按下Enter键，即可选定第C列和第6行交汇处的单元格。

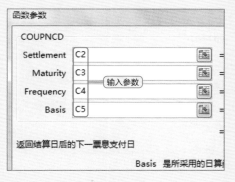

8 在"公式"选项卡中，单击"函数库"功能区中的"财务"按钮，在弹出的下拉列表中选择COUPNCD函数。

9 打开"函数参数"对话框，在文本框中依次输入"C2"，"C3"，"C4"，"C5"。

10 单击"确定"按钮，将返回B债券结算日之后的付息日。

● Level ★★★☆   2013 2010 2007

如何利用 COUPDAYBS 函数
计算截至结算日的天数?

● 实例: 计算当前付息期内截至结算日的天数

已知A和B两种债券的交易情况以及结算日和到期日。两种债券的
日基准计数均为2。下面介绍使用COUPDAYBS函数计算当前付
息期内截至结算日的天数的方法。

1 打开工作簿,单击要输入公式的单元格 B6,将其选中。

2 在"公式"选项卡中,单击"函数库"功能区中的"插入函数"按钮 fx。

3 打开"插入函数"对话框,单击"或选择类别"下拉按钮,在弹出的下拉列表中选择"财务"选项。

4 在"插入函数"对话框中,选择"选择函数"列表框中的COUPDAYBS函数。

5 单击"确定"按钮，打开"函数参数"对话框，在文本框中依次输入"B2"，"B3"，"B4"，"B5"。

6 单击"确定"按钮，将返回A债券当前付息期内截至结算日的天数。

	B	C	D
	A债券	B债券	
	2014/6/1	2014/6/1	
	2016/10/1	2016/10/1	
	计算结果 1	4	
	2	2	
的天数	243		

=COUPDAYBS(B2,B3,B4,B5)

7 在名称框中输入目标单元格的地址C6，按下Enter键，即可选定第C列和第6行交汇处的单元格。

	A	B	C
1		A债券	B债券
2	结算日	2014/6/1	2014/6/1
3	到期日	2016/10/1	2016/10/1
4	年付息次数	1	4
5	基准	2	2
6	当前付息期内截止到结算日的天数	243	

输入C6

8 在"公式"选项卡中，单击"函数库"功能区中的"财务"按钮，在弹出的下拉列表框中选择COUPDAYBS函数。

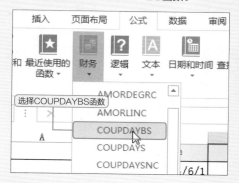

选择COUPDAYBS函数

9 打开"函数参数"对话框，在文本框中依次输入"C2"，"C3"，"C4"，"C5"。

10 单击"确定"按钮，将返回B债券当前付息期内截至结算日的天数。

=COUPDAYS(C2,C3,C4,C5)

	B	C
	A债券	B债券
	2014/6/1	2014/6/1
	2016/10/1	2016/10/1
	1	计算结果 4
	2	2
的天数	243	61

Question

62

● Level ★★★☆

2013 2010 2007

如何利用 COUPDAYSNC 函数计算结算日至付息日之间的天数?

● 实例：计算从结算日到下一付息日之间的天数

已知A和B两种债券的交易情况以及结算日和到期日。两种债券的日基准计数均为2。下面介绍使用COUPDAYSNC函数计算从结算日到下一付息日之间的天数的方法。

---

① 打开工作簿，单击要输入公式的单元格 B6，将其选中。

B6	▼ : × ✓ fx	
	A	B
1		A债券
2	结算日	2014/7/1
3	到期日	2015/12/1
4	年付息次数	1
5	基准	2
6	从结算日到下一付息日之间的天数	
7		
8		选择单元格
9		
10		

② 在"公式"选项卡中，单击"函数库"功能区中的"插入函数"按钮 fx 。

| 文件 | 开始 | 插入 | 页面布局 | 公式 | 数据 | 审阅 | 视图 |

fx 插入函数　Σ 自动求和　★ 最近使用的函数　财务　逻辑　文本　日期和时间　查找与引用

函数库

单击"插入函数"按钮

	A	B	C
1		A债券	B债券
2	结算日	2014/7/1	2014/7/1
3	到期日	2015/12/1	2015/12/1
4	年付息次数	1	4
5	基准	2	2
6	从结算日到下一付息日之间的天数		
7			

---

③ 打开"插入函数"对话框，单击"或选择类别"下拉按钮，在弹出的下拉列表中选择"财务"选项。

插入函数

搜索函数(S):

请输入一条简短说明来描述您想做什么，然后单击"转到"　　转到(G)

或选择类别(C): 全部

选择函数(N):

常用函数
全部
财务　　选择"财务"选项
日期与时间
数学与三角函数
统计
查找与引用
文本
逻辑
信息
工程

ABS
ACCRINT
ACCRINTM
ACOS
ACOSH
ACOT
ACOTH

ABS(number)
返回给定数值的

④ 在"插入函数"对话框中，选择"选择函数"列表框中的COUPDAYSNC函数。

插入函数

搜索函数(S):

请输入一条简短说明来描述您想做什么，然后单击"转到"　　转到(G)

或选择类别(C): 财务

选择函数(N):

ACCRINT
ACCRINTM
AMORDEGRC
AMORLINC
COUPDAYBS
COUPDAYS
COUPDAYSNC　　选择COUPDAYSNC函数

COUPDAYSNC(settlement,maturity,frequency,basis)
返回从结算日到下一票息支付日之间的天数

---

5 单击"确定"按钮，打开"函数参数"对话框，在文本框中依次输入"B2"，"B3"，"B4"，"B5"。

7 在名称框中输入目标单元格的地址C6，按下Enter键，即可选定第C列和第6行交汇处的单元格。

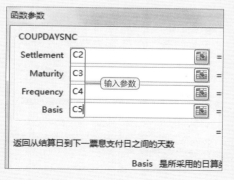

9 打开"函数参数"对话框，在文本框中依次输入"C2"，"C3"，"C4"，"C5"。

6 单击"确定"按钮，将返回A债券从结算日到下一付息日之间的天数。

	B	C
	A债券	B债券
	2014/7/1	2014/7/1
	2015/12/1	2015/12/1
	1	4
	2	2
的天数	153	

=COUPDAYSNC(B2,B3,B4,B5)

8 在"公式"选项卡中，在"函数库"功能区中单击"财务"按钮，在弹出的下拉列表框中选择COUPDAYSNC函数。

10 单击"确定"按钮，将返回B债券从结算日到下一付息日之间的天数。

=COUPDAYSNC(C2,C3,C4,C5)

	B	C
	A债券	B债券
	2014/7/1	2014/7/1
	2015/12/1	2015/12/1
	1	4
	2	2
间的天数	153	62

● Level ★★★☆   2013 2010 2007

Question

63

如何利用 COUPDAYS 函数计算结算日所在的付息期的天数?

● 实例：计算结算日所在的付息期的天数

已知A和B两种债券的交易情况，两种债券的结算日均为2014年8月1，到期日为2020年8月1日。下面介绍使用COUPDAYS函数计算结算日所在的付息期的天数的方法。

---

1 打开工作簿，单击要输入公式的单元格B6，将其选中。

	A	B	C
		A债券	B债券
1			
2	结算日	2014/1/1	2014/1/1
3	到期日	2020/8/1	2020/8/1
4	年付息次数	1	2
5	基准	1	2
6	结算日所在的付息期的天数		

选择单元格

2 在编辑栏中，单击"插入函数"按钮 ƒ，打开"插入函数"对话框。

单击"插入函数"按钮

	A	B	C
		A债券	B债券
1			
2	结算日	2014/1/1	2014/1/1
3	到期日	2020/8/1	2020/8/1
4	年付息次数	1	2
5	基准	1	2
6	结算日所在的付息期的天数		

3 单击"或选择类别"下拉按钮，在弹出的下拉列表中选择"财务"选项。

插入函数

搜索函数(S)：
请输入一条简短说明来描述您想做什么，然后单击"转到"   转到(G)

或选择类别(C)：全部

选择函数(N)：
常用函数
全部
ABS   财务
ACCRINT   日期与时间
ACCRINTM   数学与三角函数
ACOS   统计
ACOSH   查找与引用
ACOT   数据库
ACOTH   文本
           逻辑
ABS(number) 信息
返回给定数值的 工程

选择"财务"选项

4 在"插入函数"对话框中，选择"选择函数"列表框中的COUPDAYS函数。

插入函数

搜索函数(S)：
请输入一条简短说明来描述您想做什么，然后单击"转到"   转到(G)

或选择类别(C)：财务

选择函数(N)：
AMORLINC
COUPDAYBS
COUPDAYS   选择COUPDAYS函数
COUPDAYSNC
COUPNCD
COUPNUM
COUPPCD

COUPDAYS(settlement,maturity,frequency,basis)
返回包含结算日的票息期的天数

3

5 单击"确定"按钮，打开"函数参数"对话框，在文本框中依次输入"B2"，"B3"，"B4"，"B5"。

6 单击"确定"按钮，将返回A债券结算日所在的付息期的天数。

=COUPDAYS(B2,B3,B4,B5)

B	C	D
A债券	B债券	
2014/1/1	2014/1/1	
2020/8/1	2020/8/1	
1（计算结果）	2	
1	2	
365		

7 在名称框中输入目标单元格的地址C6，按下Enter键，即可选定第C列和第6行交汇处的单元格。

8 在"公式"选项卡中单击"函数库"功能区中的"财务"按钮，在弹出的下拉列表框中选择COUPDAYS函数。

9 打开"函数参数"对话框，在文本框中依次输入"C2"，"C3"，"C4"，"C5"。

10 单击"确定"按钮，将返回B债券结算日所在的付息期的天数。

=COUPDAYS(C2,C3,C4,C5)

B	C
A债券	B债券
2014/1/1	2014/1/1
2020/8/1	2020/8/1
1	2
1	2（计算结果）
365	180

● Level ★★★☆   2013 2010 2007

如何利用 ODDFPRICE 函数计算首期付息日不固定的债券价格?

● 实例: 计算首期付息日不固定的有价债券的价格

已知A和B两种债券的结算日、到期日和发行日,日基准计数均为2,均为每季付息一次,清偿价值均为100元。下面介绍使用ODDFPRICE函数计算首期付息日不固定的有价债券的价格的方法。

① 打开工作簿,单击要输入公式的单元格 B11,将其选中。

	A	B	C
1		A债券	B债券
2	结算日	2014/11/11	2014/2/1
3	到期日	2019/8/1	2021/1/1
4	发行日	2014/10/1	2014/1/1
5	首期付息日	2015/5/1	2014/10/1
6	利率	2%	3%
7	年收益率	1%	2%
8	清偿价值	100	100
9	年付息次数	4	4
10	基准	2	2
11	债券价格		
12			
13			

选择单元格

② 在编辑栏中,单击"插入函数"按钮 f_x ,打开"插入函数"对话框。

单击"插入函数"按钮

	A	B	C
1		A债券	B债券
2	结算日	2014/11/11	2014/2/1
3	到期日	2019/8/1	2021/1/1
4	发行日	2014/10/1	2014/1/1
5	首期付息日	2015/5/1	2014/10/1
6	利率	2%	3%
7	年收益率	1%	2%
8	清偿价值	100	100
9	年付息次数	4	4
10	基准	2	2
11	债券价格		
12			
13			

③ 单击"或选择类别"下拉按钮,在弹出的下拉列表中选择"财务"选项。

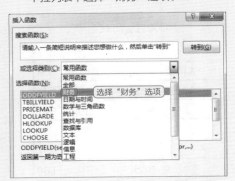

④ 在"插入函数"对话框中,选择"选择函数"列表框中的ODDFPRICE函数。

（插入函数对话框）

搜索函数(S):
请输入一条简短说明来描述您想做什么,然后单击"转到"   转到(G)

或选择类别(C): 财务

选择函数(N):
NOMINAL
NPER
NPV
ODDFPRICE   选择ODDFPRICE函数
ODDFYIELD
ODDLPRICE
ODDLYIELD

ODDFPRICE(settlement,maturity,issue,first_coupon,rate,yld,...)
返回每张面值为 100 元且第一期为奇数的债券的现价

5 单击"确定"按钮,打开"函数参数"对话框,在文本框中分别输入"B2","B3","B4","B5","B6","B7","B8","B9","B10"。

6 单击"确定"按钮,将返回A债券的价格。

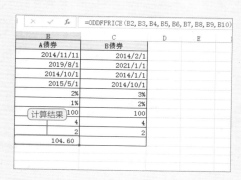

7 在名称框中输入目标单元格的地址C11,按下Enter键,即可选定第C列和第11行交汇处的单元格。

	A	B	C
		A债券	B债券
1			
2	结算日	2014/11/11	2014/2/1
3	到期日	2019/8/1	2021/1/1
4	发行日	2014/10/1	2014/1/1
5	首期付息日	2015/5/1	2014/10/1
6	利率	2%	3%
7	年收益率	1%	2%
8	清偿价值	100	100
9	年付息次数	4	4
10	基准	2	2
11	债券价格	104.60	

8 在"公式"选项卡中,单击"函数库"功能区中的"财务"按钮,在弹出的下拉列表框中选择ODDFPRICE函数。

9 打开"函数参数"对话框,在文本框中分别输入"C2","C3","C4","C5","C6","C7","C8","C9","C10"。

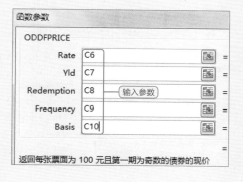

10 单击"确定"按钮,将返回B债券的价格。

● Level ★★★☆ [2013] [2010] [2007]

如何利用 ODDFYIELD 函数
计算非固定付息日的收益率?

● 实例: 计算非固定付息日的收益率

已知A、B两种债券的发行日、结算日和到期日,日基准计数均为2,两种债券均为每季付息一次,清偿价值均为100元。下面介绍使用ODDFYIELD函数计算非固定付息日的收益率的方法。

1 打开工作簿,单击要输入公式的单元格B11,将其选中。

	A	B	C
		A债券	B债券
1			
2	结算日	2014/8/1	2015/5/17
3	到期日	2018/7/1	2025/11/19
4	发行日	2014/1/1	2015/1/1
5	首期付息日	2014/10/1	2015/11/19
6	利率	5%	3%
7	债券价格	90	95
8	清偿价值	选择单元格 100	100
9	年付息次数	4	4
10	基准	2	2
11	收益率		
12			
13			
14			
15			

2 在编辑栏中,单击"插入函数"按钮,打开"插入函数"对话框。

	A	B	C
		单击"插入函数"按钮	
		A债券	B债券
1			
2	结算日	2014/8/1	2015/5/17
3	到期日	2018/7/1	2025/11/19
4	发行日	2014/1/1	2015/1/1
5	首期付息日	2014/10/1	2015/11/19
6	利率	5%	3%
7	债券价格	90	95
8	清偿价值	100	100
9	年付息次数	4	4
10	基准	2	2
11	收益率		
12			
13			
14			
15			

3 单击"或选择类别"下拉按钮,在弹出的下拉列表中选择"财务"选项。

插入函数

搜索函数(S):

请输入一条简短说明来描述您想做什么,然后单击"转到"　　转到(G)

或选择类别(C): 常用函数 ▼
　　　　　　　　常用函数
选择函数(N):　全部
　　　　　　　　财务　　　选择"财务"选项
TBILLYIELD　　日期与时间
PRICEMAT　　　数学与三角函数
DOLLARDE　　　统计
HLOOKUP　　　查找与引用
LOOKUP　　　　数据库
CHOOSE　　　　文本
AREAS　　　　　逻辑
　　　　　　　　信息
TBILLYIELD(se 工程
返回短期国库券

4 在"插入函数"对话框中,选择"选择函数"列表框中的ODDFYIELD函数。

插入函数

搜索函数(S):

请输入一条简短说明来描述您想做什么,然后单击"转到"　　转到(G)

或选择类别(C): 财务 ▼

选择函数(N):

ODDFPRICE
ODDFYIELD　　选择ODDFYIELD函数
ODDLPRICE
ODDLYIELD
PDURATION
PMT
PPMT

ODDFYIELD(settlement,maturity,issue,first_coupon,rate,pr,...)
返回第一期为奇数的债券的收益

5 单击"确定"按钮,打开"函数参数"对话框,分别输入"B2","B3","B4","B5","B6","B7","B8","B9","B10"。

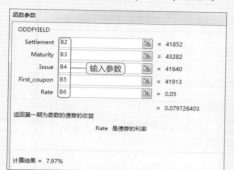

6 单击"确定"按钮,将返回A债券的收益率。

	B	C
fx	=ODDFYIELD(B2, B3, B4, B5, B6, B7, B8, B9, B10)	

	A	B	C
1		A债券	B债券
2	结算日	2014/8/1	2015/5/17
3	到期日	2018/7/1	2025/11/19
4	发行日	2014/1/1	2015/1/1
5	首期付息日	2014/10/1	2015/11/19
6	利率	5%	3%
7	债券价格	90	95
8	清偿价值	计算结果 100	100
9	年付息次数	4	4
10	基准	2	2
11	收益率	7.97%	
12			
13			

7 在名称框中输入目标单元格的地址C11,按下Enter键,即可选定第C列和第11行交汇处的单元格。

C11	▼	输入C11	fx

	A	B	C
1		A债券	B债券
2	结算日	2014/8/1	2015/5/17
3	到期日	2018/7/1	2025/11/19
4	发行日	2014/1/1	2015/1/1
5	首期付息日	2014/10/1	2015/11/19
6	利率	5%	3%
7	债券价格	90	95
8	清偿价值	100	100
9	年付息次数	4	4
10	基准	2	2
11	收益率	7.97%	
12			
13			

8 在"公式"选项卡中,单击"函数库"功能区中的"财务按钮,在弹出的下拉列表框中选择ODDFYIELD函数。

9 打开"函数参数"对话框,在文本框中输入"C2","C3","C4","C5","C6","C7","C8","C9","C10"。

10 单击"确定"按钮,将返回B债券的收益率。

	C	
fx	=ODDFYIELD(C2, C3, C4, C5, C6, C7, C8, C9, C10)	

	A	B	C
1		A债券	B债券
2	结算日	2014/8/1	2015/5/17
3	到期日	2018/7/1	2025/11/19
4	发行日	2014/1/1	2015/1/1
5	首期付息日	2014/10/1	2015/11/19
6	利率	5%	3%
7	债券价格	90	95
8	清偿价值	100	计算结果 100
9	年付息次数	4	4
10	基准	2	2
11	收益率	7.97%	3.57%
12			

如何利用 TBILLYIELD 函数计算国库券的收益率?

● 实例：计算国库券的收益率

2013年1月1日与2014年1月1日分别购买了A国库券和B国库券，已知到期日和面值￥100元的国库券的价格。下面介绍使用TBILLYIELD函数计算国库券的收益率的方法。

1 打开工作簿，单击要输入公式的单元格B5，将其选中。

	A	B	C
		A国库券	B国库券
1			
2	成交日	2013/1/1	2014/1/1
3	到期日	2013/11/1	2014/7/1
4	面值 ￥100 的国库券的价格	97	98
5	收益率		

选择单元格

2 在编辑栏中，单击"插入函数"按钮，打开"插入函数"对话框。

单击"插入函数"按钮

	A	B	C
		A国库券	B国库券
1			
2	成交日	2013/1/1	2014/1/1
3	到期日	2013/11/1	2014/7/1
4	面值 ￥100 的国库券的价格	97	98
5	收益率		

3 单击"或选择类别"下拉按钮，在弹出的下拉列表中选择"财务"选项。

插入函数

搜索函数(S):

请输入一条简短说明来描述您想做什么，然后单击"转到" 转到(G)

或选择类别(C): 常用函数

选择函数(N):

常用函数
全部
DOLLARDE   财务   选择"财务"选项
HLOOKUP   日期与时间
LOOKUP   数学与三角函数
CHOOSE   统计
AREAS   查找与引用
ADDRESS   数据库
INDIRECT   文本
            逻辑
DOLLARDE(fra   信息
将以分数表示的   工程

4 在"插入函数"对话框中，选择"选择函数"列表框中的TBILLYIELD函数。

插入函数

搜索函数(S):

请输入一条简短说明来描述您想做什么，然后单击"转到" 转到(G)

或选择类别(C): 财务

选择函数(N):

TBILLYIELD   选择TBILLYIELD函数
VDB
XIRR
XNPV
YIELD
YIELDDISC
YIELDMAT

TBILLYIELD(settlement,maturity,pr)

返回短期国库券的收益

⑤ 单击"确定"按钮，打开"函数参数"对话框，分别输入"B2"，"B3"，"B4"。

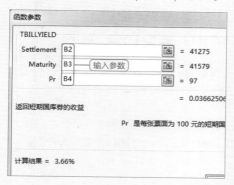

⑥ 单击"确定"按钮，将返回A国库券的收益率。

⑦ 在名称框中输入目标单元格的地址C5，按下Enter键，即可选定第C列和第5行交汇处的单元格。

⑧ 在"公式"选项卡中，单击"函数库"功能区中的"财务"按钮，在弹出的下拉列表框中选择TBILLYIELD函数。

⑨ 打开"函数参数"对话框，分别输入"C2"，"C3"，"C4"。

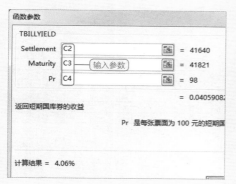

⑩ 单击"确定"按钮，将返回B国库券的收益率。

● Level ★★★☆

2013 2010 2007

如何利用 DOLLARDE 函数用小数形式表示价格？

● 实例：用小数形式表示价格

工作表中为分数形式的美元价格，现要将其转换为小数形式。下面介绍使用DOLLARDE函数将分数形式转换为小数形式的价格的方法。

1 选择单元格D2，单击编辑栏中的"插入函数"按钮，打开"插入函数"对话框，选择DOLLARDE函数。

插入函数

搜索函数(S)：

请输入一条简短说明来描述您想做什么，然后单击"转到"　　　　　转到(G)

或选择类别(C)：财务

选择函数(N)：

DB
DDB
DISC
DOLLARDE ← 选择DOLLARDE函数
DOLLARFR
DURATION
EFFECT

DOLLARDE(fractional_dollar,fraction)
将以分数表示的货币值转换为以小数表示的货币值

2 单击"确定"按钮，打开"函数参数"对话框，在Fractional_dollar文本框中输入"B2"，在Fraction文本框中输入"C2"。

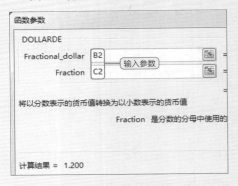

函数参数

DOLLARDE

Fractional_dollar B2
Fraction C2
　　　　← 输入参数

将以分数表示的货币值转换为以小数表示的货币值

Fraction 是分数的分母中使用的

计算结果 = 1.200

3 单击"确定"按钮，将返回价格1的小数形式。

	A	B	C	D
		价格中的分子	价格中的分母	小数形式
1				
2	价格1	0.6	5	1.200
3	价格2	−0.4	7	
4	价格3	0.57	4	← 计算结果
5	价格4	0.75	9	
6	价格5	−0.82	6	
7	价格6	0.9	8	

D2　=DOLLARDE(B2,C2)

4 拖动单元格D2右下角的填充手柄，向下填充至单元格D7，转换其他价格。

	A	B	C	D
		价格中的分子	价格中的分母	小数形式
1				
2	价格1	0.6	5	1.200
3	价格2	−0.4	7	−0.571
4	价格3	0.57	4	1.425
5	价格4	0.75	9	0.833
6	价格5	−0.82	6	−1.367
7	价格6	0.9	8	1.125

D2　=DOLLARDE(B2,C2)

填充公式

Question 8

● Level ★★★☆   2013 2010 2007

如何利用 DOLLARFR 函数用分数形式表示价格?

用分数形式表示价格

函数DOLLARFR的功能是将美元价格从小数形式转换为分数形式。工作表中显示的是小数形式的美元价格,现要求将其转换为分数形式。下面介绍使用DOLLARFR函数将小数形式转换为分数形式的方法。

① 选中单元格D2,在"公式"选项卡中,单击"函数库"功能区中的"财务函数"倒三角按钮,在弹出的下拉列表框中选择DOLLARFR函数。

插入	页面布局	公式	数据	审阅	视图

最近使用的函数 ▼ 　财务 ▼ 　逻辑 ▼ 　文本 ▼ 　日期和时间 ▼ 　查找与引用

> DOLLARDE
> **DOLLARFR** 　← 选择DOLLARFR函数
> DURATION
> EFFECT
> FV

② 打开"函数参数"对话框,在Decimal_dollar 文本框中输入"B2",在Fraction文本框中输入"C2"。

函数参数

DOLLARFR

Decimal_dollar [B2] 　⟵输入参数⟶ 　=
Fraction [C2] 　=
　=

将以小数表示的货币值转换为以分数表示的货币值

　　　　Fraction 是分数的分母中使用的

③ 单击"确定"按钮后,公式将返回价格1的分数形式。

D2	▼	:	×	✓	fx	=DOLLARFR(B2,C2)

	A	B	C	D
1		小数值	价格中的分母	分数形式
2	价格1	0.5	6	2/7
3	价格2	0.8	7	
4	价格3	0.7	5	计算结果
5	价格4	0.3	9	
6	价格5	0.6	8	
7	价格6	0.9	4	
8				
9				
10				

④ 拖动单元格D2右下角的填充手柄,向下填充至单元格C7,转换其他价格。

D2	▼	:	×	✓	fx	=DOLLARFR(B2,C2)

	A	B	C	D
1		小数值	价格中的分母	分数形式
2	价格1	0.5	6	2/7
3	价格2	0.8	7	5/9
4	价格3	0.7	5	1/3
5	价格4	0.3	9	1/4
6	价格5	0.6	8	1/2
7	价格6	0.9	4	1/3
8				
9				
10				计算结果

● Level ★★★☆　　　2013　2010　2007

Question 69

如何利用 PPMT 函数计算还款金额?

● 实例: 设计房屋按揭计划

向银行按揭20万元购买一套房,期限为5年,年利率为6%,现需要计算每月末应还本金和利息。下面介绍使用PPMT函数计算还款金额的方法。

① 选择单元格C5,在编辑栏中输入公式"=6%/12",按下Enter键,计算出月利率。

② 选择单元格C6,在编辑栏中输入公式"=5*12",按下Enter键,计算还款期数。

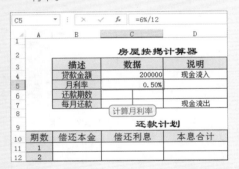

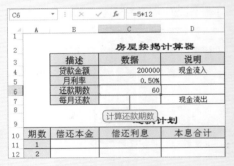

③ 选择单元格C7,单击"编辑栏"中的"插入函数"按钮,打开"插入函数"对话框。

④ 单击"或选择类别"下拉按钮,在弹出的列表中选择"财务"选项,在"选择函数"列表框中选择PMT函数。

5 单击"确定"按钮,打开"函数参数"对话框,输入相应的参数。

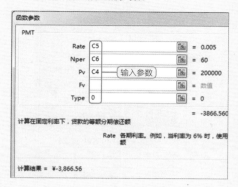

6 单击"确定"按钮,计算每月还款金额。

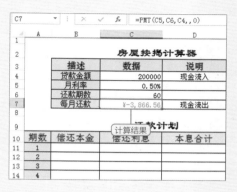

7 选择单元格B11,在"公式"选项卡中,单击"函数库"功能区中的"插入函数"按钮。

8 打开"插入函数"对话框,选择"财务"类别中的PPMT函数。

9 单击"确定"按钮,打开"函数参数"对话框,输入相应的参数。

10 单击"确定"按钮,计算第1期偿还本金。

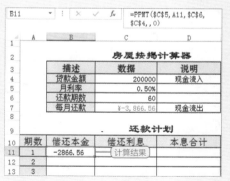

11 拖动单元格B11的填充手柄，向下填充至B70，计算其他期数偿还本金。

⊿	A	B	C	D
55	45	-3570.00		
56	46	-3587.85		
57	47	-3605.79		
58	48	-3623.81		
59	49	-3641.93		
60	50	-3660.14		
61	51	-3678.44		
62	52	-3696.84	填充公式	
63	53	-3715.32		
64	54	-3733.90		
65	55	-3752.57		
66	56	-3771.33		
67	57	-3790.19		
68	58	-3809.14		
69	59	-3828.18		
70	60	-3847.32		

12 选择单元格C11，单击"编辑"栏中的"插入函数"按钮，打开"插入函数"对话框。

13 在"或选择类别"下拉列表中选择"财务"类别，在"选择函数"列表框选择IPMT函数。

插入函数

搜索函数(S)：

请输入一条简短说明来描述您想做什么，然后单击"转到"   转到(G)

或选择类别(C)：财务

选择函数(N)：

INTRATE
IPMT   选择IPMT函数
IRR
ISPMT
MDURATION
MIRR
NOMINAL

IPMT(rate,per,nper,pv,fv,type)
返回在定期偿还、固定利率条件下给定期次内某项投资回报（或贷款偿还）的利息部分

14 单击"确定"按钮，打开"函数参数"对话框，输入相应的参数。

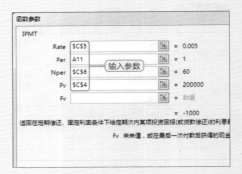

15 单击"确定"按钮，计算出第1期偿还利息金额。

C11   =IPMT($C$5,A11,$C$6,$C$4,0)

⊿	A	B	C	D
4		贷款金额	200000	现金流入
5		月利率	0.50%	
6		还款期数	60	
7		每月还款	¥-3,866.56	现金流出
8				
9			还款计划	
10	期数	偿还本金	偿还利息	本息合计
11	1	-2866.56	-1000.00	
12	2	-2880.89		
13	3	-2895.30	计算结果	
14	4	-2909.77		
15	5	-2924.32		
16	6	-2938.94		

16 拖动单元格C11的填充手柄，向下填充至单元格C70，计算出其他期数的偿还利息金额。

⊿	A	B	C	D
54	44	-3552.24	-314.32	
55	45	-3570.00	-296.56	
56	46	-3587.85	-278.71	
57	47	-3605.79	-260.77	
58	48	-3623.81	-242.75	
59	49	-3641.93	-224.63	
60	50	-3660.14	-206.42	
61	51	-3678.44	-188.12	
62	52	-3696.84	-169.72	填充公式
63	53	-3715.32	-151.24	
64	54	-3733.90	-132.66	
65	55	-3752.57	-113.99	
66	56	-3771.33	-95.23	
67	57	-3790.19	-76.37	
68	58	-3809.14	-57.42	
69	59	-3828.18	-38.38	
70	60	-3847.32	-19.24	

17 选择单元格D11，在编辑栏中输入公式"=B11+C11"，按下Enter键，计算第1期的本息合计。

D11		▾ : × ✓ fx	=B11+C11	
	A	B	C	D
4		贷款金额	200000	现金流入
5		月利率	0.50%	
6		还款期数	60	
7		每月还款	¥-3,866.56	现金流出
8				
9			还款计划	
10	期数	偿还本金	偿还利息	本息合计
11	1	-2866.56	-1000.00	-3866.56
12	2	-2880.89	-985.67	
13	3	-2895.30	-971.26	
14	4	-2909.77	-956.79	计算结果
15	5	-2924.32	-942.24	
16	6	-2938.94	-927.62	
17	7	-2953.64	-912.92	

18 拖动单元格D11的填充手柄，向下填充至单元格D70，计算其他期数的本息合计。

	A	B	C	D
54	44	-3552.24	-314.32	-3866.56
55	45	-3570.00	-296.56	-3866.56
56	46	-3587.85	-278.71	-3866.56
57	47	-3605.79	-260.77	-3866.56
58	48	-3623.81	-242.75	-3866.56
59	49	-3641.93	-224.63	-3866.56
60	50	-3660.14	-206.42	-3866.56
61	51	-3678.44	-188.12	-3866.56
62	52	-3696.84	-169.72	填充公式
63	53	-3715.32	-151.24	-3866.56
64	54	-3733.90	-132.66	-3866.56
65	55	-3752.57	-113.99	-3866.56
66	56	-3771.33	-95.23	-3866.56
67	57	-3790.19	-76.37	-3866.56
68	58	-3809.14	-57.42	-3866.56
69	59	-3828.18	-38.38	-3866.56
70	60	-3847.32	-19.24	-3866.56

19 选中单元格E11，在编辑栏输入公式"=ROUND($C$4+SUM(B$11:B11),2)"，按下Enter键，计算第1期的贷款余额。

E11		▾ : × ✓ fx	=ROUND($C$4+SUM(B$11:B11), 2)		
	A	B	C	D	E
1					
2			房屋按揭计算器		
3		描述	数据	说明	
4		贷款金额	200000	现金流入	
5		月利率	0.50%		
6		还款期数	60		
7		每月还款	¥-3,866.56	现金流出	
9			还款计划		
10	期数	偿还本金	偿还利息	本息合计	贷款余额
11	1	-2866.56	-1000.00	-3866.56	197133.44
12	2	-2880.89	-985.67	-3866.56	
13	3	-2895.30	-971.26	-3866.56	
14	4	-2909.77	-956.79	-3866.56	计算结果
15	5	-2924.32	-942.24	-3866.56	
16	6	-2938.94	-927.62	-3866.56	
17	7	-2953.64	-912.92	-3866.56	
18	8	-2968.41	-898.15	-3866.56	

20 拖动单元格E11的填充手柄，向下填充至单元格E70，计算其他期数的贷款余额。

	A	B	C	D	E
49	39	-3464.75	-401.81	-3866.56	76898.07
50	40	-3482.07	-384.49	-3866.56	73416.00
51	41	-3499.48	-367.08	-3866.56	69916.52
52	42	-3516.98	-349.58	-3866.56	66399.54
53	43	-3534.56	-332.00	-3866.56	62864.98
54	44	-3552.24	-314.32	-3866.56	59312.75
55	45	-3570.00	-296.56	-3866.56	55742.75
56	46	-3587.85	-278.71	-3866.56	52154.90
57	47	-3605.79	-260.77	-3866.56	48549.12
58	48	-3623.81	-242.75	-3866.56	44925.30
59	49	-3641.93	-224.63	-3866.56	41283.37
60	50	-3660.14	-206.42	填充公式	37623.22
61	51	-3678.44	-188.12	-3866.56	33944.78
62	52	-3696.84	-169.72	-3866.56	30247.94
63	53	-3715.32	-151.24	-3866.56	26532.62
64	54	-3733.90	-132.66	-3866.56	22798.73
65	55	-3752.57	-113.99	-3866.56	19046.16
66	56	-3771.33	-95.23	-3866.56	15274.83
67	57	-3790.19	-76.37	-3866.56	11484.64
68	58	-3809.14	-57.42	-3866.56	7675.51
69	59	-3828.18	-38.38	-3866.56	3847.32
70	60	-3847.32	-19.24	-3866.56	0.00

21 选择单元格B71，在编辑栏中输入公式"=SUM(B11:B70)"，按下Enter键，计算所有期数的偿还本金合计数。

	A	B	C	D	E
50	40	-3482.07	-384.49	-3866.56	73416.00
51	41	-3499.48	-367.08	-3866.56	69916.52
52	42	-3516.98	-349.58	-3866.56	66399.54
53	43	-3534.56	-332.00	-3866.56	62864.98
54	44	-3552.24	-314.32	-3866.56	59312.75
55	45	-3570.00	-296.56	-3866.56	55742.75
56	46	-3587.85	-278.71	-3866.56	52154.90
57	47	-3605.79	-260.77	-3866.56	48549.12
58	48	-3623.81	-242.75	-3866.56	44925.30
59	49	-3641.93	-224.63	-3866.56	41283.37
60	50	-3660.14	-206.42	-3866.56	37623.22
61	51	-3678.44	-188.12	-3866.56	33944.78
62	52	-3696.84	-169.72	-3866.56	30247.94
63	53	-3715.32	-151.24	-3866.56	26532.62
64	54	-3733.90	-132.66	-3866.56	22798.73
65	55	-3752.57	-113.99	-3866.56	19046.16
66	56	-3771.33	-95.23	-3866.56	15274.83
67	57	计算结果	-76.37	-3866.56	11484.64
68	58		-57.42	-3866.56	7675.51
69	59	-3828.18	-38.38	-3866.56	3847.32
70	60	-3847.32	-19.24	-3866.56	0.00
71	合计	-200000.00			

22 拖动单元格B71的填充手柄，向右填充至单元格D71，计算出其他期数的偿还利息和本息合计金额。

	A	B	C	D	E
50	40	-3482.07	-384.49	-3866.56	73416.00
51	41	-3499.48	-367.08	-3866.56	69916.52
52	42	-3516.98	-349.58	-3866.56	66399.54
53	43	-3534.56	-332.00	-3866.56	62864.98
54	44	-3552.24	-314.32	-3866.56	59312.75
55	45	-3570.00	-296.56	-3866.56	55742.75
56	46	-3587.85	-278.71	-3866.56	52154.90
57	47	-3605.79	-260.77	-3866.56	48549.12
58	48	-3623.81	-242.75	-3866.56	44925.30
59	49	-3641.93	-224.63	-3866.56	41283.37
60	50	-3660.14	-206.42	-3866.56	37623.22
61	51	-3678.44	-188.12	-3866.56	33944.78
62	52	-3696.84	-169.72	-3866.56	30247.94
63	53	-3715.32	-151.24	-3866.56	26532.62
64	54	-3733.90	-132.66	-3866.56	22798.73
65	55	-3752.57	-113.99	-3866.56	19046.16
66	56	-3771.33	-95.23	-3866.56	15274.83
67	57	-3790.19	-76.37	-3866.56	11484.64
68	58	-3809.14	-57.4	填充公式	7675.51
69	59	-3828.18	-38.38	-3866.56	3847.32
70	60	-3847.32	-19.24	-3866.56	0.00
71	合计	-200000.00	-31993.62	-231993.62	

● Level ★★★☆　　2013 2010 2007

如何利用 RATE 函数计算贷款成本?

● 实例：计算实际贷款成本

已知银行抵押贷款名义利率、贷款金额、贷款期限，还款按月支付。此外，银行还需要收取一笔贷款前期安排费1.8%，外加账户服务费250元/月。下面介绍使用RATE函数计算贷款成本的方法。

① 选择单元格C9，在编辑栏中输入公式"=C2*C6"，按下Enter键，计算开户费。

C9	▼	:	×	✓	fx	=C2*C6

	A	B	C	D
2		贷款金额	1500000	
3	基	名义利率	8.50%	
4	本	年还款频率	12	
5	数	贷款期限	8	
6	据	开户费用%	1.80%	
7		账户服务费/月	250	
8				
9		开户费	27000	
10		账户服务费		
11	计	实际借款	计算结果	
12	算	贷款期限		
13	数	实际利率		

② 选择单元格C10，在编辑栏中输入公式"=C7*C4*C5"，按下Enter键，计算账户服务费。

C10	▼	:	×	✓	fx	=C7*C4*C5

	A	B	C	D
2		贷款金额	1500000	
3	基	名义利率	8.50%	
4	本	年还款频率	12	
5	数	贷款期限	8	
6	据	开户费用%	1.80%	
7		账户服务费/月	250	
8				
9		开户费	27000	
10		账户服务费	24000	
11	计	实际借款		
12	算	贷款期限	计算结果	
13	数	实际利率		

③ 选择单元格C11，在编辑栏中输入公式"=C2-C9"，按下 Enter 键，计算实际借款。

C11	▼	:	×	✓	fx	=C2-C9

	A	B	C	D
2		贷款金额	1500000	
3	基	名义利率	8.50%	
4	本	年还款频率	12	
5	数	贷款期限	8	
6	据	开户费用%	1.80%	
7		账户服务费/月	250	
8			计算结果	
9		开户费		
10		账户服务费	24000	
11	计	实际借款	1473000	
12	算	贷款期限		

④ 选择单元格C12，在编辑栏中输入公式"=C4*C5"，按下Enter键，计算贷款期限。

C12	▼	:	×	✓	fx	=C4*C5

	A	B	C	D
2		贷款金额	1500000	
3	基	名义利率	8.50%	
4	本	年还款频率	12	
5	数	贷款期限	8	
6	据	开户费用%	1.80%	
7		账户服务费/月	250	
8				
9		开户费	27000	
10		账户服务费	计算结果	
11	计	实际借款	1473000	
12	算	贷款期限	96	

5 选择单元格C13，在编辑栏中输入公式 "=NOMINAL(EFFECT(C3,1),C4)/12"，按下Enter键，计算实际利率。

C13	▼ : × ✓ fx	=NOMINAL(EFFECT(C3,1),C4)/12		
	A	B	C	D	E
1					
2	基本数据	贷款金额	1500000		
3		名义利率	8.50%		
4		年还款频率	12		
5		贷款期限	8		
6		开户费用%	1.80%		
7		账户服务费/月	250		
8					
9	计算数据	开户费	27000		
10		账户服务费	计算结果		
11		实际借款	1473000		
12		贷款期限	96		
13		实际利率	0.68%		
14		月支付金额（贷款）			
15		月实际支付金额			

6 选择单元格C14，在编辑栏中输入公式 "=PMT(C13,C12,-C2,0,0)"，按下Enter键，计算月支付金额（贷款）。

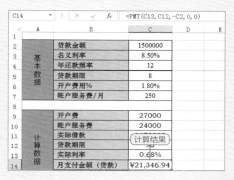

C14	▼ : × ✓ fx	=PMT(C13,C12,-C2,0,0)		
	A	B	C	D	E
1					
2	基本数据	贷款金额	1500000		
3		名义利率	8.50%		
4		年还款频率	12		
5		贷款期限	8		
6		开户费用%	1.80%		
7		账户服务费/月	250		
8					
9	计算数据	开户费	27000		
10		账户服务费	24000		
11		实际借款	计算结果		
12		贷款期限			
13		实际利率	0.68%		
14		月支付金额（贷款）	¥21,346.94		

7 选择单元格C15，在编辑栏中输入公式 "=C14+C7"，按下Enter键，计算月实际支付金额。

	A	B	C	D	E
1					
2	基本数据	贷款金额	1500000		
3		名义利率	8.50%		
4		年还款频率	12		
5		贷款期限	8		
6		开户费用%	1.80%		
7		账户服务费/月	250		
8					
9	计算数据	开户费	27000		
10		账户服务费	24000		
11		实际借款	1473000		
12		贷款期限	计算结果		
13		实际利率	0.68%		
14		月支付金额（贷款）	¥21,346.94		
15		月实际支付金额	¥21,596.94		

8 选择单元格C16，在"公式"选项卡中，单击"函数库"功能区中的"财务"按钮，在弹出的下拉列表中选RATE函数。

插入　页面布局　公式　数据　审阅　视图　加载项

最近使用的函数　财务　逻辑　文本　日期和时间　查找与引用　数学和三角函数　其

PPMT
PRICE
PRICEDISC
PRICEMAT
PV
RATE —— 选择RATE函数
RECEIVED
RRI
SLN

9 在弹出的"函数参数"对话框中，输入相应的参数。

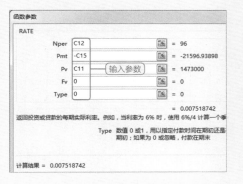

函数参数

RATE

Nper	C12	= 96
Pmt	-C15	= -21596.93898
Pv	C11 （输入参数）	= 1473000
Fv	0	= 0
Type	0	= 0

= 0.007518742

返回投资或贷款的每期实际利率。例如，当利率为6%时，使用6%/4计算一个季……

Type 数值0或1，用以指定付款时间是在期初还是……期初；如果为0或忽略，付款在期末

计算结果 = 0.007518742

10 单击"确定"按钮，计算贷款月实际成本。

	A	B	C	D	E
1					
2	基本数据	贷款金额	1500000		
3		名义利率	8.50%		
4		年还款频率	12		
5		贷款期限	8		
6		开户费用%	1.80%		
7		账户服务费/月	250		
8					
9	计算数据	开户费	27000		
10		账户服务费	24000		
11		实际借款	1473000		
12		贷款期限	96		
13		实际利率	计算结果		
14		月支付金额（贷款）	¥21,346.94		
15		月实际支付金额	¥21,596.94		
16		贷款月实际成本	1%		

如何利用FV函数计算5年后存折余额?

● 实例：快速零存整取5年后金额

存折中已有10000元，每月末存入500元，年利率6%，计算5年后存折金额。FV函数用于计算固定利率及等额分期付款方式下计算投资的未来值。下面介绍使用FV函数计算5年后存折余额的方法。

1 选择C4单元格，在编辑栏中输入公式"=6%/12"，按下Enter键，计算月利率。

C4		▼	:	×	✓	f_x	=6%/12

	A	B	C	D
1		零存整取		
2		现有存款	100000	
3		每月存入	500	
4		月利率	0.50%	
5		存款次数		
6		5年后存折余额	计算结果	
7				
8				
9				
10				
11				

2 选择C5单元格，在编辑栏中输入公式"=12*5"，按下Enter键，计算出存款次数。

C5		▼	:	×	✓	f_x	=12*5

	A	B	C	D
1		零存整取		
2		现有存款	100000	
3		每月存入	500	
4		月利率	0.50%	
5		存款次数	60	
6		5年后存折余额		
7			计算结果	
8				
9				
10				
11				

3 选择单元格C，在编辑栏中输入公式"=-FV(C4,C5,C3,C2)"。

INT		▼	:	×	✓	f_x	=-FV(C4,C5,C3,C2)

	A	B	C	D	E
1		零存整取	输入公式		
2		现有存款	100000		
3		每月存入	500		
4		月利率	0.50%		
5		存款次数	60		
6		5年后存折余额	=-FV(C4,C5,C3,C2)		
7					
8					
9					
10					
11					
12					
13					

4 按下Enter键，计算出5年后存折余额。

C6		▼	:	×	✓	f_x	=-FV(C4,C5,C3,C2)

	A	B	C	D	E
1		零存整取			
2		现有存款	100000		
3		每月存入	500		
4		月利率	0.50%		
5		存款次数	60		
6		5年后存折余额	¥169,770.03		
7					
8					
9			计算结果		
10					
11					
12					
13					

Question

72

● Level ★★★☆

2013 2010 2007

如何利用 SLN 函数计算资产的折旧额?

● 实例：使用直线折旧法计算固定资产的折旧额

直线折旧法是一种根据固定资产的原值、预计净残值以及预计清理费用，然后按照预计使用年限平均计算折旧的一种方法。下面介绍使用SLN函数计算资产的折旧额的方法。

1 选择单元格F3，在编辑栏中输入公式"=D3*E3"，按下Enter键，计算净残值。

F3		×	✓	fx	=D3*E3	
	C	D	E	F	启用时间	当前时间
1				输入公式 子有限公司固定资产		
2	型号	原值	残值率	净残值	启用时间	当前时间
3	砖混结构	1500000	0.05	75000	2010/10/10	2014/4/20
4	合力	2500	0.04		2010/5/8	2014/4/20
5	桑塔纳2000	120000	0.05		2011/3/9	2014/4/20
6	LG	5000	0.05		2011/12/10	2014/4/20
7	ACD 423	2000000	0.01		2011/11/19	2014/4/20
8	RAD 220	2500000	0.01		2011/11/19	2014/4/20
9	格力	3600	0.06		2012/3/9	2014/4/20
10	华硕	7500	0.08		2013/3/9	2014/4/20
11	1021C-A	4500	0.08		2012/3/9	2014/4/20
12	AC-05	120000	0.05		2012/11/19	2014/4/20
13						

2 拖动单元格F3的填充手柄，向下填充至单元格F12，计算出其他资产的净残值。

F3		×	✓	fx	=D3*E3	
	C	D	E	F	G	H
1					建湘电子有限公司固定资产	
2	型号	原值	残值率	净残值	启用时间	当前时间
3	砖混结构	1500000	0.05	75000	2010/10/10	2014/4/20
4	合力	2500	0.04	100	2010/5/8	2014/4/20
5	桑塔纳2000	120000	0.05	6000	2011/3/9	2014/4/20
6	LG	5000	0.05	250	2011/12/10	2014/4/20
7	ACD 423	2000000	0.01	20000	2011/11/19	2014/4/20
8	RAD 220	2500000	0.01	25000 填充公式	2011/11/19	2014/4/20
9	格力	3600	0.06	216	2012/3/9	2014/4/20
10	华硕	7500	0.08	600	2013/3/9	2014/4/20
11	1021C-A	4500	0.08	360	2012/3/9	2014/4/20
12	AC-05	120000	0.05	6000	2012/11/19	2014/4/20
13						

3 选择单元格L3，在"公式"选项卡中，单击"函数库"功能区中的"插入函数"按钮。

文件　开始　插入　页面布局　公式　数据　审阅　视图　加载项

fx 插入函数　Σ 自动求和　★ 最近使用的函数　财务　逻辑　文本　日期和时间　查找与引用　数字与三角函数

函数库

单击"插入函数"按钮

	J	K	L	M	N
1	线折旧表				
2	月折旧额	本年折旧月数	本年折旧额	已提折旧月数	总折旧额
3		12			
4		12			
5		12			
6		12			
7		12			

4 在弹出的"插入函数"对话框中，单击"或选择类别"下拉按钮，在弹出的下拉列表中选择"财务"选项。

5 在"选择函数"列表框中，选择SLN函数，然后单击"确定"按钮。

6 在弹出的"函数参数"对话框中，输入相应的参数。

插入函数

搜索函数(S):

请输入一条简短说明来描述您想做什么，然后单击"转到" 　　转到(G)

或选择类别(C): 财务

选择函数(N):

RECEIVED
RRI
SLN　←选择SLN函数
SYD
TBILLEQ
TBILLPRICE
TBILLYIELD

SLN(cost,salvage,life)

返回固定资产的每期线性折旧费

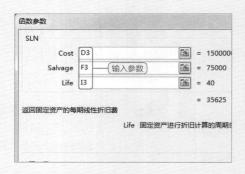

函数参数

SLN

Cost　D3　　　　　　　　= 150000

Salvage　F3　←输入参数　　= 75000

Life　I3　　　　　　　　= 40

　　　　　　　　　　　　= 35625

返回固定资产的每期线性折旧费

Life　固定资产进行折旧计算的周期

7 单击"确定"按钮，计算出该资产本年的折旧额。

L3　　　　fx =SLN(D3,F3,I3)

	月折旧额	本年折旧月数	本年折旧额	已提折旧月数	总折旧额
1	线折旧表				
3		12	¥35,625.00		
4		12			
5		12	计算结果		
6		12			
7		12			
8		12			
9		12			
10		12			
11		12			
12		12			

8 拖动单元格L3的填充手柄，向下填充至单元格L12，计算出其他资产本年折旧额。

L3　　　　fx =SLN(D3,F3,I3)

	月折旧额	本年折旧月数	本年折旧额	已提折旧月数	总折旧额
1	线折旧表				
3		12	¥35,625.00		
4		12	¥240.00		
5		12	¥7,600.00		
6		12	¥950.00		
7		12	¥198,000.00		
8		12	¥247,500.00	填充公式	
9		12	¥676.80		
10		12	¥1,380.00		
11		12	¥828.00		
12		12	¥11,400.00		

9 选择单元格J3，在编辑栏中输入公式"=L3/12"，按下Enter键，计算该资产本月的折旧额。

J3　　　　fx =L3/12

	月折旧额	本年折旧月数	本年折旧额	已提折旧月数	总折旧额
1	线折旧表				
3	¥2,968.75	12	¥35,625.00		
4		12	¥240.00		
5	计算结果	12	¥7,600.00		
6		12	¥950.00		
7		12	¥198,000.00		
8		12	¥247,500.00		
9		12	¥676.80		
10		12	¥1,380.00		
11		12	¥828.00		
12		12	¥11,400.00		

10 拖动单元格J3的填充手柄，向下填充至单元格J12，计算出其他资产的本月折旧额。

J3　　　　fx =L3/12

	月折旧额	本年折旧月数	本年折旧额	已提折旧月数	总折旧额
1	线折旧表				
3	¥2,968.75	12	¥35,625.00		
4	¥20.00	12	¥240.00		
5	¥633.33	12	¥7,600.00		
6	¥79.17	12	¥950.00		
7	¥16,500.00	12	¥198,000.00		
8	¥20,625.00	12	¥247,500.00	填充公式	
9	¥56.40	12	¥676.80		
10	¥115.00	12	¥1,380.00		
11	¥69.00	12	¥828.00		
12	¥950.00	12	¥11,400.00		

11 选择单元格 M3，在编辑栏中单击"插入函数"按钮 *fx*，打开"插入函数"对话框，选择"数学与三角函数"类别中的 INT 函数。

12 单击"确定"按钮，在弹出的"函数参数"对话框中，输入"DAY360(G3, H3)/30"。

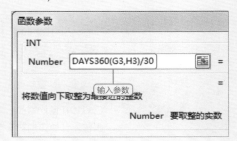

13 单击"确定"按钮，计算出该资产已提折旧月数。

	月折旧额	本年折旧月数	本年折旧额	已提折旧月数	总折旧额
3	￥2,968.75	12	￥35,625.00	42	
4	￥20.00	12	￥240.00		
5	￥633.33	12	￥7,600.00		
6	￥79.17	12	￥950.00		
7	￥16,500.00	12	￥198,000.00		
8	￥20,625.00	12	￥247,500.00		
9	￥56.40	12	￥676.80		
10	￥115.00	12	￥1,380.00		
11	￥69.00	12	￥828.00		
12	￥950.00	12	￥11,400.00		

14 拖动单元格M3的填充手柄，向下填充至单元格M12，计算出其他资产已提折旧月数。

	月折旧额	本年折旧月数	本年折旧额	已提折旧月数	总折旧额
3	￥2,968.75	12	￥35,625.00	42	
4	￥20.00	12	￥240.00	47	
5	￥633.33	12	￥7,600.00	37	
6	￥79.17	12	￥950.00	28	
7	￥16,500.00	12	￥198,000.00	29	
8	￥20,625.00	12	￥247,500.00	41	
9	￥56.40	12	￥676.80	25	
10	￥115.00	12	￥1,380.00	13	
11	￥69.00	12	￥828.00	25	
12	￥950.00	12	￥11,400.00	17	

15 选择单元格N3，在编辑栏中输入公式"=J3*M3"，按下Enter键，计算该资产总折旧额。

	月折旧额	本年折旧月数	本年折旧额	已提折旧月数	总折旧额
3	￥2,968.75	12	￥35,625.00	42	￥124,687.50
4	￥20.00	12	￥240.00	47	
5	￥633.33	12	￥7,600.00	37	
6	￥79.17	12	￥950.00	28	
7	￥16,500.00	12	￥198,000.00	29	
8	￥20,625.00	12	￥247,500.00	41	
9	￥56.40	12	￥676.80	25	
10	￥115.00	12	￥1,380.00	13	
11	￥69.00	12	￥828.00	25	
12	￥950.00	12	￥11,400.00	17	

16 拖动单元格N3的填充手柄，向下填充至单元格N12，计算出其他资产的总折旧额。

	月折旧额	本年折旧月数	本年折旧额	已提折旧月数	总折旧额
3	￥2,968.75	12	￥35,625.00	42	￥124,687.50
4	￥20.00	12	￥240.00	47	￥940.00
5	￥633.33	12	￥7,600.00	37	￥23,433.33
6	￥79.17	12	￥950.00	28	￥2,216.67
7	￥16,500.00	12	￥198,000.00	29	￥478,500.00
8	￥20,625.00	12	￥247,500.00	41	￥845,625.00
9	￥56.40	12	￥676.80	25	￥1,410.00
10	￥115.00	12	￥1,380.00	13	￥1,495.00
11	￥69.00	12	￥828.00	25	￥1,725.00
12	￥950.00	12	￥11,400.00	17	￥16,150.00

73

● Level ★★★☆　　　2013　2010　2007

如何利用 RATE 函数计算买卖房屋利润率？

● 实例：计算买卖房屋利润率

已知10年前购置的一套住房为150000元，现以380000元的价格出售，计算该房产买卖的利润率。下面介绍使用RATE函数计算买卖房屋利润率的方法。

---

1 选择单元格C6，单击"编辑"栏中的"插入函数"按钮。

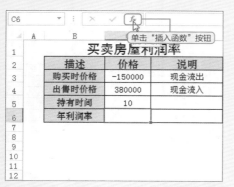

2 打开"插入函数"对话框，选择"财务"类别中的RATE函数。

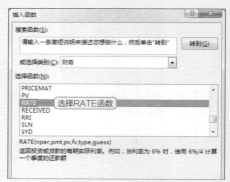

3 单击"确定"按钮，打开"函数参数"对话框，输入相应的参数。

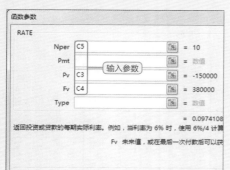

4 单击"确定"按钮，计算出房屋买卖的利润率。

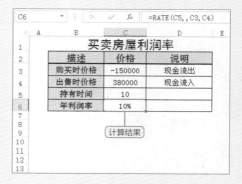

● Level ★★★☆   `2013` `2010` `2007`

如何利用 PMT 函数计算最高贷款金额？

● 实例：计算最高贷款金额

某公司向银行贷款，银行规定分期偿还部分的金额为150万元，公司可以月支付2.5万元，假设贷款期限为16年，当前利率为0.7%/月。下面介绍使用PMT函数计算最高贷款金额的方法。

1 选择单元格C5，在编辑栏中输入公式"=PMT(C3,C4*12,−C2,0,0)"，按下Enter键，计算月末支付金额。

	B	C
	计算最高贷款金额	
2	贷款金额	1,500,000.00
3	月利率	0.70%
4	偿还期限	16
5	月末支付金额	¥14,228.11
6	实际可支付金额	25,000.00
7	每月可提供抵押金额	
8	抵押部分可贷款金额	
9	总可贷款金额	

C5　输入公式　=PMT(C3,C4*12,−C2,0,0)

2 选择单元格C7，在编辑栏中输入公式"=C6-C5"，按下Enter键，计算每月可提供抵押金额。

	B	C
	计算最高贷款金额	
2	贷款金额	1,500,000.00
3	月利率	0.70%
4	偿还期限	16
5	月末支付金额	¥14,228.11
6	实际可支付金额	25,000.00
7	每月可提供抵押金额	10,771.89
8	抵押部分可贷款金额	
9	总可贷款金额	

C7　输入公式　=C6-C5

3 选择单元格 C8，在编辑栏中输入公式"=C7/C3"，按下Enter键，计算抵押部分可贷款金额。

	B	C
	计算最高贷款金额	
2	贷款金额	1,500,000.00
3	月利率	0.70%
4	偿还期限	16
5	月末支付金额	¥14,228.11
6	实际可支付金额	25,000.00
7	每月可提供抵押金额	10,771.89
8	抵押部分可贷款金额	1,538,841.18
9	总可贷款金额	

C8　=C7/C3
计算结果

4 选择单元格C9，在编辑栏中输入公式"=C8+C2"，按下Enter键，计算总可贷款金额。

	B	C
	计算最高贷款金额	
2	贷款金额	1,500,000.00
3	月利率	0.70%
4	偿还期限	16
5	月末支付金额	¥14,228.11
6	实际可支付金额	25,000.00
7	每月可提供抵押金额	计算结果 89
8	抵押部分可贷款金额	1,538,841.18
9	总可贷款金额	3,038,841.18

C9　=C8+C2

● Level ★★★☆　　　2013　2010　2007

如何利用 RATE 函数计算按月平均还款型贷款的实际成本？

● 实例：计算按月平均还款型贷款的实际成本

某公司欲以抵押方式从银行贷款600万元。贷款期限为15年，利率为7.5%，支付方式是每月支付当年还款总金额的1/12。下面介绍使用RATE函数计算按月平均还款型贷款的实际成本的方法。

---

① 选择单元格C6，在编辑栏中输入公式 "=PMT(C5,C3,C2,0,0)/C4"。

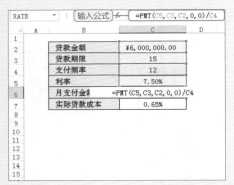

② 按下Enter键，单元格C6中显示出月支付金额。

	A	B	C	D
C7			=RATE(C3*C4,C6,C2,0,0)	
1				
2		贷款金额	¥6,000,000.00	
3		贷款期限	15	
4		支付频率	12	
5		利率	7.50%	
6		月支付金额	¥-56,643.62	
7		实际贷款成本	0.65%	

计算结果

---

③ 选择单元格C7，在编辑栏中输入公式 "=RATE(C3*C4,C6,C2,0,0)"。

	A	B	C	D
RATE		输入公式	=RATE(C3*C4,C6,C2,0,0)	
1				
2		贷款金额	¥6,000,000.00	
3		贷款期限	15	
4		支付频率	12	
5		利率	7.50%	
6		月支付金额	¥-56,643.62	
7		实际贷款成本	=RATE(C3*C4,C6,C2,0,0)	

④ 按下Enter键，单元格C7中显示出实际贷款成本。

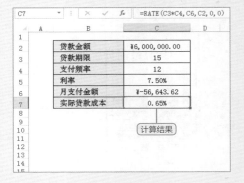

● Level ★★★☆   2013 2010 2007

如何利用 FV 函数计算教育储备金?

● 实例：计算教育储备金

在孩子读小学时以1000元开户，以后每个月存入100元到该账户，银行利率为5.6%且固定不变，现需要计算孩子考取大学时可支取的总金额数。下面介绍使用FV函数计算教育储备金的方法。

1️⃣ 选择单元格B6，在"公式"选项卡中，单击"函数库"功能区中的"插入函数"按钮 fx。

	孩子的教育储备金	
1		
2	首次存入金额	¥-1,000.00
3	每月存入金额	¥-100.00
4	年利率	5.60%

单击"插入函数"按钮   fx   =-100

2️⃣ 打开"插入函数"对话框，选择"或选择类别"下拉列表中的"财务"选项，在"选择函数"列表框中选择FV函数。

选择FV函数

3️⃣ 单击"确定"按钮，打开"函数参数"对话框，在Rate文本框中输入"B4/12"，在Nper文本框中输入"B5*12"，在Pmt文本框中输入B3，在PV和Type文本框分别输入B2和1。

FV
Rate B4/12   = 0.004666667
Nper B5*12   = 144
Pmt   B3   输入参数   = -100
Pv   B2   = -1000
Type 1   = 1
                = 22516.84117

基于固定利率和等额分期付款方式，返回某项投资的未来值。
Type 数值 0 或 1，指定付款时间是期初还是期末。1 = 期初；0

计算结果 = 22516.84117

4️⃣ 单击"确定"按钮，计算出上大学时可支取的总额，还可以直接在单元格B6中输入公式"=FV(B4/12,B5*12,B3,B2,1)"，按下Enter键即可获得计算结果。

B6   fx   =FV(B4/12,B5*12,B3,B2,1)

	A	B	C	D
1	孩子的教育储备金			
2	首次存入金额	¥-1,000.00		
3	每月存入金额	¥-100.00		
4	年利率	5.60%		
5	总投资期（年）	12		
6	上大学时可支取总额	¥22,516.84		
7				

计算结果

2013 2010 2007

如何利用 DDB 函数计算汽车的折旧值？

● 实例：计算汽车的折旧值

丰田汽车的购买价格为16万元，折旧期限为5年，资产的残值为2.8万元，折旧率为1.5。现要求计算该汽车在每一年的折旧值，以及第二年至第五年内的折旧值。

1 单击要输入公式的单元格E3，将其选中。

2 选择"公式"选项卡，在"函数库"功能区中，单击"插入函数"按钮。

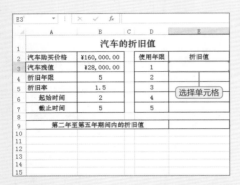

3 在弹出的"插入函数"对话框中，选择"或选择类别"下拉列表框中的"财务"选项。

4 在"选择函数"列表框中，选择DDB函数，然后单击"确定"按钮。

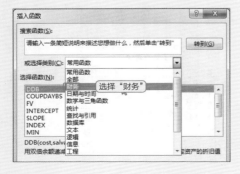

5 打开"函数参数"对话框，在 文本框中分别输入参数$B$2, $B$3, $B$4, D3, $B$5。

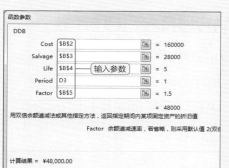

6 单击"确定"按钮，公式将返回汽车第一年的折旧值。

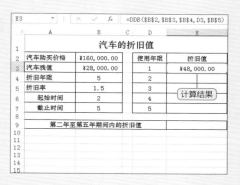

7 拖动单元格E3的填充手柄，向下填充至单元格E7，计算出其他年限的折旧值。

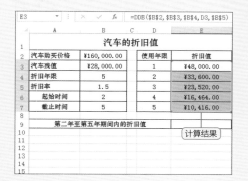

8 选择单元格E9，在"公式"选项卡中，单击"函数库"功能区"财务"倒三角按钮，在弹出的下拉列表框中选择VDB函数。

9 在弹出的"函数参数"对话框中，输入"B2"，"B2"，"B4"，"B6"，"B7"，"B5"。

10 单击"确定"按钮，计算出该汽车从第二年至第五年期间内的折旧值。

● Level ★★★☆   2013 2010 2007

如何利用 MDURATIO 函数计算基金的修正期限？

● 实例：计算基金的MACAULEY 修正期限

2011年1月1日购买了某基金，其到期日为2015年1月1日，利率为4%，收益率为5%，下面介绍使用MDURATIO函数计算基金的MACAULEY 修正期限的方法。

1 选择单元格B7，单击编辑栏中的"插入函数"按钮 *fx*。

	A	
	B7 ▼ : × ✓ *fx*	
		单击"插入函数"按钮
1	结算日	2011/6/15
2	到期日	2015/10/8
3	息票利率	4%
4	收益率	5%
5	年付息次数	2
6	日计数基准	2
7	有价证券的Macauley修正期限	
8		
9		
10		
11		
12		
13		
14		

2 打开"插入函数"对话框，选择"财务"类别中的MDURATIO函数。

插入函数

搜索函数(S):

请输入一条简短说明来描述您想做什么，然后单击"转到"   转到(G)

或选择类别(C): 财务   ▼

选择函数(N):

INTRATE
IPMT
IRR
ISPMT
MDURATION   选择MDURATIO函数
MIRR
NOMINAL

MDURATION(settlement,maturity,coupon,yld,frequency,basis)
为假定票面值为 100 元的债券返回麦考利修正持续时间

3 单击"确定"按钮，打开"函数参数"对话框，输入相应的参数。

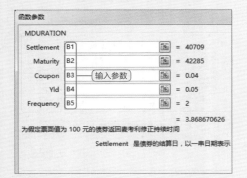

函数参数

MDURATION

Settlement B1   = 40709
Maturity   B2   = 42285
Coupon   B3 ── 输入参数   = 0.04
Yld   B4   = 0.05
Frequency   B5   = 2

= 3.868670626

为假定票面值为 100 元的债券返回麦考利修正持续时间

Settlement 是债券的结算日，以一串日期表示

4 单击"确定"按钮，计算出基金的MAC-AULEY 修正期限。

	A	B
	B7 ▼ : × ✓ *fx*	=MDURATION(B1,B2,B3,B4,B5,B6)
1	结算日	2011/6/15
2	到期日	2015/10/8
3	息票利率	4%
4	收益率	5%
5	年付息次数	2
6	日计数基准	2
7	有价证券的Macauley修正期限	3.868670626
8		
9		
10		计算结果
11		
12		
13		

● Level ★★★☆　　2013 2010 2007

如何利用 TBILLEQ 函数计算国库券到期后的等效收益率？

● 实例：计算国库券到期后的等效收益率

2014年2月1日购买了一种半年期国库券，当时的贴现率为3.1%，现要求计算国库券到期后的等效收益率。下面介绍使用TBILLEQ函数计算国库券到期后的等效收益率的方法。

1 选择单元格B4，单击编辑栏中的"插入函数"按钮 *fx*。

B4	*fx*	
	A	
1	成交日	2014/2/1
2	到期日	2014/8/1
3	贴现率	3.10%
4	国库券到期后的等效收益率	

单击"插入函数"按钮

2 打开"插入函数"对话框，选择"财务"类别中的TBILLEQ函数。

插入函数

搜索函数(S):
请输入一条简短说明来描述您想做什么，然后单击"转到"　转到(G)

或选择类别(C): 财务

选择函数(N):
SYD
TBILLEQ　选择TBILLEQ函数
TBILLPRICE
TBILLYIELD
VDB
XIRR
XNPV

TBILLEQ(settlement,maturity,discount)
返回短期国库券的等价债券收益

3 单击"确定"按钮，打开"函数参数"对话框，输入相应的参数。

函数参数

TBILLEQ
Settlement　B1　= 41671
Maturity　B2　输入参数　= 41852
Discount　B3　= 0.031
= 0.031

返回短期国库券的等价债券收益
　　Discount 是短期国库券的贴现率

4 单击"确定"按钮，计算出国库券的等效收益率。

B4	*fx*	=TBILLEQ(B1,B2,B3)	
	A	B	C
1	成交日	2014/2/1	
2	到期日	2014/8/1	
3	贴现率	3.10%	
4	国库券到期后的等效收益率	3.19%	

计算结果

● Level ★★★☆   2013 2010 2007

如何利用 TBILLPRICE 函数计算国库券的价格？

● 实例：计算国库券的价格

2014年3月1购了一种面值为100，8月期的国库券，当时的贴现率为2.8%，现要求计算国库券的价格。下面介绍使用TBILLPRICE函数计算国库券的价格的方法。

---

1 选择单元格B4，单击编辑栏中的"插入函数"按钮。

2 打开"插入函数"对话框，选择"财务"类别中的TBILLPRICE函数。

3 单击"确定"按钮，打开"函数参数"对话框，输入相应的参数。

4 单击"确定"按钮，计算国库券的价格。

Chapter
09

信息函数的应用技巧

信息函数是用于获取单元格内容信息的函数。信息函数可以使单元格在满足条件时返回逻辑值，从而来获取单元格的信息，还可以确定存储在单元格中的内容的格式、位置、错误类型等信息。信息函数一共可以分为3类，即"返回相应信息函数"、"检查类函数"和"转化类函数"。本章采用以实例为引导的方式来讲解常用信息函数的应用技巧，如ISODD函数、ISERR函数、ISERROR函数等。

● Level ★★★☆ 2013 2010 2007

如何利用 ISODD 函数提取每日入库数和库存数？

● 实例：提取每日入库数和库存数

资料表中有每日的入库数和出库数，现需累计每日的入库数和库存数。下面介绍使用ISODD函数提取每日入库数和库存数的方法。

---

1 选择单元格E2，在编辑栏中单击"插入函数"按钮*fx*，打开"插入函数"对话框。

E2		▼	:	×	✓	*fx*

单击"插入函数"按钮
插入函数

	E	G
1	日期	入库数	每日库存数
2			
3			
4			
5			
6			
7			
8			

2 单击"或选择类别"下拉按钮，在弹出的下拉列表中选择"查找与引用"选项。

插入函数

搜索函数(S)：
请输入一条简短说明来描述您想做什么，然后单击"转到"   转到(G)

或选择类别(C)：常用函数 ▼

选择函数(N)：
常用函数
全部
财务
RATE   日期与时间
DOLLARFR   数字与三角函数
SUM   统计
AVERAGE   查找与引用
DSUM   数据库
DPRODUCT   文本
DMIN   逻辑
                    信息
RATE(nper,pm   用户定义
返回投资或贷款   选择"查找与引用"选项   费用 6%/4 计算
一个季度的还款额

3 在"插入函数"对话框中，选择"选择函数"列表框中的INDEX函数，然后单击"确定"按钮。

插入函数

搜索函数(S)：
请输入一条简短说明来描述您想做什么，然后单击"转到"   转到(G)

或选择类别(C)：查找与引用 ▼

选择函数(N)：
GETPIVOTDATA
HLOOKUP
HYPERLINK
INDEX   选择INDEX函数
INDIRECT
LOOKUP
MATCH

INDEX(...)
在给定的单元格区域中，返回特定行列交叉处单元格的值或引用

4 打开"选定参数"对话框，选择第一种方式，单击"确定"按钮打开"函数参数"对话框，分别输入"A:A"，"ROW(A1)*2"。

函数参数

INDEX
        Array   A:A   输入参数   =
        Row_num   ROW(A1)*2   =
        Column_num   =

                                                 =
在给定的单元格区域中，返回特定行列交叉处单元格的值或引用

        Row_num 数组或引用中要返回值的行序号
                 参数

计算结果 = 2013/7/10

5 按下Ctrl+Shift+Enter组合键，将返回第一个日期。

	B	C	D	E	F	G
				E2		{=INDEX(A:A,ROW(A1)*2)}
1	出入库	数量		日期	入库数	每日库存数
2	出库	286		2013/7/10		
3	入库	626				
4	出库	379				
5	入库	602		计算结果		
6	入库	292				
7	入库	757				
8	出库	395				
9	入库	600				
10	出库	424				
11	入库	475				
12	出库	287				
13	入库	540				

6 选择单元格F2，输入公式"=SUM(ISODD(ROW(INDIRECT("2:"&(ROW(A1)*2)+1)))*OFFSET(C$1,1,,ROWS($1:1)*2))"。

	B	C	D	E	F	G
			INDEX		=SUM(ISODD(ROW(INDIRECT("2:"&(ROW(A1)*2)+1)))*OFFSET(C$1,1,,ROWS($1:1)*2))
1	出入库	数量		日期	入库数	每日库存数
2	出库	286		=SUM(ISODD(ROW(INDIRECT("2:"&(ROW(A1)*2)+1)))*OFFSET(C$1,1,,ROWS($1:1)*2))		
3	入库	626				
4	出库	379				
5	入库	602				
6	入库	292		输入公式		
7	入库	757				
8	出库	395				
9	入库	600				
10	出库	424				
11	入库	475				
12	出库	287				

7 按下Ctrl+Shift+Enter组合键，将返回第一个日期的入库数量。

	B	C	D	E	F	G
			F2		{=SUM(ISODD(ROW(INDIRECT("2:"&(ROW(A1)*2)+1)))*OFFSET(C$1,1,,ROWS($1:1)*2))}
1	出入库	数量		日期	入库数	每日库存数
2	出库	286		2013/7/10	626	
3	入库	626				
4	出库	379				
5	入库	602		计算结果		
6	入库	292				
7	入库	757				
8	出库	395				
9	入库	600				
10	出库	424				
11	入库	475				
12	出库	287				

8 选择单元格G2，输入公式"=SUM(SUMIF(OFFSET(B$1,1,,ROW(A1)*2),{"入库","出库"},C$2)*{1,-1})"。

	B	C	D	E	F	G
			INDEX		=SUM(SUMIF(OFFSET(B$1,1,,ROW(A1)*2),{"入库","出库"},C$2)*{1,-1})
1	出入库	数量		日期	入库数	每日库存数
2	出库	286		2013/7/10	626	=SUM(SUMIF(OFFSET(B$1,1,,ROW(A1)*2),{"入库","出库"},C$2)*{1,-1})
3	入库	626				
4	出库	379				
5	入库	602				
6	入库	292				
7	入库	757				
8	出库	395				
9	入库	600		输入公式		
10	出库	424				
11	入库	475				
12	出库	287				

9 按下Ctrl+Shift+Enter组合键，将返回第一个日期的库存数量。

	B	C	D	E	F	G
			G2		{=SUM(SUMIF(OFFSET(B$1,1,,ROW(A1)*2),{"入库","出库"},C$2)*{1,-1})}
1	出入库	数量		日期	入库数	每日库存数
2	出库	286		2013/7/10	626	340
3	入库	626				
4	出库	379				
5	入库	602		计算结果		
6	入库	292				
7	入库	757				
8	出库	395				
9	入库	600				
10	出库	424				
11	入库	475				
12	出库	287				

10 选择单元格区域"E2:G2"，拖动单元格区域右下角的填充手柄向下填充，提取其他天数的入库数和出库数。

	B	C	D	E	F	G
			E2		{=INDEX(A:A,ROW(A1)*2)}
1	出入库	数量		日期	入库数	每日库存数
2	出库	286		2013/7/10	626	340
3	入库	626		2013/7/11	1228	563
4	出库	379		2013/7/12	1985	1028
5	入库	602		2013/7/13	2585	1233
6	出库	292		2013/7/14	3060	1284
7	入库	757		2013/7/15	3600	1537
8	出库	395		2013/7/16	4362	1937
9	出库	600		2013/7/17	5231	2242
10	出库	424		2013/7/18	5704	2345
11	入库	475				
12	入库	287				
13	入库	540		填充公式		
14	出库	362				

● Level ★★★☆

如何利用 ISERR 函数计算初中部人数和非初中部人数？

● 实例：计算初中部人数和非初中部人数

使用ISERR函数可以检测参数中指定的对象是否是"#N/A"以外的错误值，如果是，则返回逻辑值True；如果不是，则返回逻辑值False。下面介绍使用ISERR函数计算初中部人数和非初中部人数的方法。

1 选择单元格E2，在编辑栏中输入公式"=SUM(NOT(ISERR(FIND("初",A2:A11)))*B2:C11)"。

	A	B	C	D	E	F
1	班级	男同学	女同学		初中部人数	非初中部人数
2	初102班	25	=SUM(NOT(ISERR(FIND("初",A2:A11)))*B2:C11)			
3	高205班	32				
4	初112班	35	12			
5	初108班	22	30			
6	初106班	24	28			
7	高208班	33	12			
8	高210班	28	20			
9	初110班	23	28			
10	高211班	29	12			
11	初105班	36	18			

输入公式

2 按下Ctrl+Shift+Enter组合键，将返回初中部的人数。

{=SUM(NOT(ISERR(FIND("初",A2:A11)))*B2:C11)}

	A	B	C	D	E	F
1	班级	男同学	女同学		初中部人数	非初中部人数
2	初102班	25	30		311	
3	高205班	32	22			
4	初112班	35	12			
5	初108班	22	30			
6	初106班	24	28			
7	高208班	33	12			
8	高210班	28	20			
9	初110班	23	28			
10	高211班	29	12			
11	初105班	36	18			

计算结果

3 在单元格F2中输入公式"=SUM((ISERR(FIND("初",A2:A11)))* B2:C11)"。

=SUM((ISERR(FIND("初",A2:A11)))*B2:C11)

	A	B	C	D	E	F
1	班级	男同学	女同学		初中部人数	非初中部人数
2	初102班	25	30		311	=SUM((ISERR(FIND("初",A2:A11)))*B2:C11)
3	高205班	32	22			
4	初112班	35	12			
5	初108班	22	30			
6	初106班	24	28			
7	高208班	33	12			
8	高210班	28	20			
9	初110班	23	28			
10	高211班	29	12			
11	初105班	36	18			

输入公式

4 按下Ctrl+Shift+Enter组合键，将返回非初中部的人数。

{=SUM((ISERR(FIND("初",A2:A11)))*B2:C11)}

	A	B	C	D	E	F
1	班级	男同学	女同学		初中部人数	非初中部人数
2	初102班	25	30		311	188
3	高205班	32	22			
4	初112班	35	12			
5	初108班	22	30			
6	初106班	24	28			
7	高208班	33	12			
8	高210班	28	20			
9	初110班	23	28			
10	高211班	29	12			
11	初105班	36	18			

计算结果

● Level ★★★☆   2013 2010 2007

Question

如何利用 ISNA 函数查询水果在 7 个月中的最高价格？

● 实例：查询水果在7个月中的最高价格

工作表中有7种水果在7个月中的销售价格。现需求某种水果在7个月中的最高价格。下面介绍使用ISNA函数查询水果在7个月中的最高价格的方法。

① 打开工作簿，单击要输入公式的单元格 B10，将其选中。

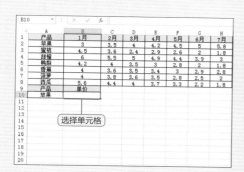

选择单元格

② 在单元格B10中输入公式"=IF(ISNA (MATCH(A10,A2:A8,0)),"产品名称错误 ",MAX(VLOOKUP(A10,A1:H8,COLU MN(B:H),0)))"。

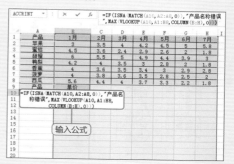

输入公式

③ 按下Ctrl+Shift+Enter组合键，将返回需查询的水果在7个月的最高单价。

计算结果

④ 如果产品名称输入错误，则返回"产品名称错误"。

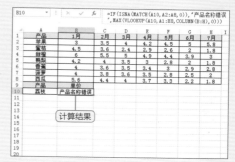

计算结果

● Level ★★★☆　　2013 2010 2007

如何利用 ISNA 函数根据计价单位计算金额？

● 实例：根据计价单位计算金额

某公司的不同客户使用不同币值计价，现需根据计价单位查询单价并统计出货金额。若某币值的汇率不存在，则返回"未设定汇率"。下面介绍使用ISNA函数根据计价单位计算金额的方法。

1 打开工作簿，单击要输入公式的单元格D2，将其选中。

2 在单元格D2中输入公式 "=IF(ISNA(MATCH(B2,F$1:H$1,0)),"未设定汇率",C2*HLOOKUP(B2,F$1:H$2,2,0))"。

D2	▼	:	×	✓	fx	
	A	B	C		D	
1	客户	计价单位	出货数(万)		金额	
2	长丰公司	人民币	22			
3	景湘公司	人民币	22			
4	金泰集团	台币	15		选择单元格	
5	金成公司	人民币	23			
6	LG集团	港币	21			
7	金泰集团	台币	16			
8	湘盈企业	美元	23			
9	长丰公司	人民币	18			
10	正福集团	台币	20			
11	长丰公司	人民币	10			
12						

INDEX	▼	:	×	✓	fx	=IF(ISNA(MATCH(B2,F$1:H$1,0)),"未设定汇率",C2*HLOOKUP(B2,F$1:H$2,2,0))
	C	D	E		F	美元	台币
1	出货数(万)	金额		人民币		37.44	19.68
2	=IF(ISNA(MATCH(B2,F$1:H$1,0)),"未设定汇率",C2*HLOOKUP(B2,F$1:H$2,2,0))					
5	23					
6	21		输入公式			
7	16					
8	23					
9	18					
10	20					
11	10					
12						

3 按下Enter键，将返回第一个产品的总价。

4 拖动单元格D2的填充手柄，将公式向下填充至D11，计算其他单元格的金额。

D2	▼	:	×	✓	fx	=IF(ISNA(MATCH(B2,F$1:H$1,0)),"未设定汇率",C2*HLOOKUP(B2,F$1:H$2,2,0))
	C	D	E	F	美元	台币
1	出货数(万)	金额		人民币	美元	台币
2	22	105.6		4.8	37.44	19.68
3	22					
4	15					
5	23	计算结果				
6	21					
7	16					
8	23					
9	18					
10	20					
11	10					
12						

D2	▼	:	×	✓	fx	=IF(ISNA(MATCH(B2,F$1:H$1,0)),"未设定汇率",C2*HLOOKUP(B2,F$1:H$2,2,0))
	C	D	E	F	美元	台币
1	出货数(万)	金额		人民币	美元	台币
2	22	105.6		4.8	37.44	19.68
3	22	105.6				
4	15	295.2				
5	23	110.4				
6	21	未设定汇率				
7	16	314.88		填充公式		
8	23	861.12				
9	18	86.4				
10	20	393.6				
11	10	48				
12						

● Level ★★★☆　　2013 2010 2007

如何利用 ISTEXT 函数提取每个年级第一名的名单？

● 实例：提取每个年级第一名的名单

单元格区域"A2:E7"为各个班的成绩第一名的名单。现需要将每个年级的第一名姓名和其所在班级提取出来，并显示在G列。下面介绍使用ISTEXT函数提取每个年级第一名的名单的方法。

1 打开工作簿，单击要输入公式的单元格G2，将其选中。

2 在单元格G2中输入公式"= LOOKUP(1, 0/ISTEXT(B2:E2),B\$1:E\$1)&":"& LOOKUP (1,0/ISTEXT(B2:E2),B2:E2)"。

3 按下Enter键，将返回一年级第一名学生的班级和姓名。

4 拖动单元格G2的填充手柄，将公式向下填充至单元格G7，提取其他年级第1名。

● Level ★★★☆   2013 2010 2007

如何利用 ISTEXT 函数显示每个班级卫生等级?

● 实例: 显示每个班卫生等级

单元格区域 "A1:E10" 为各班级卫生等级评比结果,其中打钩的单元格表示该班卫生等级。现需要将每个班的卫生等级显示在G列。下面介绍使用ISTEXT函数显示每个班级卫生等级的方法。

1 打开工作簿,单击要输入公式的单元格 G2,将其选中。

G2	▼ : × ✓ fx						
	A	B	C	D	E	F	G
1	班级	A	B	C	D		显示每个班卫生等级
2	1班	✓					
3	2班		✓				
4	3班	✓					选择单元格
5	4班			✓			
6	5班		✓				
7	6班				✓		
8	7班		✓				
9	8班			✓			
10	9班				✓		
11							
12							
13							
14							

2 在单元格G2中输入公式 "=INDEX($1:$1,MAX(ISTEXT(B2:E2)*COLUMN(B:E)))"。

INDEX	▼ : × ✓ fx			=INDEX($1:$1,MAX(ISTEXT(B2:E2)*COLUMN(B:E)))			
	A	B	C	D	E		G
1	班级	A	B	C	D		显示每个班卫生等级
2	1班	✓					=INDEX($1:$1,MAX(ISTEXT(B2:E2)*COLUMN(B:E)))
3	2班		✓				
4	3班	✓					
5	4班			✓			输入公式
6	5班		✓				
7	6班				✓		
8	7班		✓				
9	8班			✓			
10	9班				✓		
11							
12							

3 按下Ctrl+Shift+Enter组合键,将返回一班的卫生等级。

G2	▼ : × ✓ fx			{=INDEX($1:$1,MAX(ISTEXT(B2:E2)*COLUMN(B:E))}			
	A	B	C	D	E		G
1	班级	A	B	C	D		显示每个班卫生等级
2	1班	✓					A
3	2班		✓				
4	3班	✓					计算结果
5	4班			✓			
6	5班		✓				
7	6班				✓		
8	7班		✓				
9	8班			✓			
10	9班				✓		
11							
12							
13							

4 拖动单元格G2填充手柄,将公式向下填充至单元格G10,显示其他班级卫生等级。

G2	▼ : × ✓ fx			{=INDEX($1:$1,MAX(ISTEXT(B2:E2)*COLUMN(B:E))}			
	A	B	C	D	E		G
1	班级	A	B	C	D		显示每个班卫生等级
2	1班	✓					A
3	2班		✓				B
4	3班	✓					A
5	4班			✓			C
6	5班		✓				B
7	6班				✓		D
8	7班		✓				B
9	8班			✓			C
10	9班				✓		D
11							填充公式
12							
13							

● Level ★★★☆

如何利用 OFFSET 函数计算每日库存数量？

● 实例：计算每日库存数量

本例第一个公式利用OFFSET函数提取A列偶数行的日期。第二个公式则和OFFSET函数产生每天的进库数据引用和出库数据引用，利用SUM函数汇总，然后将前一天的数据加上今日进库量减去出库量。下面介绍使用OFFSET函数计算每日库存数量的方法。

① 选择单元格F2，在单元格F2中输入公式 "=OFFSET(A$1,ROW(A1)*2-1,,)"。

② 按下Enter键，将返回第一天日期的引用。

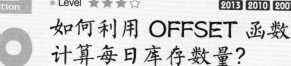

ACCRINT				=OFFSET(A$1,ROW(A1)*2-1,,)		
	A	B	C	D	E	F	G
1	日期	产品	进库量	出库量		日期	库存数量
2	8月1日	A	678	567		=OFFSET(A$1,ROW(A1)*2-1,,)	
3		B	562	498			
4	8月2日	A	769	450			
5		B	602	524		输入公式	
6	8月3日	A	529	575			
7		B	577	569			
8	8月4日	A	549	634			
9		B	797	532			
10	8月5日	A	572	622			
11		B	547	452			
12	8月6日	A	748	491			
13		B	530	535			
14	8月7日	A	662	598			
15		B	573	582			
16	8月8日	A	546	586			
17		B	789	589			

F2				=OFFSET(A$1,ROW(A1)*2-1,,)		
	A	B	C	D	E	F	G
1	日期	产品	进库量	出库量		日期	库存数量
2	8月1日	A	678	567		2012/8/1	
3		B	562	498			
4	8月2日	A	769	450			
5		B	602	524		计算结果	
6	8月3日	A	529	575			
7		B	577	569			
8	8月4日	A	549	634			
9		B	797	532			
10	8月5日	A	572	622			
11		B	547	452			
12	8月6日	A	748	491			
13		B	530	535			
14	8月7日	A	662	598			
15		B	573	582			
16	8月8日	A	546	586			
17		B	789	589			

③ 在单元格G2中输入公式："=N(G1)+SUM (OFFSET(C$1,ROW(A1)*2-1,,2))-SUM (OFFSET(D$1,ROW(A1)*2-1,, 2))"。

④ 按下Enter键后，公式将返回库存量，将公式向下填充至单元格G10，返回其他日期的库存量。

ACCRINT				=N(G1)+SUM(OFFSET(C$1,ROW(A1)*2-1,,2))-SUM(OFFSET(D$1,ROW(A1)*2-1,,2))		
	A	B	C	D	E	F	G
1	日期	产品	进库量	出库量		日期	库存数量
2	8月1日	A	678	567		2012	=N(G1)+SUM(OFFSET(C$1,ROW(A1)*2-1,,2))-SUM(OFFSET(D$1,ROW(A1)*2-1,,2))
3		B	562	498			
4	8月2日	A	769	450			
5		B	602	524			
6	8月3日	A	529	575			
7		B	577	569		输入公式	
8	8月4日	A	549	634			
9		B	797	532			
10	8月5日	A	572	622			
11		B	547	452			
12	8月6日	A	748	491			
13		B	530	535			
14	8月7日	A	662	598			
15		B	573	582			

F3				=OFFSET(A$1,ROW(A2)*2-1,,)		
	A	B	C	D	E	F	G
1	日期	产品	进库量	出库量		日期	库存数量
2	8月1日	A	678	567		2012/8/1	175
3		B	562	498		2012/8/2	572
4	8月2日	A	769	450		2012/8/3	534
5		B	602	524		2012/8/4	714
6	8月3日	A	529	575		2012/8/5	759
7		B	577	569		2012/8/6	1011
8	8月4日	A	549	634		2012/8/7	1066
9		B	797	532		2012/8/8	1226
10	8月5日	A	572	622		2012/8/9	1660
11		B	547	452			
12	8月6日	A	748	491		计算结果	
13		B	530	535			
14	8月7日	A	662	598			
15		B	573	582			
16	8月8日	A	546	586			

● Level ★★★☆   2013 2010 2007

如何利用 ISERROR 函数计算产品体积？

● 实例：计算产品体积

当产品的长、宽、高一致时，则以长表示其规格；当产品长、宽、高不一致时，则分别以"长/宽/高"表示其规格，要求计算产品的体积。下面介绍使用ISERROR函数计算产品体积的方法。

1 打开工作簿，单击要输入公式的单元格 C2，将其C2选中。

	A	B	C	D	E
1	产品	长宽高	体积		
2	A	23/18/8			
3	B	22/15/24			
4	C	24/19/2	选择单元格		
5	D	25			
6	E	17/9/9			
7	F	28/22/22			
8	G	21/18/23			
9	H	18			
10	I	17/12/20			
11					

2 在编辑栏中，单击"插入函数"按钮。

单击"插入函数"按钮

	A	B	C	D	E
1	产品	长宽高	体积		
2	A	23/18/8			
3	B	22/15/24			
4	C	24/19/20			
5	D	25			
6	E	17/9/9			
7	F	28/22/22			
8	G	21/18/23			
9	H	18			
10	I	17/12/20			
11					

3 打开"插入函数"对话框，单击"或选择类别"下拉按钮，在弹出的下拉列表中选择"逻辑"选项。

插入函数

搜索函数(S)：

请输入一条简短说明来描述您想做什么，然后单击"转到"   转到(G)

或选择类别(C)：常用函数

选择函数(N)：

INDEX
DVAR
DPRODUCT
DMAX
DGET
DCOUNTA
DCOUNT

常用函数
全部
财务
日期与时间
数字与三角函数
统计
查找与引用
数据库
文本
逻辑
信息   选择"逻辑"选项
工程

INDEX(...)
在给定的单元格

4 在"插入函数"对话框中，选择"选择函数"列表框中的IF函数。

插入函数

搜索函数(S)：

请输入一条简短说明来描述您想做什么，然后单击"转到"   转到(G)

或选择类别(C)：逻辑

选择函数(N)：

AND
FALSE
IF   选择IF函数
IFERROR
IFNA
NOT
OR

IF(logical_test,value_if_true,value_if_false)
判断是否满足某个条件，如果满足返回一个值，如果不满足则返回另一个值。

5 单击"确定"按钮，打开"函数参数"
对话框。在Logical_test文本框中输入
"ISERROR(FIND("/",B2))"。

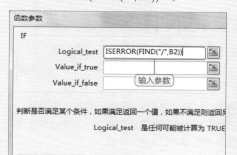

6 在Value_if_true文本框中输入"B2^3"。

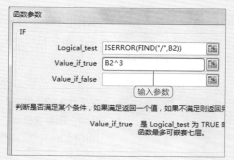

7 在Value_if_false文本框中输入"PRODU
CT(1*TRIM(MID(SUBSTITUTE(B2,"/",
REPT(" ",100)),{1,100,200},100)))"。

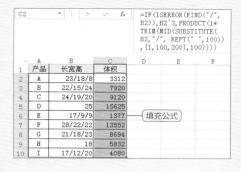

8 单击"确定"按钮，将返回判断第一个产
品的体积。

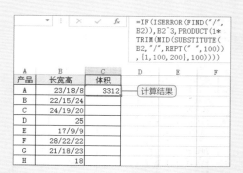

9 拖动单元格C2的填充手柄向下拖动至单
元格C10，计算其他产品的体积。

10 单元格C2中也可以输入公式"=IF(ISER
ROR(FIND("/",B2)),B2^3,PRODUCT(
1*TRIM(MID(SUBSTITUTE(B2,"/",RE
PT(" ",16)),{1,16,32},16))))"。

189

● Level ★★★☆

2013 2010 2007

如何利用 ISNONTEXT 函数判断员工是否已签到?

● 实例：判断员工是否已签到

在工作表的"签到"列中，如果打钩表示已签到，否则表示没有签到。现要求根据"签到"列判断员工是否已签到。下面介绍使用ISNONTEXT函数判断员工是否已签到的方法。

① 选择单元格D2，在编辑栏中，单击"插入函数"按钮 fx。

	A	B	C	D
D2			fx	
	姓名	部门	签到	是否已签到
1				单击"插入函数"按钮
2	李段娥	人力部	√	
3	陈国富	销售部		
4	李树文	人力部	√	
5	聂春翠	人力部	√	
6	郑慈艳	销售部		
7	王明	工程部	√	
8	黄明	工程部		
9	胡同军	工程部	√	
10	杨军伟	销售部	√	
11	欧春云	销售部	√	

② 打开"插入函数"对话框，选择"逻辑"类别中的IF函数，然后单击"确定"按钮。

插入函数

搜索函数(S):

请输入一条简短说明来描述您想做什么，然后单击"转到"　　　转到(G)

或选择类别(C): 逻辑

选择函数(N):

AND
FALSE
IF　　　选择IF函数
IFERROR
IFNA
NOT
OR

IF(logical_test,value_if_true,value_if_false)

③ 打开"函数参数"对话框，如下图所示输入参数。

函数参数

IF

Logical_test　ISNONTEXT(C2)　　=

Value_if_true　"未签到"　　=

Value_if_false　"已签到"　　=

判断是否满足某个条件，如果满足返回一个值 输入参数 果不满足则返回另

　　Value_if_false　是当 Logical_test 为 FALSE

④ 单击"确定"按钮，将返回判断第一名员工是否已签到。采用相对复制方式，将公式复制到单元格D14，判断其他员工是否已签到。

	姓名	部门	签到	是否已签到
1				
2	李段娥	人力部	√	已签到
3	陈国富	销售部		未签到
4	李树文	人力部	√	已签到
5	聂春翠	人力部	√	已签到
6	郑慈艳	销售部		未签到
7	王明	工程部	√	已签到
8	黄明	工程 计算结果		未签到
9	胡同军	工程部	√	已签到
10	杨军伟	销售部	√	已签到
11	欧春云	销售部	√	已签到
12	陈吉	工程部		未签到
13	欧燕	工程部		未签到
14	朱阳秀	销售部	√	已签到

Question

● Level ★★★☆   2013 2010 2007

如何利用 N 函数累计每日得分?

● 实例：累计每日得分

公司对员工的产量计分，每名员工底分为5分，逐日加上每日得分。如果当日有扣分，则从底分中扣除，如果当日未扣分，则累加0.1分。下面介绍使用N函数累计每日得分的方法。

① 打开工作簿，单击要输入公式的单元格C2，将其选中。

	A	B	C	D	E
1	日期	扣分	得分		
2	9月10日				
3	9月11日	0.2			
4	9月12日		选择单元格		
5	9月13日				
6	9月14日	0.1			
7	9月15日				
8	9月16日				
9	9月17日				
10	9月18日	0.2			
11	9月19日				

② 在单元格C2中输入公式"=(N(C1)=0)*5+N(C1)+IF(B2>0,−B2,0.1)"。

	A	B	C	D	E
1	日期	扣分	得分		
2	9	=(N(C1)=0)*5+N(C1)+IF(B2>0,−B2,0.1)			
3	9月11日	0.2			
4	9月12日		输入公式		
5	9月13日				
6	9月14日	0.1			
7	9月15日				
8	9月16日				
9	9月17日				
10	9月18日	0.2			
11	9月19日				

③ 按下Enter键，返回员工首日得分。

	A	B	C	D	E
1	日期	扣分	得分		
2	9月10日		5.1		
3	9月11日	0.2			
4	9月12日		计算结果		
5	9月13日				
6	9月14日	0.1			
7	9月15日				
8	9月16日				
9	9月17日				
10	9月18日	0.2			
11	9月19日				

④ 拖动单元格C2右下角的填充手柄向下填充至单元格C11，计算其他时间的得分。

	A	B	C	D	E
1	日期	扣分	得分		
2	9月10日		5.1		
3	9月11日	0.2	4.9		
4	9月12日		5		
5	9月13日		5.1		
6	9月14日	0.1	5	填充公式	
7	9月15日		5.1		
8	9月16日		5.2		
9	9月17日		5.3		
10	9月18日	0.2	5.1		
11	9月19日		5.2		

● Level ★★★☆   2013 2010 2007

如何利用 ISEVEN 函数计算期末平均成绩?

● 实例: 计算期末平均成绩

工作表包括每个学生四个科目的期中成绩和期末成绩,现要求计算四个科目的期末平均成绩。下面介绍使用ISEVEN函数计算期末平均成绩的方法。

① 打开工作簿,单击要输入公式的单元格J3,将其选中。

J3		fx								
	A	B	C	D	E	F	G	H	I	J
1		语文成绩		数学成绩		历史成绩		体育成绩		期末平均成绩
2	姓名	期中	期末	期中	期末	期中	期末	期中	期末	
3	欧秋燕	87	77	74	57	81	92	69	86	
4	谢来田	97	69	90	57	64	86	95	77	
5	雷竹秀	71	83	96	64	50	95	56	59	
6	唐运芳	98	51	52	67	88	67	84	52	选择单元格
7	乐军平	59	69	86	53	56	69	50	67	
8	周剑	60	91	51	55	96	72	92	79	
9	欧发丽	82	93	80	58	93	93	80	72	
10	郑艳尼	98	100	93	75	88	88	55	79	
11	欧雨志	86	93	64	81	100	84	68	83	
12	吕海飞	61	85	75	51	84	95	52	74	
13										
14										
15										
16										
17										

② 在单元格J3中输入公式"=AVERAGE(IF(ISEVEN(COLUMN(B:I)-1),B3:I3))"。

ACCRINT		fx	=AVERAGE(IF(ISEVEN(COLUMN(B:I)-1),B3:I3))							
	A	B	C	D	E	F	G	H	I	J
1		语文成绩		数学成绩		历史成绩		体育成绩		期末平均成绩
2	姓名	期中	期末	期中	期末	期中	期末	期中	期末	
3	欧秋燕	87	77	74	57	81	92	69	86	=AVERAGE(
4	谢来田	97	69	90	57	64	86	95	77	IF(ISEVEN(
5	雷竹秀	71	83	96	64	50	95	56	59	COLUMN(B:I)
6	唐运芳	98	51	52	67	88	67	84	52	-1),B3:I3))
7	乐军平	59	69	86	53	56	69	50	67	
8	周剑	60	91	51	55	96	72	92	79	输入公式
9	欧发丽	82	93	80	58	93	93	80	72	
10	郑艳尼	98	100	93	75	88	88	55	79	
11	欧雨志	86	93	64	81	100	84	68	83	
12	吕海飞	61	85	75	51	84	95	52	74	
13										
14										
15										
16										
17										

③ 按下Ctrl+Shift+Enter组合键,返回第一个学生的期末平均成绩。

J3		fx	{=AVERAGE(IF(ISEVEN(COLUMN(B:I)-1),B3:I3))}							
	A	B	C	D	E	F	G	H	I	J
1		语文成绩		数学成绩		历史成绩		体育成绩		期末平均成绩
2	姓名	期中	期末	期中	期末	期中	期末	期中	期末	
3	欧秋燕	87	77	74	57	81	92	69	86	78
4	谢来田	97	69	90	57	64	86	95	77	
5	雷竹秀	71	83	96	64	50	95	56	59	
6	唐运芳	98	51	52	67	88	67	84	52	计算结果
7	乐军平	59	69	86	53	56	69	50	67	
8	周剑	60	91	51	55	96	72	92	79	
9	欧发丽	82	93	80	58	93	93	80	72	
10	郑艳尼	98	100	93	75	88	88	55	79	
11	欧雨志	86	93	64	81	100	84	68	83	
12	吕海飞	61	85	75	51	84	95	52	74	
13										
14										
15										
16										
17										

④ 拖动单元格I3右下角的填充手柄,向下填充,返回其他学生的期末平均成绩。

J3		fx	{=AVERAGE(IF(ISEVEN(COLUMN(B:I)-1),B3:I3))}							
	A	B	C	D	E	F	G	H	I	J
1		语文成绩		数学成绩		历史成绩		体育成绩		期末平均成绩
2	姓名	期中	期末	期中	期末	期中	期末	期中	期末	
3	欧秋燕	87	77	74	57	81	92	69	86	78
4	谢来田	97	69	90	57	64	86	95	77	72.25
5	雷竹秀	71	83	96	64	50	95	56	59	75.25
6	唐运芳	98	51	52	67	88	67	84	52	59.25
7	乐军平	59	69	86	53	56	69	50	67	64.5
8	周剑	60	91	51	55	96	72	92	79	74.25
9	欧发丽	82	93	80	58	93	93	80	72	79
10	郑艳尼	98	100	93	75	88	88	55	79	85.5
11	欧雨志	86	93	64	81	100	84	68	83	85.25
12	吕海飞	61	85	75	51	84	95	52	74	76.25
13										
14										
15										
16										

填充公式

Chapter 10

数据库函数的
应用技巧

据库是包含一组相关数据的列表，其中包含相关信息的行称为记录，包含数据的列称为字段。列表的第一行包含每一列的标志项。Excel 的数据库函数大部分都包含3个参数：Database、field 和 Criteria。这些参数指向函数所使用的工作表区域。本章采用以实例为引导的方式来讲解常用数据库函数的应用技巧，如DAVERAGE函数、DCOUNT函数、DCOUNTA函数等。

● Level ★★★☆　　　2013 2010 2007

如何利用 DAVERAGE 函数计算符合条件的员工的平均年薪？

● 实例：计算符合特定条件的员工的平均年薪

工作表中的员工数据包括姓名、部门、职位、年薪和工龄，现需计算工龄大于3的所有员工的平均年薪。下面介绍使用DAVERAGE函数计算符合特定条件的员工的平均年薪的方法。

1 打开工作簿，在"条件区域"中选择单元格I3，在单元格I3中输入>3，添加指定的条件，即工龄大于3。

I3	▼ : × ✓ fx	>3					
▲	C	D	E	F	G	H	I
1	职位	年薪	工龄			条件区域	
2	普通职员	15200	4		部门	职位	工龄
3	高级职员	23000	8		添加条件		>3
4	高级职员	25200	7				
5	部门经理	42500	5			查询	
6	部门经理	43500	8		员工平均年薪		
7	普通职员	32400	5				
8	普通职员	35600	12				
9	高级职员	36520	5				
10	高级职员	36200	1				
11	普通职员	46800	2				
12	部门经理	65200	1				

2 选择单元格I6，在编辑栏中单击"插入函数"按钮 fx。

单击"插入函数"按钮

I6	▼ : × ✓ fx						I
▲	C	D	E			条件区域	
1	职位	年薪	工龄		部门	职位	工龄
2	普通职员	15200	4				>3
3	高级职员	23000	8				
4	高级职员	25200	7				
5	部门经理	42500	5			查询	
6	部门经理	43500	8		员工平均年薪		
7	普通职员	32400	5				
8	普通职员	35600	12				
9	高级职员	36520	5				
10	高级职员	36200	1				
11	普通职员	46800	2				
12	部门经理	65200	1				

3 打开"插入函数"对话框，单击"或选择类别"下拉按钮，在弹出的下拉列表中选择"数据库"选项。

插入函数

搜索函数(S)：

请输入一条简短说明来描述您想做什么，然后单击"转到"　　转到(G)

或选择类别(C)：　常用函数
　　　　　　　　　常用函数
　　　　　　　　　全部
选择函数(N)：　　财务
RIGHT　　　　　日期与时间
FIND　　　　　　数学与三角函数
LEN　　　　　　统计
LEFTB　　　　　查找与引用
LENB　　　　　　数据库　　选择"数据库"选项
WIDECHAR　　　文本
ASC　　　　　　逻辑
　　　　　　　　　信息
RIGHT(text,nu...　工程
从一个文本字符...

4 在"插入函数"对话框中，选择"选择函数"列表框中的DAVERAGE函数，然后单击"确定"按钮。

插入函数

搜索函数(S)：

请输入一条简短说明来描述您想做什么，然后单击"转到"　　转到(G)

或选择类别(C)：　数据库

选择函数(N)：
DAVERAGE　　　　选择DAVERAGE函数
DCOUNT
DCOUNTA
DGET
DMAX
DMIN
DPRODUCT

DAVERAGE(database,field,criteria)
计算满足给定条件的列表或数据库的列中数值的平均值。请查看"帮助"

⑤ 打开"函数参数"对话框，单击Data-base文本框右侧的展开按钮，在数据区域中选择"A1:E14"单元格区域。

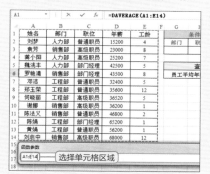

⑥ 按下Enter键，返回"函数参数"对话框，在Field文本框中输入"4"。

⑦ 单击Criteria文本框右侧的展开按钮，在数据区域中选择"G2:I3"单元格区域。

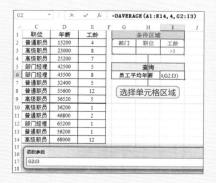

⑧ 按下Enter键，返回"函数参数"对话框，然后单击"确定"按钮，公式将返回工龄大于3的员工的平均年薪。

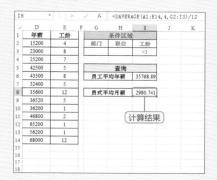

⑨ 若计算员工的平均月薪，可以采用公式"=DAVERAGE(A1:E14,4,G2:I3)/12"。

⑩ 按下Enter键，将返回工龄大于3的员工的平均月薪。

● Level ★★★☆　　2013 2010 2007

如何利用 DCOUNT 函数计算不同职位的员工人数?

● 实例: 计算不同职位的员工人数

工作表中的员工数据包括姓名、部门、职位、年薪和工龄,现需计算不同职位的员工人数。下面介绍使用DCOUNT函数计算不同职位的员工人数的方法。

① 打开工作簿,单击要输入公式的单元格 I12,将其选中。

	D	E	F	G	H	I
1	年薪	工龄			条件区域	
2	15200	4		部门	职位	工龄
3	23000	8			部门经理	
4	25200	7				
5	42500	5		部门	职位	工龄
6	43500	8			高级职员	
7	32400	5				
8	35600	12		部门	职位	工龄
9	36520	5			普通职员	选择单元格
10	36200	1				
11	46800	2			查询	
12	65200	1			"部门经理"人数	
13	56200	1			"高级职员"人数	
14	68000	12			"普通职员"人数	
15						

② 在编辑栏中,单击"插入函数"按钮 *fx*,打开"插入函数"对话框。

单击"插入函数"按钮

	D	E	F	G	H	I
1	年薪	工龄			条件区域	
2	15200	4		部门	职位	工龄
3	23000	8			部门经理	
4	25200	7				
5	42500	5		部门	职位	工龄
6	43500	8			高级职员	
7	32400	5				
8	35600	12		部门	职位	工龄
9	36520	5			普通职员	
10	36200	1				
11	46800	2			查询	
12	65200	1			"部门经理"人数	
13	56200	1			"高级职员"人数	
14	68000	12			"普通职员"人数	

③ 在"插入函数"对话框中,单击"或选择类别"下拉按钮,在弹出的下拉列表中选择"数据库"选项。

插入函数　　　　　? X

搜索函数(S):

请输入一条简短说明来描述您想做什么,然后单击"转到" | 转到(G)

或选择类别(C): 全部

选择函数(N):

ABS
ACCRINT
ACCRINTM
ACOS
ACOSH
ACOT
ACOTH

常用函数
全部
财务
日期与时间
数学与三角函数
统计
查找与引用
文本　　选择"数据库"选项
逻辑
信息

ABS(number)

④ 在"插入函数"对话框中,选择"选择函数"列表框中的DCOUNT函数。

插入函数　　　　　? X

搜索函数(S):

请输入一条简短说明来描述您想做什么,然后单击"转到" | 转到(G)

或选择类别(C): 数据库

选择函数(N):

DAVERAGE
DCOUNT　　选择DCOUNT函数
DCOUNTA
DGET
DMAX
DMIN
DPRODUCT

DCOUNT(database,field,criteria)

5 单击"确定"按钮，打开"函数参数"对话框，分别输入"A1:E14"，"5"，"G2:I3"。

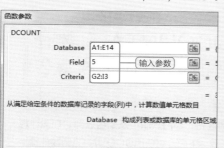

函数参数

DCOUNT

Database A1:E14 = (

Field 5 ——输入参数 =

Criteria G2:I3 = (

= 3

从满足给定条件的数据库记录的字段(列)中，计算数值单元格数目

Database 构成列表或数据库的单元格区域

计算结果 = 3

6 单击"确定"按钮，将返回部门经理人数。

I12		=DCOUNT(A1:E14,5,G2:I3)						
	C	D	E	F	G	H		I
1	职位	年薪	工龄		条件区域			
2	普通职员	15200	4		部门	职位		工龄
3	高级职员	23000	8			部门经理		
4	高级职员	25200	7					
5	部门经理	42500	5		部门	职位		工龄
6	部门经理	43500	8			高级职员		
7	普通职员	32400	5					
8	普通职员	35600	12		部门	职位		工龄
9	高级职员	36520	5			普通职员	计算结果	
10	高级职员	36200	1					
11	普通职员	46800	2		查询			
12	部门经理	65200	1		"部门经理"人数			3
13	普通职员	56200	1		"高级职员"人数			
14	高级职员	68000	12		"普通职员"人数			

7 选择单元格 I13，打开"插入函数"对话框，选择 DCOUNT 函数，打开"函数参数"对话框，分别输入"A1:E14"，"5"，"G5:I6"。

函数参数

DCOUNT

Database A1:E14 =

Field 5 ——输入参数 =

Criteria G5:I6 =

=

从满足给定条件的数据库记录的字段(列)中，计算数值单元格数目

Criteria 包含指定条件的单元格区域。区的单元格

计算结果 = 5

8 单击"确定"按钮，将返回高级职员人数。

I13		=DCOUNT(A1:E14,5,G5:I6)						
	C	D	E	F	G	H		I
1	职位	年薪	工龄		条件区域			
2	普通职员	15200	4		部门	职位		工龄
3	高级职员	23000	8			部门经理		
4	高级职员	25200	7					
5	部门经理	42500	5		部门	职位		工龄
6	部门经理	43500	8			高级职员		
7	普通职员	32400	5					
8	普通职员	35600	12		部门	职位		工龄
9	高级职员	36520	5			普通职员		
10	高级职员	36200	1				计算结果	
11	普通职员	46800	2		查询			
12	部门经理	65200	1		"部门经理"人数			3
13	普通职员	56200	1		"高级职员"人数			5
14	高级职员	68000	12		"普通职员"人数			

9 选择单元格 I14，打开"插入函数"对话框，选择 DCOUNT 函数，打开"函数参数"对话框，依次输入"A1:E14"，"5"，"G8:I9"。

函数参数

DCOUNT

Database A1:E14 = (

Field 5 ——输入参数 = 5

Criteria G8:I9 = (

= 5

从满足给定条件的数据库记录的字段(列)中，计算数值单元格数目

Criteria 包含指定条件的单元格区域。区的单元格

计算结果 = 5

10 单击"确定"按钮，将返回普通职员人数。

I14		=DCOUNT(A1:E14,5,G8:I9)						
	C	D	E	F	G	H		I
1	职位	年薪	工龄		条件区域			
2	普通职员	15200	4		部门	职位		工龄
3	高级职员	23000	8			部门经理		
4	高级职员	25200	7					
5	部门经理	42500	5		部门	职位		工龄
6	部门经理	43500	8			高级职员		
7	普通职员	32400	5					
8	普通职员	35600	12		部门	职位		工龄
9	高级职员	36520	5			普通职员		
10	高级职员	36200	1					
11	普通职员	46800	2		查询		计算结果	
12	部门经理	65200	1		"部门经理"人数			3
13	普通职员	56200	1		"高级职员"人数			5
14	高级职员	68000	12		"普通职员"人数			5
15								

Question

● Level ★★★☆

2013 2010 2007

如何利用 DCOUNTA 函数计算上班迟到的男女员工人数？

● 实例：计算上班迟到的男女员工人数

工作表中员工数据包括姓名、部门、职位及是否迟到，现需计算上班迟到的男女员工人数。下面介绍使用DCOUNTA函数计算上班迟到的男女员工人数的方法。

1 选择单元格I6，在编辑栏中，单击"插入函数"按钮 f_x。

I6	▼	:	×	✓	f_x	
					单击"插入函数"按钮	

▲	D	E	F	G
1	职位	是否迟到		
2	普通职员			性别	部门	是否迟到
3	高级职员	迟到		男
4	高级职员	迟到		
5	部门经理			查询
6	部门经理	迟到		迟到的男员工人数
7	普通职员	迟到		
8	普通职员			条件区域
9	高级职员	迟到		性别	部门	是否迟到
10	高级职员	迟到		女
11	普通职员	迟到		

2 打开"插入函数"对话框，单击"或选择类别"下拉按钮，在弹出的下拉列表中选择"数据库"选项。

插入函数

搜索函数(S):

请输入一条简短说明来描述您想做什么，然后单击"转到"   转到(G)

或选择类别(C): 全部

选择函数(N): 常用函数 / 全部 / 财务 / 日期与时间 / 数学与三角函数 / 统计 / 查找与引用 / 数据库 / 文本 / 逻辑 / 信息 / 工程

ABS
ACCRINT
ACCRINTM
ACOS
ACOSH
ACOT
ACOTH

选择"数据库"选项

ABS(number)
返回给定数值的

3 在"插入函数"对话框中，选择"选择函数"列表框中的DCOUNTA函数。

插入函数

搜索函数(S):

请输入一条简短说明来描述您想做什么，然后单击"转到"   转到(G)

或选择类别(C): 数据库

选择函数(N):

DAVERAGE
DCOUNT
DCOUNTA   选择DCOUNTA函数
DGET
DMAX
DMIN
DPRODUCT

DCOUNTA(database,field,criteria)
对满足指定条件的数据库中记录字段(列)的非空单元格进行记数

4 单击"确定"按钮，打开"函数参数"对话框，依次输入"A1:E14"，"5"，"G2:I3"。

函数参数

DCOUNTA

Database   A1:E14

Field   5   ← 输入参数

Criteria   G2:I3

对满足指定条件的数据库中记录字段(列)的非空单元格进行记数

Criteria 是包含指定条件的单元格区件的单元格

计算结果 = 4

5 单击"确定"按钮，返回上班迟到的男员工人数。

6 选择单元格I13，在编辑栏中，单击"插入函数"按钮 ƒ。

7 打开"插入函数"对话框，单击"或选择类别"下拉按钮，在弹出的下拉列表中选择"数据库"选项。

8 在"插入函数"对话框中，选择"选择函数"列表框中的DCOUNTA函数。

9 单击"确定"按钮，打开"函数参数"对话框，在文本框中依次输入"A1:E14"，"5"，"G9:I10"。

10 单击"确定"按钮，返回上班迟到的女员工人数。

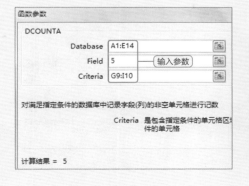

● Level ★★★☆   2013 2010 2007

如何利用 DGET 函数提取指定商品的价格?

● 实例：提取指定商品的价格

工作表中的销售数据包括销售日期、商品、品牌、单价和业务员，现需要提取指定商品的价格。下面介绍使用DGET函数提取指定商品的价格的方法。

① 选择单元格I6，在编辑栏中，单击"插入函数"按钮 *fx*。

I6		▼	:	×	✓	*fx*	

单击"插入函数"按钮

	D	E	F	G	
1	单价	业务员			条件区域
2	1899	欧燕		商品	品牌	业务员
3	8399	朱阳秀		打印机	惠普	欧燕
4	528	胡国松			
5	5899	贾正辉		查询
6	1598	欧燕		提取商品价格
7	1299	朱阳秀			
8	3569	胡国松		条件区域
9	1199	贾正辉		商品	品牌	业务员
10	899	欧燕		显示器	戴尔	胡国松
11	2899	朱阳秀			

② 打开"插入函数"对话框，单击"或选择类别"下拉按钮，在弹出的下拉列表中选择"数据库"选项。

插入函数

搜索函数(S):

请输入一条简短说明来描述您想做什么，然后单击"转到"   转到(G)

或选择类别(C): 全部 ▼

常用函数
全部
财务
日期与时间
数学与三角函数
统计
查找与引用
数据库   选择"数据库"选项
文本
逻辑
信息
工程

选择函数(N):
ABS
ACCRINT
ACCRINTM
ACOS
ACOSH
ACOT
ACOTH

ABS(number)
返回给定数值的工

③ 在"插入函数"对话框中，选择"选择函数"列表框中的DGET函数。

插入函数

搜索函数(S):

请输入一条简短说明来描述您想做什么，然后单击"转到"   转到(G)

或选择类别(C): 数据库 ▼

选择函数(N):
DAVERAGE
DCOUNT
DCOUNTA
DGET   选择DGET函数
DMAX
DMIN
DPRODUCT

DGET(database,field,criteria)
从数据库中提取符合指定条件且唯一存在的记录

④ 单击"确定"按钮，打开"函数参数"对话框，依次输入"A1:E14"，"4"，"G2:I3"。

函数参数

DGET

Database   A1:E14   =
Field   4   ──输入参数   =
Criteria   G2:I3   =

=

从数据库中提取符合指定条件且唯一存在的记录

Criteria 是包含指定条件的单元格区域件的单元格

计算结果 = 899

5 单击"确定"按钮，将返回所指定商品的价格。

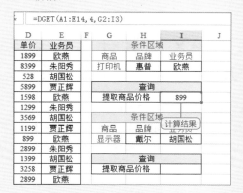

6 选择单元格I13，在编辑栏中，单击"插入函数"按钮 *fx*。

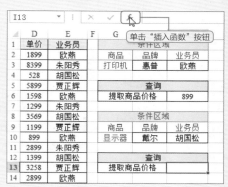

7 打开"插入函数"对话框，单击"或选择类别"下拉按钮，在弹出的下拉列表中选择"数据库"选项。

8 在"插入函数"对话框中，选择"选择函数"列表框中的DGET函数。

9 单击"确定"按钮，打开"函数参数"对话框，在文本框中依次输入"A1:E14"，"4"，"G9:I10"。

10 单击"确定"按钮，将返回所指定商品的价格。

● Level ★★★☆   2013 2010 2007

如何利用 DMAX 函数计算指定成绩大于 90 分者的最高总分？

● 实例：计算指定成绩大于90分者的最高总分

计算数据库中总成绩最高的分数，但前提是该生指定的成绩必须大于90分。下面介绍使用DMAX函数计算指定成绩大于90分者的最高总分的方法。

1 选择单元格H5，在编辑栏中，单击"插入函数"按钮 *fx*。

	E	F	G	
				单击"插入函数"按钮
1	英语	总分		英语
2	92	280		>90
3	95	248		
4	93	202		英语成绩大于90分者的最高总分
5	88	286		
6	77	236		
7	98	276		数学
8	89	241		>90
9	96	230		
10	92	242		数学成绩大于90分者的最高总分
11	100	244		
12				

2 打开"插入函数"对话框，单击"或选择类别"下拉按钮，在弹出的下拉列表中选择"数据库"选项。

插入函数

搜索函数(S)：

请输入一条简短说明来描述您想做什么，然后单击"转到"   转到(G)

或选择类别(C)： 常用函数
选择函数(N)：
DGET
DCOUNTA
DCOUNT
DAVERAGE
RIGHT
FIND
LEN

常用函数
全部
财务
日期与时间
数学与三角函数
统计
查找与引用
数据库   选择"数据库"选项
文本
逻辑
信息
工程

DGET(databas
从数据库中提取

3 在"插入函数"对话框中，选择"选择函数"列表框中的DMAX函数。

插入函数

搜索函数(S)：

请输入一条简短说明来描述您想做什么，然后单击"转到"   转到(G)

或选择类别(C)： 数据库

选择函数(N)：
DAVERAGE
DCOUNT
DCOUNTA
DGET
DMAX   选择DMAX函数
DMIN
DPRODUCT

DMAX(database,field,criteria)
返回满足给定条件的数据库中记录的字段(列)中数据的最大值

4 单击"确定"按钮，打开"函数参数"对话框，依次输入"A1:F11"，"6"，"H1:H2"。

函数参数

DMAX

Database   A1:F11
Field   6   输入参数
Criteria   H1:H2

返回满足给定条件的数据库中记录的字段(列)中数据的最大值

Criteria 包含数据库条件的单元格区域的单元格

计算结果 = 280

5 单击"确定"按钮，将返回英语成绩大于90分者对应的最高总分。

6 选择单元格H11，在编辑栏中，单击"插入函数"按钮。

7 打开"插入函数"对话框，单击"或选择类别"下拉按钮，在弹出的下拉列表中选择"数据库"选项。

8 在"插入函数"对话框中，选择"选择函数"列表框中的DMAX函数。

9 单击"确定"按钮，打开"函数参数"对话框，在文本框中依次输入"A1:F11"，"6"，"H7:H8"。

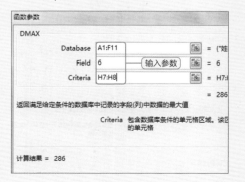

10 单击"确定"按钮，将返回数学成绩大于90分者对应的最高总分。

● Level ★★★☆　　　2013 2010 2007

如何利用 DMIN 函数计算指定姓氏的所有学员的最低成绩?

● 实例: 计算指定姓氏的所有学员的最低成绩

DMIN函数的功能是返回列表中满足指定条件的记录字段中的最小数字。下面介绍使用DMIN函数计算指定姓氏的所有学员的最低成绩的方法。

1 选择单元格D5, 在编辑栏中, 单击"插入函数"按钮 f_x。

	A	B		
1	姓名	成绩		姓名
2	欧雨志	98		欧*
3	潘友珍	88		
4	欧阳昌秀	78		最低成绩
5	张满姣	86		
6	柏太秀	68		
7	廖红英	98		姓名
8	张继英	100		张*
9	欧阳成梅	65		
10	蒋桂英	75		最低成绩
11	欧亚冠	62		
12				

单击"插入函数"按钮

2 打开"插入函数"对话框, 单击"或选择类别"下拉按钮, 在弹出的下拉列表中选择"数据库"选项。

选择"数据库"选项

3 在"插入函数"对话框中, 选择"选择函数"列表框中的DMIN函数。

选择DMIN函数

DMIN(database,field,criteria)
返回满足给定条件的数据库中记录的字段(列)中数据的最小值

4 单击"确定"按钮, 打开"函数参数"对话框, 依次输入"A1:B11","2","D1:D2"。

DMIN			
Database	A1:B11		= {"姓名
Field	2	输入参数	= 2
Criteria	D1:D2		= D1:D

= 62

返回满足给定条件的数据库中记录的字段(列)中数据的最小值

Criteria 包含数据库条件的单元格区域。该区的单元格

计算结果 = 62

5 单击"确定"按钮,将返回指定姓氏的所有学员的最低成绩。

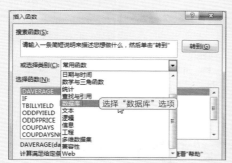

6 选择单元格D11,在编辑栏中,单击"插入函数"按钮 fx。

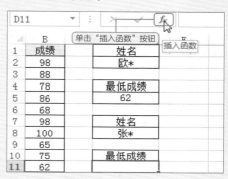

7 打开"插入函数"对话框,单击"或选择类别"下拉按钮,在弹出的下拉列表中选择"数据库"选项。

8 在"插入函数"对话框中,选择"选择函数"列表框中的DMIN函数。

9 单击"确定"按钮,打开"函数参数"对话框,在文本框中依次输入"A1:B11","2","D7:D8"。

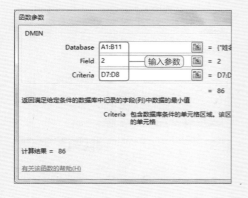

10 单击"确定"按钮,将返回指定姓氏的所有学员的最低成绩。

Question

● Level ★★★☆

2013 2010 2007

如何利用 DPRODUCT 函数统计商品的维修记录?

● 实例: 统计商品的维修记录

某公司维修部需要统计销售过的商品是否有被维修过。下面介绍使用DPRODUCT函数统计商品的维修记录的方法。

---

1 选择单元格G5，在编辑栏中，单击"插入函数"按钮。

	D	E	F
1		条件区域	
2	商品	品牌	是否维修过
3	空调	志高	
4			
5		是否维修过	
6			
7		条件区域	
8	商品	品牌	是否维修过

单击"插入函数"按钮

2 打开"插入函数"对话框，单击"或选择类别"下拉按钮，在弹出的下拉列表中选择"数据库"选项。

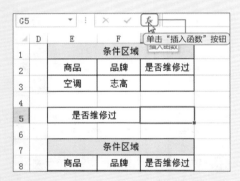

选择"数据库"选项

3 在"插入函数"对话框中，选择"选择函数"列表框中的DPRODUCT函数。

选择DPRODUCT函数

4 单击"确定"按钮，打开"函数参数"对话框，依次输入"A1:C9","3","E2:G3"。

输入参数

⑤ 单击"确定"按钮，将返回这些商品是否维修过。

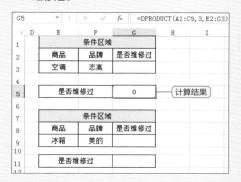

⑥ 选择单元格G11，在编辑栏中，单击"插入函数"按钮 *fx*。

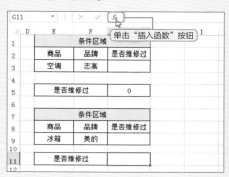

⑦ 打开"插入函数"对话框，单击"或选择类别"下拉按钮，在弹出的下拉列表中选择"数据库"选项。

⑧ 在"插入函数"对话框中，选择"选择函数"列表框中的DPRODUCT函数。

⑨ 单击"确定"按钮，打开"函数参数"对话框，在文本框中依次输入"A1:C9"，"3"，"E6:G7"。

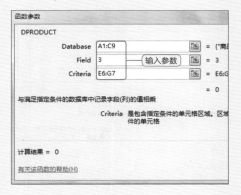

⑩ 单击"确定"按钮，将返回这些商品是否维修过。

Question **99**

● Level ★★★☆

2013 2010 2007

如何利用 DSUM 函数计算符合特定条件的员工工资?

● 实例: 计算符合特定条件的员工工资

某公司员工信息中包括姓名、部门、职位、工资和工龄等信息,现需计算满足条件的特定部门、职位和工龄的员工的工资总和。下面介绍使用DSUM函数计算符合特定条件员工工资的方法。

① 选择单元格I6,在编辑栏中,单击"插入函数"按钮 *fx*。

单击"插入函数"按钮

	A	B	C(插入函数)	D	E	F	G	H	I
1	姓名	部门	职位	工资	工龄			条件区域	
2	张红艳	人力部	普通职员	1520	4		部门	职位	工龄
3	肖成明	销售部	高级职员	3300	8		工程部	高级职员	>5
4	赵运行	人力部	高级职员	3520	7		人力部	普通职员	
5	欧洪超	人力部	部门经理	4250	5				
6	柏湘荣	销售部	部门经理	4350	8		工资合计		
7	周奇娟	工程部	普通职员	3240	5				
8	李冬金	工程部	普通职员	3560	12			条件区域	
9	王祥英	销售部	普通职员	3652	6		部门	职位	工龄
10	冯国群	销售部	高级职员	3620	1		销售部	高级职员	>5
11	唐春云	销售部	普通职员	2680	2		人力部	普通职员	
12	乐小丽	工程部	部门经理	6520	1				
13	卢初宏	工程部	普通职员	2620	1		工资合计		
14	李池	销售部	高级职员	3800	12				

② 打开"插入函数"对话框,单击"或选择类别"下拉按钮,在弹出的下拉列表中选择"数据库"选项。

插入函数

搜索函数(S):
请输入一条简短说明来描述您想做什么,然后单击"转到" 　转到(G)

或选择类别(C): 常用函数

选择函数(N):
DAVERAGE
IF
TBILLYIELD
ODDFYIELD
ODDFPRICE
COUPDAYS
COUPDAYSN
DAVERAGE(da
计算满足给定条

日用与时间
数字与三角函数
统计
查找与引用
数据库　　选择"数据库"选项
文本
逻辑
信息
工程
多维数据集
兼容性
Web

查看"帮助"

③ 在"插入函数"对话框中,选择"选择函数"列表框中的DSUM函数。

插入函数

搜索函数(S):
请输入一条简短说明来描述您想做什么,然后单击"转到" 　转到(G)

或选择类别(C): 数据库

选择函数(N):
DMIN
DPRODUCT
DSTDEV
DSTDEVP
DSUM　　选择DSUM函数
DVAR
DVARP

DSUM(database,field,criteria)
求满足给定条件的数据库中记录的字段(列)数据的和

④ 单击"确定"按钮,打开"函数参数"对话框,依次输入"A1:E14","4","G2:I4"。

函数参数

DSUM

Database A1:E14　　　　　 = {"姓
Field   4　——输入参数   = 4
Criteria G2:I4　　　　　　 = G2:I

= 517

求满足给定条件的数据库中记录的字段(列)数据的和

Criteria 包含指定条件的单元格区域。区域包
的单元格

计算结果 = 5172

⑤ 单击"确定"按钮，将返回符合特定条件的员工工资合计。

=DSUM(A1:E14,4,G2:I4)

D	E	F	G	H	I
工资	工龄			条件区域	
1520	4		部门	职位	工龄
3300	8		工程部	高级职员	>5
3520	7		人力部	普通职员	
4250	5				
4350	8			工资合计	5172
3240	5				
3560	12			条件区域	计算结果
3652	6		部门	职位	工龄
3620	1		销售部	高级职员	>5
2680	2		人力部	普通职员	

⑥ 选择单元格I13，在编辑栏中，单击"插入函数"按钮 *fx* 。

⑦ 打开"插入函数"对话框，单击"或选择类别"下拉按钮，在弹出的下拉列表中选择"数据库"选项。

⑧ 在"插入函数"对话框中，选择"选择函数"列表框中的DSUM函数。

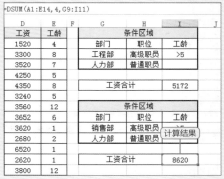

⑨ 单击"确定"按钮，打开"函数参数"对话框，在文本框中依次输入"A1:E14"，"4"，"G9:I11"。

函数参数

DSUM

Database　A1:E14　　= {"姓...

Field　　　4　　　　= 4 （输入参数）

Criteria　　G9:I11　　= G9:I

= 8620

求满足给定条件的数据库中记录的字段(列)数据的和

Criteria　包含指定条件的单元格区域。区域包含列标志及列标志下满足条件的单元格

计算结果 = 8620

有关该函数的帮助(H)

⑩ 单击"确定"按钮，将返回符合特定条件的员工工资合计。

=DSUM(A1:E14,4,G9:I11)

D	E	F	G	H	I	J
工资	工龄			条件区域		
1520	4		部门	职位	工龄	
3300	8		工程部	高级职员	>5	
3520	7		人力部	普通职员		
4250	5					
4350	8			工资合计	5172	
3240	5					
3560	12			条件区域		
3652	6		部门	职位	工龄	
3620	1		销售部	高级职员	计算结果	
2680	2		人力部	普通职员		
6520	1					
2620	1			工资合计	8620	
3800	12					

● Level ★★★☆

2013 2010 2007

如何利用 DVAR 函数计算 男生口语成绩的方差？

● 实例：计算男生口语成绩的方差

工作表中列出了所有学员的口语成绩、性别、名次等信息，现需计算男生口语成绩的方差。下面介绍使用DVAR函数计算男生口语成绩的方差的方法。

1 打开工作簿，选择单元格E17，在编辑栏中单击"插入函数"按钮 f_x 。

单击"插入函数"按钮

	B	C	D	E	F	G
1			学生成绩汇总			
2	学号	性别	年龄	口语成绩	及格	名次
3	62001	男	25	75	1	2
4	62002	女	40	82	1	1
5	62003	女	20	70	1	4
6	62004	女	22		1	3
7	62005	男	30	55	0	6
8	62006	男	26	缺考	无	无
9	62007	男	24	45	0	7
10						
11						
12	学号	性别	年龄	口语成绩	及格	名次
13		男				
14						

2 打开"插入函数"对话框，选择"数据库"类别中的DVAR函数。

插入函数

搜索函数(S)：

请输入一条简短说明来描述您想做什么，然后单击"转到"   转到(G)

或选择类别(C)：数据库

选择函数(N)：

DMIN
DPRODUCT
DSTDEV
DSTDEVP
DSUM
DVAR ← 选择DVAR函数
DVARP

DVAR(database,field,criteria)
根据所选数据库条目中的样本估算数据的方差

3 单击"确定"按钮，打开"函数参数"对话框，分别输入"A2:G9"，"E2"，"A12:G13"。

函数参数

DVAR

Database A2:G9

Field E2 ← 输入参数

Criteria A12:G13

根据所选数据库条目中的样本估算数据的方差

Database 构成列表或数据库的单元格区...

计算结果 = 233.3333333

4 单击"确定"按钮，单元格E17中将显示男生口语成绩的方差。

E17 f_x =DVAR(A2:G9, E2, A12:G13)

	A	B	C	D	E	F	G
1			学生成绩汇总				
2	姓名	学号	性别	年龄	口语成绩	及格	名次
3	丁一	62001	男	25	75	1	2
4	李芳	62002	女	40	82	1	1
5	王丽	62003	女	20	70	1	4
6	张梦敏	62004	女	22		1	3
7	李磊	62005	男	30	55	0	6
8	郑军	62006	男	26	缺考	无	无
9	李恒	62007	男	24	45	0	7
10							
11	条件						
12	姓名	学号	性别	年龄	口语成绩	及格	名次
13			男				
14				计算结果			
15							
16	结果						
17		男生口语成绩的方差			233.3333		